U0382795

现代渔业创新发展丛书

丛书主编：杨红生

辽东湾北部海域环境容量及滩涂贝类资源修复

袁秀堂　赵　骞　张安国 等　著

科学出版社

北　京

内容简介

本书针对海洋环境保护和海洋生物资源可持续利用的需要，以我国辽东湾北部海域为研究区域，建立了多种污染物环境容量评估模型，系统评估了其氮磷、石油烃及重金属环境容量，提出了环境保护策略和区域长效联动机制；在其典型生境——河口滩涂开展了重要经济贝类——文蛤的资源修复研究，集成了幼虫培育、越冬管理和中间育成等文蛤苗种培育技术体系，研究了文蛤修复生境适宜性评价，构建了切实可行的文蛤增殖放流技术体系，建立了文蛤资源修复生态工程示范区。同时，系统评估了文蛤资源修复工程对文蛤资源量、遗传多样性及物种多样性的影响。本书作为区域海洋生态学研究的一个样本，阐述了寒冷区河口生态系统资源养护的技术原理与体系，可为促进我国受损海湾和河口的环境保护与资源修复及海洋渔业的持续发展提供基础资料和区域性参考。

本书可供从事相关科研、教学和管理工作的海洋科研工作者、地方政府资源养护从业人员，以及生物海洋学、水产养殖学师生等参考使用。

图书在版编目（CIP）数据

辽东湾北部海域环境容量及滩涂贝类资源修复/袁秀堂等著. —北京：科学出版社，2021.6

（现代渔业创新发展丛书/杨红生主编）

ISBN 978-7-03-068436-3

Ⅰ. ①辽… Ⅱ. ①袁… Ⅲ. ①辽东湾–海洋环境–环境容量–研究 ②辽东湾–海涂–贝类–水产资源–资源管理–研究 Ⅳ. ①X145 ②S932.6

中国版本图书馆 CIP 数据核字（2021）第 050362 号

责任编辑：朱 瑾 付 聪 习慧丽 / 责任校对：郑金红
责任印制：吴兆东 / 封面设计：无极书装

科学出版社 出版
北京东黄城根北街 16 号
邮政编码: 100717
http://www.sciencep.com

北京虎彩文化传播有限公司 印刷

科学出版社发行 各地新华书店经销

*

2021 年 6 月第 一 版 开本：720×1000 1/16
2021 年 6 月第一次印刷 印张：14 3/4
字数：295 000

定价：180.00 元

（如有印装质量问题，我社负责调换）

现代渔业创新发展丛书
编委会

《辽东湾北部海域环境容量及滩涂贝类资源修复》
著者名单

（按姓氏笔画排序）

王丽丽　毛玉泽　那广水　李宏俊　杨大佐

杨晓龙　张安国　周一兵　宗虎民　赵　欢

赵　骞　赵仕兰　袁秀堂

前　言

辽东湾北部海域自营口墩台山至葫芦岛灯塔山连线，纵深到辽东湾湾顶，基本与辽东湾 10m 等深线以浅的海域重合，大约有 6676km^2 的广阔海域。其因岸线曲折、生境多样、生物资源丰富、环境和生态问题突出、对周边滨海城市具有重要支撑作用和在环渤海经济圈中举足轻重的地位，一直受到人们的重视。另外，该区域具有重要的生态环境保护价值，同时也是我国北方著名的滨海旅游观光区域。

近年来，由于受人类活动（石油开发、海洋工程、过度采捕和增养殖活动等）和气候变化（入海径流量变化等）的影响，辽东湾北部海域的重要经济生物资源及生物栖息的生境遭到一定破坏，生物多样性受到威胁，主要表现为：①入海径流量变化导致入海淡水（生态需水）及入海泥沙总量改变，河口地貌发生显著改变；②重金属、石油烃和氮磷污染严重，超过其环境容量；③滩涂湿地面积不断减少，生境破碎化严重；④特色渔业资源衰退严重，很多历史名产（如文蛤）已不能形成采捕规模；⑤生态系统向不稳定的脆弱生态系统演替，生物多样性降低。无疑，污染严重、生境退化和资源衰退是辽东湾北部海域面临的主要环境和生态问题。

在这种背景下，创新与发展典型区域受损生境和重要经济生物资源修复的理论及关键技术，建立示范区实施集成示范，是海洋生态环境保护的需要，也迫在眉睫。近十年来，在海洋公益性行业科研专项经费项目重点项目“典型海湾生境与重要经济生物资源修复技术集成及示范”（200805069）和“典型海湾受损生境修复生态工程和效果评价技术集成与示范”（201305043）的资助下，国家海洋环境监测中心和大连海洋大学承担了辽东湾子任务，在辽东湾北部海域按照“从湿地到近海”的空间布局和“从生境到资源”的顺序原则，设计并系统开展了主要污染物的环境容量评估及典型生境（盐生湿地生境和河口滩涂生境）和重要经济生物（文蛤和沙蚕）资源的修复工作，利用功能群生物（翅碱蓬-沙蚕-细菌及埋栖性滤食贝类）进行的对重金属、石油烃及氮磷营养盐的生态修复，形成了一系列的关键技术体系和丰富的研究成果，获得多项发明专利、形成了两个辽宁省地方标准并发表了诸多文章。项目在实施过程中还积极探索了当前我国国情下生境修复和资源修复的有效途径，提出了“生境修复和资源修复相结合，以产业发展促进修复”的理念并加以实践。可以说，生境的修复成败决定着其蕴藏生物资源修复的成败；而生境和资源的可持续利用离不开产业发展的支撑和当地企事业单位的参与。

为系统总结国家海洋环境监测中心研究团队的成果，我们撰写了《辽东湾北部海域环境容量及滩涂贝类资源修复》一书。本书以我们团队成员的研究成果为主，聚焦于环境容量评估、生境污染状况、重要滩涂贝类——文蛤资源修复关键技术和修复效果评估，以及滩涂埋栖性贝类的生理生态过程及其环境生态效应。当然，辽东湾子任务的研究成果不仅体现于本书，而且在《沙蚕生物学——理论与实践》（2020 年 3 月出版）及“辽东湾滨海湿地耐盐植物生境修复技术与评价”（待出版）中也有所体现。

本书共分六章，具体分工如下：前言由袁秀堂撰写；第一章辽东湾北部海域生境和资源多样性、环境及生态问题由袁秀堂撰写；第二章辽东湾北部海域主要污染物的环境容量研究由赵骞、赵仕兰撰写；第三章辽东湾北部海域有毒有害污染物的现状、来源及生态风险由杨晓龙、王丽丽、宗虎民、那广水、赵欢撰写；第四章双台子河口文蛤资源修复关键技术及工程示范由张安国、杨晓龙、袁秀堂、毛玉泽、赵骞、杨大佐撰写；第五章双台子河口文蛤资源修复效果评价由张安国、李宏俊、袁秀堂撰写；第六章双台子河口埋栖性贝类的主要生理生态过程及其环境生态效应由袁秀堂、张安国、毛玉泽、周一兵撰写；后记由袁秀堂撰写。袁秀堂负责全书统稿。

由于著者水平有限，不足之处在所难免，敬请同仁批评指正。

著者

2018 年 5 月于大连凌水湾畔

目　录

第一章　辽东湾北部海域生境和资源多样性、环境及生态问题

第一节　辽东湾北部海域的范围及区位特征

一、地理位置和范围

渤海是我国唯一的内海，地处北温带，是西太平洋的一部分。渤海东北部的辽东湾是我国纬度最高的海湾，其海底地形自湾顶及东西两侧向中央倾斜，湾东侧水深大于西侧，最大水深位于湾口的中央部分，水深约32m。“辽东湾”一名，据《辞海》解释，其狭义上指西起辽宁西部六股河口，东到辽东半岛西侧长兴岛；广义上指自辽东半岛南端老铁山角到河北省大清河口连线以北的广阔海域。辽东湾虽然是我国面积最大和纬度最高的海湾，但并未被收录到《中国海湾志》中，或许是因其范围太广、面积太大而无法以普通海湾来对待。

在辽东湾的北部，自营口墩台山（40°18′12″N，122°5′4″E）至葫芦岛灯塔山（40°42′50″N，121°1′27″E）连线，纵深到辽东湾湾顶，基本与辽东湾10m等深线以浅的海域重合，面积大约有6676km^2，本书将该海域定义为辽东湾北部海域（图1-1）。辽东湾北部海域口宽度达98km，南北长56km，东西宽超过100km，滩涂面积达670km^2，主要包括“一湾三河口”，从西向东分别是锦州湾、大凌河口、双台子河[①]口和大辽河口（吴桑云等，2011）。其因生境多样、生物资源丰富、环境和生态问题突出及对周边滨海城市（营口、盘锦和锦州）的生态与经济有重要支撑作用，一直受到人们的重视。

二、气候和灾害

辽东湾北部海域属于暖温带大陆性季风气候。据《中国海湾志》第十四分册（重要河口），该海域气候特征主要是：四季分明，雨热同季，气候温和，降水适中，光照充足，气候条件优越。但冰雹暴雨、干旱、大风、海冰等灾害性天气也时有发生。该海域累年平均气温约8.9℃，年气温变化范围为–9.4～24.8℃，7月

① 2011年辽宁省政府发文将双台子河更名为辽河，本书使用双台子河。

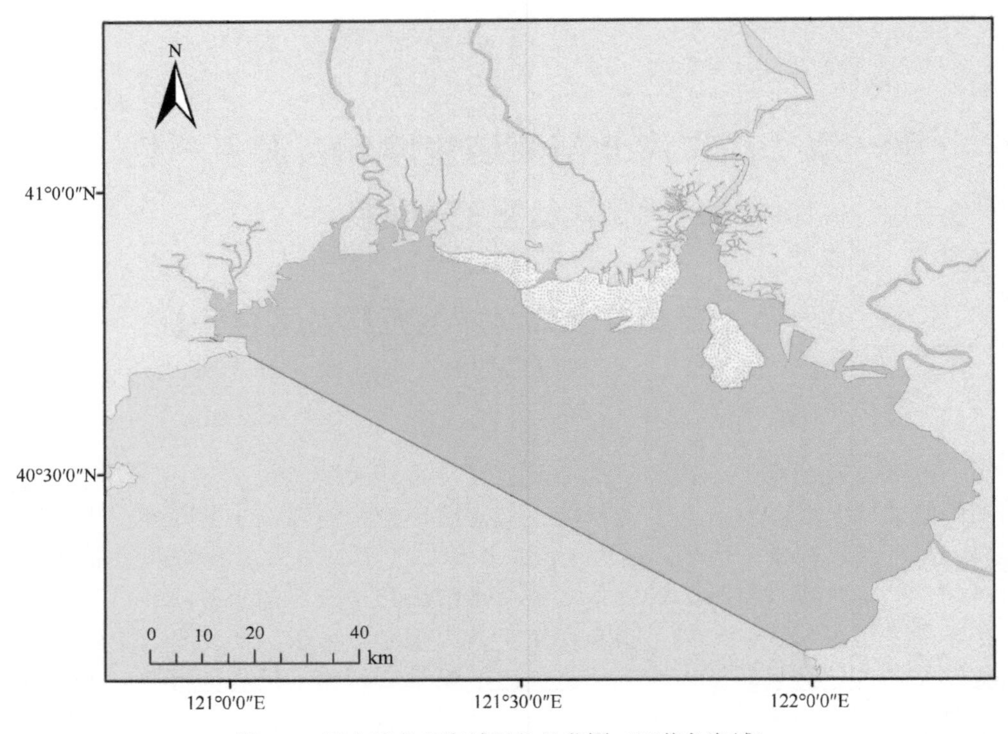

图 1-1 辽东湾北部海域区位及范围（深蓝色海域）

气温最高，1 月气温最低；累年平均降水量约 667mm，降水量季节变化明显，夏季降水量约占全年的 60%，春、秋两季降水量分别约占全年的 14%和 19%，冬季降水量仅占全年的 7%；累年平均风速约为 3.8m/s。累年平均日照时数约 2917h，平均日照百分率为 66%。

长达 4 个月的结冰期是该海域不同于我国其他海域的主要特征之一，因此海冰灾害是辽东湾北部海域的主要海洋灾害之一（Zhang et al.，2013）。通常，海水自 11 月中下旬结冰，到第二年的 3 月中下旬终冰，冰期 80～130 天（Gu et al.，2013）。冰情严重期间，冰盖范围大，冰块随海流移动，导致辽东湾北部海域的航道阻塞、船只及海上设施和海岸工程损坏、港口码头封冻等，对沿岸的渔业生产（尤其是水产养殖）产生较大的影响（徐广远等，2010）。近百年来，几乎每年海冰都能造成灾害，尤其是在 1936 年、1947 年、1957 年、1969 年、1977 年和 2010 年造成的危害较大（Zhang et al.，2013）。以 2010 年为例，30 年一遇的渤海海冰灾害影响了 6.1 万人，直接经济损失高达 100 万美元（Gu et al.，2013）。另外，冰雹暴雨引起的洪水是该海域偶发的自然灾害；台风在该海域过境较少，但也偶有报道。

三、水系和水文

辽东湾北部海域主要入海河流有 4 条，自西向东依次是小凌河、大凌河、双台子河和大辽河（图 1-1）。其发源地、流域及河流水文特征等基本情况见如下介绍。

（1）小凌河，蒙古语称“明安河”，古名“唐就水”，隋唐时为“彭卢水”，辽、金时称“小灵河”，元代改“灵”为“凌”，后一直沿用此名。小凌河发源于辽宁省葫芦岛市建昌县东北部的楼子山东麓，总长 206km，流域呈长方形，东西长 90km，南北宽 60km，地势自西向东、由南北向中部倾斜，流域面积为 5480km^2（陆孝平和富曾慈，2010）。水文站设于辽宁省锦州市，径流量为 3.46×10^8m^3/a，输沙量为 224×10^4t/a（张锦玉等，1995）。

（2）大凌河，古称“渝水”，又称“白狼水”，唐代时改称“白狼河”，辽时称“灵河”，金、元时改“灵”为“凌”，称“凌河”，明代时始称“大凌河”，以与“小凌河”相区别。大凌河有北、西、南三源，全长 435km（陆孝平和富曾慈，2010）。北源出自辽宁省凌源市热水汤街道，由此向南汇入西源；西源出自河北省平泉市（原平泉县）榆树林子镇宋营子村；南源出自辽宁省葫芦岛市建昌县大黑山（旧称白狼山）。流域面积为 23 549km^2（陆孝平和富曾慈，2010）。水文站设于辽宁省凌海市，径流量为 16.33×10^8m^3/a，输沙量为 1769.5×10^4t/a（周永德等，2009）。

（3）双台子河和大辽河所在流域统称为辽河流域，发源于河北省七老图山脉的光头山，流经河北、内蒙古、吉林和辽宁四省（区），是我国七大江河之一，被誉为辽宁的“母亲河”。辽河总流域面积为 221 100km^2，全长 1345km（陆孝平和富曾慈，2010）。水文站设于辽宁省营口市，大辽河径流量为 39.51×10^8m^3/a，输沙量为 1002.1×10^4t/a（中国海湾志编纂委员会，1998）。辽河有东、西两源。东源称东辽河，出自吉林省东南部吉林哈达岭西北麓；西源称西辽河，出自内蒙古自治区的赤峰市。东辽河、西辽河在辽宁省铁岭市昌图县福德店汇合后称辽河。

1958 年，辽河流至辽宁省盘锦市盘山县沙岭镇分为两支，一支穿越盘锦市双台子区流入渤海，称双台子河，即辽宁省鞍山市台安县红庙子村以下河段，长约 130km；另一支与浑河、太子河合流后由辽宁省营口市入海，称大辽河，全长 97km。从源头计，双台子河全长 829km，流域面积为 135 200km^2；大辽河全长 509km，流域面积为 27 300km^2（陆孝平和富曾慈，2010）。

从水深来看，辽东湾北部海域基本与 10m 以浅海域重合。潮汐类型为规则半日潮，每日涨落潮两次（乔璐璐等，2006；刘恒魁，1990）。大潮出现在农历每月初一和十五左右。通常每月初一的 4：50 是满潮时间，此后每天潮时推迟 48min。涨潮时潮流为东北方向，落潮时潮流为西南方向。通常 7～9 月的潮汐变化潮位较高，12 月至次年 2 月潮位较低；平均潮差约为 2.7m，最大潮差约为 5.5m，是全国潮差最大的海域。潮流类型为规则半日潮，M_2分潮为其优势分潮，且浅水分潮较为显著。潮流呈往复流特征，流速较大，最大可能流速超过 100cm/s。余流流速较小，不超过 10cm/s。

四、地形和地貌

辽东湾北部海域除锦州湾外，其余部分主要为辽河口（包含双台子河口和大辽河口）。辽河口东起大辽河，西至小凌河，海岸线长达 300km。据《中国海湾志》，该区域按动力学特征分类为缓混合型陆海相河口区域，整个区域主要包括浅海滩涂和水下三角洲平原。滩涂区域淤泥质岸段，潮滩平缓，滩面坡度为 0.25×10^{-3}～0.5×10^{-3}（中国海湾志编纂委员会，1998）。辽河口水下三角洲位于辽东湾北部海域的东北侧，系由双台子河、大辽河、大凌河和小凌河共同沉积联合形成的一个水下三角洲平原，其平原区地势低洼平坦，海拔 2～7m（中国海湾志编纂委员会，1998）。据蔡锋等（2013）报道，该三角洲平原向海可延伸至 20m 等深线以外，自东北向西南缓慢倾斜，平均坡降为 3×10^{-4}～4×10^{-4}。在双台子河口和大辽河口及口外海滨普遍发育有沙坝沉积体系。这些以细砂或粉砂为主的砂体，是辽河水下三角洲平原表面与岸线呈高角度展布的典型堆积地貌，如辽河西滩、蛤蜊岗（旧称盖州滩）等。在水下三角洲平原上发育有海底古河道、水下沙脊群和水下浅滩等微地貌。在辽河口海域有一水深很浅的地貌，其水深在 1m 以内，低潮时露出海面，构成浅海浅滩。

五、资源及人类开发活动

海湾既具有海洋的优势，又具有陆域区位的优势，决定了其具备人类开发利用的诸多资源（吴桑云等，2011）。辽东湾北部海域具有丰富的港口资源、生境资源、渔业资源、海水资源、油气矿产资源及旅游资源。因此，人类在该区域的开发活动开始较早，且开发活动开始于油气开采及石油化工产业。从 20 世纪 80 年代开始，该区域土地利用率大幅度提高，水稻田、虾蟹田星罗棋布，而且是对油田、农业、养殖业和港口等资源综合开发，属于全方位综合开发区（杨红生等，2020）。

该区域营口港、盘锦港和锦州港依次排列，内河和海运均较为发达；截至 2008 年，该区域的码头长度为 15 574m，有 66 个码头泊位，其中万吨以上泊位有 49 个（刘容子，2012）。

辽东湾北部海域的海水利用已经有一定的基础和规模。随着我国海水淡化技术的成熟，辽东湾北部海域因具有丰富的海冰资源而具有较好的海水淡化条件。

例如，营口海水淡化项目于2003年动工，项目总投资2.2亿元，目前已经投产，淡化成品水可达1000t/d。另外，海水制盐是我国传统的海水化学资源综合利用产业，盐业及盐化工业也占一定份额，2001年该区域的盐田面积高达26 136hm^2，年产量约2×10^6t；同时，海水中提炼镁、溴和钾等产业也具有一定的规模（刘容子，2012）。

由于辽东湾北部海域具有丰富的油气资源，20世纪80年代中期开始，我国即对该区域的油气资源进行了开发，该区域已成为我国海洋经济开发的重点活动区域之一。全国第三大油田——辽河油田位于盘锦境内。截至2008年，油气生产共有276口井，其中采油井占绝大多数，有221口；采气井有11口；其他如注水井等有44口（刘容子，2012）。锦州湾周边有较为丰富的铜、铅、锌矿资源，锦州湾沿岸分布着我国最大的锌厂——葫芦岛锌厂及相关配套冶金企业和化工厂。

辽东湾北部海域的双台子河口分布有大自然孕育的自然奇观——翅碱蓬“织就”的“红海滩”，是我国唯一的由单一碱蓬生长成的湿地海岸，是具有世界特色的海岸景观（杨红生等，2020）。再加上与之颜色对比鲜明的亚洲最大芦苇湿地，红绿交错，每年吸引大量国内外游客。因此，滨海湿地观光旅游业近年来发展很快。

总体而言，辽东湾北部海域人类开发利用活动较多，第一和第二产业均较为发达，第三产业在近年来海洋经济中的比重明显上升。

第二节　辽东湾北部海域的生境特色和生物资源多样性

一、具有多样的生境和生态系统，拥有丰富的经济生物资源

辽东湾北部海域是我国纬度最高的海域，具有冬季冰期长、生境特色鲜明和生物资源丰富等特点。从湿地到近海分别有芦苇生境、碱蓬生境、潮滩、海湾和浅海，代表了多样的生态系统。高纬度造成年平均气温低，冬季冰期长导致了辽东湾北部海域独特的生物区系和景观，具有很强的代表性和研究价值。

辽东湾北部海域最具代表性的是河口湿地生态系统。前已述及，辽东湾北部海域有4条主要入海河流，众多河流在入海口淤积延伸，逐渐形成和孕育了亚洲最大的湿地。双台子河和大辽河组成的辽河河口湿地生态系统具有芦苇和碱蓬等植物，面积之大，生态类型结构之完整，动植物资源之丰富，都居我国滨海湿地的前列。特别是，在土壤盐碱化和冬季冰期长等不利于生物生存的自然环境条件下，此地形成了以一年生翅碱蓬为单一植被覆盖的地貌特征，并因此得名“红海滩”，是我国北方寒冷河口特有的景观和生态系统。

河口处咸淡水交融，大量泥沙被河水挟带入海，大面积浅滩在入海口形成了

较为广阔的水下三角洲和典型的淤泥质滩涂（蔡锋等，2013）；同时，大量有机质及营养盐被挟带至此，丰富的营养盐导致饵料生物丰富，因此该海域不仅是重要渔业资源的主要产卵场、育幼场和索饵场，还具有丰富的滩涂埋栖性贝类资源（中国海湾志编纂委员会，1998）。辽河口滩涂面积达 3.5 万 hm^2，占整个辽东湾滩涂面积的 56%，主要包括由双台子河和大辽河冲刷形成的纺锤状的蛤蜊岗和辽河西侧盘山—锦州的广大滩涂，二者面积可达 2.37 万 hm^2（图 1-1）。滩涂延伸至水面下的水下沙洲，其面积为 1.18 万 hm^2。埋栖性贝类资源丰富，适宜增养殖贝类的面积达 2.7 万 hm^2，其中蕴藏多种具有经济价值的埋栖性贝类，包括文蛤、四角蛤蜊、光滑篮蛤等（Zhang et al.，2016）。

辽东湾北部海域良好的生境资源是农业生产和渔业存续的重要条件。农业主要是水稻种植和芦苇收割。渔业包括捕捞业和海水养殖。历史上，辽河口渔业资源非常丰富，曾是小黄鱼、带鱼、对虾等经济动物的重要渔场，20 世纪末仅有海蜇、毛虾、梭子蟹等渔获（中国海湾志编纂委员会，1998）。当下很多渔民转向水产养殖业，主要是河蟹、海参池塘养殖及苗种培育。在滩涂上采捕经济物种文蛤、四角蛤蜊、泥螺等也是当地居民的重要创收手段之一（Zhang et al.，2016；王金叶等，2016），由于采捕工具和技术的不断提高，捕捞效率大幅度提升，但是不加规范的采捕导致滩涂生态系统遭到一定程度破坏（Zhang et al.，2016）。

二、建有重要的海洋保护区

由于该区域在生态上的重要性，国家林业局、农业部和国家海洋局分别于 1988 年、2008 年和 2014 年在该处批准建立了保护区或海洋公园，分别是双台子河口国家级自然保护区、双台子河口海蜇中华绒螯蟹国家级水产种质资源保护区和盘锦鸳鸯沟国家级海洋公园（2017 年 2 月更名为辽河口红海滩国家级海洋公园）。1993 年双台子河口国家级自然保护区被纳入“中国人与生物圈保护区网络”、1996 年被纳入“东亚—澳洲涉禽保护区网络”。其中，双台子河口国家级自然保护区主要是野生动物类型的保护区，双台子河口海蜇中华绒螯蟹国家级水产种质资源保护区主要保护水产经济动物的多样性及其种质资源，而盘锦鸳鸯沟国家级海洋公园则是以保护和开发湿地景观为主的海洋特别保护区。双台子河口国家级自然保护区内的芦苇面积为我国之最，在湿地生态系统中极具代表性。同时，保护区内滩涂辽阔，饵料生物丰富，是候鸟迁徙途径上的主要集散地、取食地，同时也是一些水禽的重要繁殖地。该湿地在东亚至澳大利亚候鸟迁徙路线上起着重要中转站的作用，在国际湿地及湿地生物多样性保护中居于重要位置，是不可多得的野生生物物种的基因库。据统计，保护区中分布有 279 种鸟类，其中以涉禽和游禽为主的水禽就有 119 种，近百万只。

三、支撑了重要滨海城市的经济社会发展

辽东湾北部海域因其丰富的资源，孕育了营口、盘锦、锦州和葫芦岛等滨海城市，人口达1100多万，国内生产总值为5000余亿元，是环渤海经济圈的核心区之一，也是我国东北经济振兴和社会发展的关键区域。

第三节　辽东湾北部海域的主要环境及生态问题

一、环境污染较为严重

辽东湾北部海域水动力过程较弱，海水更新一次需要15年以上（渤海环境立体监测与动态评价专项编写组，2014）。海水的自净能力差，污染物得不到有效的稀释和自净，再加上辽东湾北部海域河口众多，河流淡水注入带来丰富的营养盐，来源于流域及当地石油化工工业的重金属、石油烃和持久性有机污染物等较多，因此营养要素（如氮、磷等）含量较高，有毒有害物质累积及潜在的风险较大。

《中国海洋环境状况公报》显示，2013年和2014年辽东湾尤其是其北部海域（图1-2）海水环境质量较差，海水化学需氧量、无机氮和活性磷酸盐的含量较高，四类和劣四类水质海域面积占比较大，是我国水体富营养化程度最严重的海域之一。同时，从营养盐结构看，辽东湾海域的氮磷比失衡，平均值为30，最大值达50（梁玉波，2012），表明该海域除营养盐显著增加外，营养物质的结构也发生变化。另外，海水中石油类超标是辽东湾北部海域最为显著的污染特征。

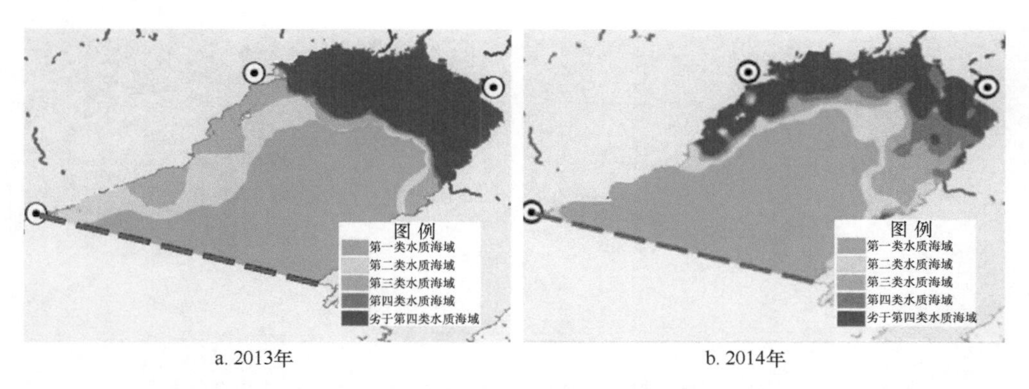

a. 2013年　　b. 2014年

图1-2　2013年和2014年辽东湾水质等级分布示意图（2013年和2014年《中国海洋环境状况公报》）

辽东湾北部海域也是赤潮暴发最频繁的海区之一。据梁玉波（2012）报道，20 世纪 90 年代以前，辽东湾未发现过赤潮；而自 1990 年以后，辽东湾开始发现赤潮，且主要发生在辽东湾北部海域。2000 年以后，该海域发生赤潮的面积和频次逐渐增加。1997～2009 年，辽东湾赤潮生物以甲藻为主，累计发生 19 次，面积达 9439km^2；硅藻赤潮仅 5 次，面积为 960km^2；其他藻类赤潮累计 13 次，面积为 766km^2。营养盐增加及营养物质结构改变诱发了赤潮。

据 2010～2016 年的《中国海洋环境状况公报》，就沉积物质量而言，辽东湾沉积物质量状况一般，尤以其北部海域的大辽河口附近最为明显：其沉积环境中石油类含量超过第三类海洋沉积物质量标准，另外，沉积环境中的重金属污染，特别是铜、镉、锌和铅等的污染也不容忽视。

辽东湾北部海域的污染物来源较为复杂。辽东湾北部海域有众多河流注入，大量的工业污水、城市及农业废水通过径流输入，导致氮、磷等营养要素水平较高，水体富营养化严重，重金属及有机污染物等有毒有害物质含量较高。据报道，每年由双台子河挟带入海的污染物总量达 12 258t，重金属含量约 138t（刘宝林等，2010）。另外，从面源污染的角度来看，自 20 世纪 60 年代，尤其是 80 年代以来，经济的发展需求导致人类活动加剧，特别是石油开发、农业围垦、水产养殖及城市污水排放等，导致辽东湾北部海域还面临着诸多污染压力，如重金属污染（锦州湾）、石油类和多环芳烃污染（辽河油田的采油设备遍布辽东湾北部海域的滨海湿地，见图 1-3），水稻种植、河蟹和海参池塘养殖（图 1-4）过程中化肥的使用和水产养殖过程中残饵与代谢产物排海也是辽东湾北部海域氮、磷营养盐水平较高及水体富营养化严重的主要原因。水稻种植、河蟹和海参池塘养殖过程中抗生素与农药使用导致的如抗生素、多氯联苯等有毒有害污染物的残留，也是辽东湾北部海域不可忽视的潜在污染。

图 1-3　辽河油田叩头机（a）及中国海油海上石油平台（b）（袁秀堂拍摄）

图 1-4　双台子河口湿地的水稻种植（a）及围塘养殖（b）（袁秀堂拍摄）

二、河口湿地生境受损，生物资源利用难以持续

生境是生物个体、种群或群落栖息的场所，是其能够完成生命周期所需的各种生态环境因子的总和。生境与生物资源彼此影响、相互依存：一方面，生境为生物的生存、生长及繁衍等生命活动提供了物质条件；另一方面，物种的行为活动又影响着生境的类型及变化。同我国大多数海湾和河口一样，近年来，辽东湾北部海域由于人类活动强度的日趋增大（环境污染加剧、资源过度利用及不当的围填海等）和气候变化的双重影响，河口盐生湿地生态系统局部区域生物生存条件不断恶化，物种赖以存活的环境遭到大面积破坏，生境破碎化程度日益严重。这种生境破碎化导致的生境退化已严重威胁到某些物种，特别是重要经济物种的生存和可持续开发。其主要表现为：①因石油开发、农业围垦、水产养殖及苇业发展，辽河三角洲湿地面积不断萎缩，天然植被大面积损毁，滨海湿地生态系统遭到严重破坏，如双台子河口湿地芦苇和翅碱蓬面积不断减少，1987～2002 年仅芦苇面积就减少了 60%；②从整个湿地生态系统来说，农业（稻田种植）、养殖业（河蟹、海参及贝类的池塘养殖）及近海增殖业各自发展，边界分明，导致海陆连通性降低（杨红生，2017）；③不当的围海养殖严重破坏了潮滩生境，由于刺参养殖过热，辽东湾北部海域的潮滩被人工围填，天然潮沟被破坏，生境破碎化严重，底栖生物的多样性受到严重影响，鸟类栖息地和觅食地面积也随之大量减少。历史上，辽东湾北部海域围海使用面积一度高达 55.4km^2，大大破坏了生境的连续性。围海养殖过程中又因养殖生物的病害防治使用过量农药，反过来排入附近海域，并在沉积环境积累，超过了其环境容量，使生境进一步恶化。

辽东湾北部海域沿岸河口营养盐丰富，初级生产力较高，饵料生物多种多样，是众多渔业生物重要的产卵场、育幼场、索饵场，因此历史上渔业资源十分丰富（唐启升，2012）。其经济生物资源主要包括近海中的海蜇、口虾蛄、三疣梭子蟹、中国毛虾、梭鱼，以及滩涂埋栖的沙蚕、文蛤、四角蛤蜊和泥螺等。但 20 世纪 80 年代以后，湿地生境的退化和破碎化使重要经济生物的资源量和捕获量大大降低，特色渔业资源已严重枯竭，难以形成捕捞规模，亟待保护和修复。以被誉为“天下第一鲜”的辽东湾北部海域的特色渔业资源——文蛤为例。历史上，辽宁省是文蛤资源大省，其中双台子河口曾是其主产地。20 世纪 80 年代初，仅蛤蜊岗文蛤资源量就达 27 000t，年采捕量 2000～3000t；1982 年文蛤资源量逐渐下降至 15 000t；随后几年平均每年以 2500t 以上的速度急剧下降；近年来，文蛤年采捕量仅为 200t 左右，已不能形成规模产量（Zhang et al.，2016）。

总之，辽东湾北部海域由于受人类活动影响较大，特别是陆源污染不断输入和积聚，局部生境受损严重，生物资源量明显下降，其可见的后果是重要经济生物资源衰退。在这种背景下，创新与发展重要经济生物资源修复的理论和关键技术是区域社会经济发展及生态文明建设的迫切需要，也是海洋产业发展的需求，创新和集成实用的设施与关键技术迫在眉睫。

第四节　问题的提出与主要研究内容

针对辽东湾北部海域污染严重、生境退化和生物资源衰退等环境及生态问题，首先，在辽东湾北部海域开展了污染源调查，建立了多种污染物环境容量评估模型，在此基础上评估了氮磷、石油烃和重金属环境容量，并试图回答如下问题。水体中的主要污染物是否超过了其环境容量？为减轻其污染，在环境容量研究的基础上，能否提出科学合理的区域联动防控及长效机制？其次，系统研究了辽东湾北部海域环境中有毒有害污染物的分布水平、来源及生态风险，分析当下的污染水平是否对盐生湿地重要经济生物——双齿围沙蚕和文蛤的早期发育及其种群动力学造成潜在影响。再次，利用现场调查数据结合模型预测了双台子河口重要经济贝类——文蛤幼虫的扩散路径及文蛤潜在的适宜性生境等；在此基础上，研发了适于我国北方寒冷海区的文蛤苗种培育关键技术及增殖放流关键技术等资源修复的技术体系，集成了幼虫培育、越冬管理及中间育成等文蛤苗种培育技术体系和文蛤增殖放流技术体系，探讨了如何构建我国北方寒冷海区文蛤资源修复的新模式和技术体系。另外，对文蛤增殖放流示范区进行了较为系统的跟踪监测和资源修复效果评估，分析了大规模增殖放流能否对滩涂生态系统中文蛤的资源量和遗传多样性及生物多样性造成影响。最后，通过现场生物沉积法和呼吸瓶法研究了埋栖性贝类的主要生理生态过程，分析了优势种类文蛤和四角蛤蜊在河口生态系统中的环境生态效应，并初步探讨了增养殖引入种——美洲帘蛤对同科同属的土著种——文蛤的潜在生态竞争和威胁。

主要参考文献

渤海环境立体监测与动态评价专项编写组. 2014. 渤海环境立体监测与动态评价专项技术报告(2008—2012): 1-280.

蔡锋, 曹超, 周兴华, 等. 2013. 中国近海海洋——海底地形地貌. 北京: 海洋出版社: 1-341.

陈彬, 余炜炜. 2012. 海洋生态恢复理论与实践. 北京: 海洋出版社: 1-207.

国家海洋局. 2010-2016. 中国海洋环境状况公报.

李永祺. 2012. 中国区域海洋学——海洋环境生态学. 北京: 海洋出版社: 1-595.

梁玉波. 2012. 中国赤潮灾害调查与评价(1933—2009). 北京: 海洋出版社: 1-666.

刘宝林, 胡克, 徐秀丽, 等. 2010. 双台子河口重金属污染的沉积记录. 海洋科学, 34(4): 84-88.

刘恒魁. 1990. 辽东湾近岸水域海流特征分析. 海洋科学, 2(14): 23-27.

刘容子. 2012. 中国区域海洋学——海洋经济学. 北京: 海洋出版社: 1-434.

陆孝平, 富曾慈. 2010. 中国主要江河水系要览. 北京: 中国水利水电出版社.

乔璐璐, 鲍献文, 吴德星. 2006. 渤海夏季实测潮流特征. 海洋工程, 24(3): 45-52.

唐启升. 2012. 中国区域海洋学——渔业海洋学. 北京: 海洋出版社: 1-450.

王金叶, 张安国, 李晓东, 等. 2016. 蛤蜊岗滩涂贝类分布及其与环境因子的关系. 海洋科学, 40(4): 32-39.

吴桑云, 王文海, 丰爱平, 等. 2011. 我国海湾开发活动及其环境效应. 北京: 海洋出版社: 1-6207.

徐广远, 郤明, 张恩鹏, 等. 2010. 冬季海冰灾害期间海参养殖管理方法. 中国水产, (11): 45-46.

杨红生. 2007. 海岸带生态农牧场新模式构建设想与途径——以黄河三角洲为例. 中国科学院院刊, (10): 1111-1117.

杨红生, 王德, 李富超, 等. 2020. 海岸带生态农牧场创新发展战略研究. 北京: 科学出版社: 125-141.

张锦玉, 李志新, 田雨. 1995. 小凌河流域水文特性分析. 东北水利水电, (3): 28-33.

中国海湾志编纂委员会. 1997. 中国海湾志: 第二分册(辽东半岛西部和辽宁省西部海湾). 北京: 海洋出版社.

中国海湾志编纂委员会. 1998. 中国海湾志: 第十四分册(重要河口). 北京: 海洋出版社.

周永德, 吴喜军, 李洪利. 2009. 大凌河流域的水文特性及其对生态环境的影响与对策. 东北水利水电, (3): 35-36.

Gu W, Liu C, Yuan S, et al. 2013. Spatial distribution characteristics of sea-ice-hazard risk in Bohai, China. Annals of Glaciology, 54(62): 73-79.

Zhang A G, Yuan X T, Yang X L, et al. 2016. Temporal and spatial distributions of intertidal macrobenthos in the sand flats of the Shuangtaizi Estuary, Bohai Sea in China. Acta Ecologica Sinica, 36(3): 172-179.

Zhang X, Zhang J, Meng J M, et al. 2013. Analysis of multi-dimensional SAR for determining the thickness of thin sea ice in the Bohai Sea. Chinese Journal of Oceanology and Limnology, 31(3): 681-698.

第二章　辽东湾北部海域主要污染物的环境容量研究

辽东湾北部海域是我国纬度最高的海域。该海域水深较浅，水动力过程弱，海水的自净能力差，对污染物的容纳能力有限。辽东湾北部海域是我国水体富营养化程度最严重的海域之一。近年来，该海域营养盐显著增加，海水中氮磷比失衡，营养物质的结构也发生了显著变化。另外，海岸带和海上石油开发导致的海水中石油类超标及东北老工业基地带来的重金属污染压力也不容忽视。

随着陆域污染物排放控制和管理工作的全面开展，陆域环境质量逐渐得到改善。但与此同时，作为源污染的最终归宿——海域的环境状况却未能得到相应改观，这在很大程度上是未能系统全面地考虑入海污染物量和海洋环境容量的结果。在海洋环境管理与保护工作的研究和实践中，人们逐渐认识到其出路和重点是对入海污染物进行总量控制。容量总量控制的理论基础是环境容量，只有在科学认识海域环境容量的基础上，才能充分利用海域自净能力，有效保护海洋环境。可以说，环境容量是将管理和科学联系起来的重要概念。

本章以辽东湾北部海域为研究区域，以我国海湾与河口较为主要和普遍的污染物——氮、磷、石油烃和重金属等作为研究目标，在区域历史资料收集、现场补充调查及辽东湾北部海域水动力特征调查研究的基础上，建立了辽东湾北部海域主要污染物环境容量评估模型，评估了辽东湾北部海域主要污染物氮、磷、石油烃及重金属的海洋环境容量，并提出了总量控制建议及减排和降污等措施，从而为提高该海域的环境质量提供科学依据和管理措施，为该区域海洋环境和生态保护及海洋产业发展提供有效的环境保障。

第一节　污染物总量控制及海洋环境容量研究进展

一、污染物总量控制

（一）基本概念

污染物总量控制指根据一个流域、地区或区域的自然环境和自净能力，依据环境质量标准，控制污染源的排污总量，把污染物负荷总量控制在自然环境的承载能力范围内。其核心思想是根据海域或沿海社会、经济发展状况，通过污染治理与经济发展的不断平衡，逐步将污染物排污总量控制在海洋环境的承载能力范围内的过程。

污染物排放总量控制，最早由美国国家环境保护局提出，它是应环境保护实践的需要而产生，随环境科学技术的发展而完善的。按总量控制的不同含义，将其分为三种类型：目标总量控制、容量总量控制和行业总量控制。

目标总量控制以排放限制为控制基点，从污染源可控性研究入手，进行总量控制负荷分配，它思路简单、易操作，但具有一定的盲目性和人为主观性；容量总量控制则以水质标准为控制基点，从污染源可控性、环境目标可达性两个方面进行总量控制负荷分配，它最具科学合理性，但研究周期长、工作量大，且污染物因子的降解规律、自净能力不易把握；行业总量控制是我国从工作概念角度提出的以能源和资源合理利用为控制基点，从最佳生产工艺和实用处理技术两个方面进行总量控制负荷分配，主要针对一些生产工艺比较落后、资源和能源的利用率均偏低、浪费严重、应及时革新生产工艺的行业。当前，我国主要实行目标总量控制，同时辅以在部分海域开展容量总量控制，但目标总量控制只能被视为当容量总量控制条件不成熟时的过渡阶段，总量控制的最终目标是实现容量总量控制。

（二）总量控制的技术体系

总量控制包括一系列的技术过程，具体如总量控制指标筛选、排污总量核算与预测、海洋功能区划、海洋环境容量计算、总量分配与污染物削减技术方案制订及排污许可证发放和总量控制的监控等。

总量控制指标筛选：入海污染物排放总量控制的指标应是①对研究区域海洋环境危害程度大的；②海洋环境监测和统计手段能够支持的；③列入国家《海水水质标准》（GB 3097—1997）或能以列入标准的污染物推算得到的。

排污总量核算与预测：实行总量控制，需要对多种污染源负荷进行调查和预测，其中包括点源污染和面源污染。当前，我国入海污染源的调查存在覆盖面不够、采样频率不高、入海通量估算不准确等问题，海洋环境管理和总量控制的“瓶颈”是污染源的准确调查与核定，只有当监测技术达到仪器自动化监测的程度，这个问题才有可能得到有效解决。

海洋功能区划：是制订水质保护目标，为海洋环境容量计算提供约束条件的过程。我国目前存在的水体功能是以现状功能为主，不能反映海洋生态系统的基本需求，由于不是以海域尺度确定控制单元进行制订，因此存在跨边界、跨水体类型的冲突问题。

海洋环境容量计算：海洋环境容量是基于海洋环境功能目标计算所得，是满足水体使用功能的最终目标，是与水质目标相对应的。由于海洋环境容量的预测需要模型手段和大量数据的支持，模型运算所需的各类参数对模拟及预报的精度影响很大，因此模型的规范化和标准化至关重要。

总量分配与污染物削减技术方案制订：海洋环境污染物允许排放总量的分配是总量控制的核心工作。制订科学的总量分配与污染物治理方案，是实施海洋环境污染物总量控制的技术关键。分配允许排放量实质上是确定各排污者利用环境资源的权利，确定各排污者削减污染物的义务，即利益的分配和矛盾的协调。因此，确定总量控制方案，不仅应该考虑容量资源的自然属性和功能保护要求，而且应保证分配与削减方案具有经济与技术可行性，因此需要建立分配方案的效果评估。

排污许可证发放：美国根据《清洁水法案》有效地建立了污染物排放许可证制度，并且随后在湿地保护中，将许可证制度推广到湿地开发的土地许可证制度。因此，许可证制度是美国国家环境保护局管理权力的主要体现，也是最为主要的管理手段。而我国许可证制度并没有得到有效建立。20 世纪 90 年代，部分省和城市率先试行建立了许可证系统，但远未达到覆盖所有工业所需的许可证要求。由于缺乏有效的监管制度和方法，工业企业仍然向公共水体排放大量未经处理的污水，造成河流污染。

总量控制的监控：监督污染源和区域总量控制的实施效果，具体包括污染源和水环境质量的监控，为排污许可证的监督管理提供依据。我国尚未形成完整的入海污染源—海洋环境质量的总量监控体系，排放监控非常薄弱，水质监测的频率也较低，不能反映出实际的污染排放负荷和水质的连续变化，难以建立污染源排放与水质的响应关系，不能够对总量控制的实施效果进行有效的监督管理。

（三）当前实施总量控制存在的问题

“九五”以来，实施污染物排放总量控制已成为我国环境保护工作的重要内容。在各级政府的不懈努力下，我国海洋环境不断恶化的趋势得到了有效遏制，重点海域的环境质量有了明显的改善和提高。随着我国入海污染物总量控制工作的全面展开，一些需要正确认识和处理的问题也陆续出现，主要体现在以下几个方面。

（1）缺乏总量控制相关的配套法规制度。我国目前仅在《中华人民共和国海洋环境保护法》中有关于重点海域排污总量控制制度的原则性规定，并没有建立一整套法规制度体系，缺乏具体操作所需的办法、措施、程序等规定。同时，没有确定实施总量控制的重点海域也尚未建立相应的总量分配、核查监督和跟踪评估机制，易导致管理者在总量控制具体操作时无所适从、制定错误决策，给国家造成巨大损失。

（2）开展总量控制的工作体制机制有待完善。建立实施重点海域排污总量控制制度，既涉及国家产业财政政策等宏观调控措施，又涉及污染源监管的微观管理行为；既涉及环境保护、海洋、水利、农业、交通运输、住房和城乡建设等负有污染监管职责的职能部门，又涉及国家发展改革委、财政部等综合管理部门，还涉及不同地方政府的跨区域和跨流域合作。要使这么多区域、部门、领域充分协调配合，形成合力，是一个非常复杂的系统工程。至今，我国尚未建立如此完善的工作体制和协同机制。

（3）总量控制还停留在目标总量控制阶段。我国现阶段主要采用的是简单、易操作的目标总量控制，并未考虑各纳污水体的环境容量及可能对海洋生态系统健康造成的污染影响。长期以来的实践表明，这样的环境保护政策并不能有效地控制近岸海域环境质量的下降趋势。

（4）总量控制的监测与管理力度有待加强。目前，我国海洋环境管理过程中针对排污单元的在线监控和监测能力不足，无法准确计量污染物排放量；对偷排、漏排的企业无法全面有效监管并根据违规程度进行处罚，在一定程度上影响了入海污染物总量控制制度的实施效果。

二、海洋环境容量

（一）基本概念

海洋环境容量理论是海洋环境科学领域的重要研究内容之一，也是实施入海污染物总量控制和分配这一管理行为的理论基础。1986 年，联合国海洋污染科学问题联合专家组（GESAMP）对环境容量给出如下定义：环境容量为环境的特性，是在不造成环境不可承受的影响前提下，环境所能容纳污染物的能力。这个概念包含三层含义：第一，污染物在环境中客观存在，只要不超过一定的阈值就不会对环境造成危害；第二，在特定环境功能下，任何环境可容纳的污染物是有限的；第三，环境容量可以定量化。

传统上，国内学者把水环境容量定义为“水体环境在规定的环境目标下所能容纳的污染物量”，指在保证某一水体水质符合规定标准的前提下，单位时间内能够承纳的某种污染物的最大允许负荷量。它的大小取决于水体的自然特性、要求的水质标准及污染物本身的特性等。欧美国家的学者较少使用“水环境容量”这一术语，而是用同化容量、最大容许纳污量和水体容许排污水平等概念。近年来，相关学者对环境容量的概念进行了分解细化，进一步提出了管理环境容量、污染物允许排放量和自净容量等概念，形成了我国环境容量概念体系（关道明，2011；王修林和李克强，2006），具体来说可分为以下三类。

（1）人类为了充分利用水域的环境功能，规定了特定水域水质和沉积物的环境质量标准，使得环境所能容纳的污染物含量被限制在一定限度内，这个限值即为管理环境容量。已利用环境容量是由特定水域体积和污染物现状浓度所决定的污染物含量；剩余环境容量或可利用环境容量为管理环境容量与已利用环境容量的差值。

（2）污染物允许排放量或分配容量是指在水体中污染物浓度不超过水域功能区划所规定的环境质量标准限值条件下，一段时间内向水体中排放的污染物量；允许排放量与现状排放量的差值即为排放余量或削减量（张存智等，1998）。允许排放量及相关理论是实施污染物总量控制的基础。

（3）自净容量（又称自净能力）是海水的自然禀赋，分为物理自净能力、化学自净能力和生物自净能力三类，它通过改变海水的现状浓度进而影响海水的剩余环境容量和允许排放余量（或削减量）。其中，物理自净能力又称为水交换能力，是海洋环境动力学的一个重要研究内容（张学庆等，2012）。

上述三类概念中，第一类最为直观且最符合容量的本质属性，计算过程也相对简单，但缺点是没有和污染源联系起来，不能给总量控制提供直接技术支撑。第二类将污染源排污量与环境质量目标联系起来，将传统环境容量的概念进行了扩展，缺点是计算过程复杂，特别是在海洋环境这样的复杂空间，计算方法的标准性和规范性有待提高。第三类更强调水体的自然属性，关注的是通过水体自净过程使容量增加的能力。与总量控制密切相关的是允许排放量。

（二）允许排放量的计算方法

目前海洋环境容量的计算方法大致可分为两类：一类是充分考虑潮流等动力因素对污染物的作用，建立在水动力模型基础之上的方法，如分担率法、最优化法和模型试算法；另一类是基于翔实的环境监测数据的方法，如箱式模型法。在实际应用中，要根据研究海域的实际情况，参照各种方法的利弊和适用范围来选择合适的计算方法。

1. 分担率法

分担率定义为某个污染源的影响在海域总体污染影响中所占的比例，体现了此污染源对海域总体污染所做贡献的大小。响应系数场定义为某个污染源在单位源强单独排放条件下所形成的浓度分布场。分担率法是在污染源调查和水质监测基础上，建立入海污染物浓度扩散模型，通过数值模拟求得各个点源的分担率场和响应系数场，并根据水质目标及现状浓度求得入海污染物的环境容量。分担率法适用于所有排放源资料齐全且浓度场模拟能较快达到平衡的情况；缺陷在于没有考虑排污量在各污染源之间的合理分配。余静等（2006）采用此方法计算了宁波—舟山海域化学需氧量、无机氮、活性磷酸盐的环境容量，结果表明化学需氧量尚有余量，无机氮、活性磷酸盐需要不同程度的削减，对海水养殖污染源排放的管理是解决这一问题的关键。张学庆和孙英兰（2007）采用此方法计算了胶州湾化学需氧量、N、P 的环境容量，并指出胶州湾内各污染源化学需氧量均有余量，而 N、P 需要削减。

2. 最优化法

最优化法实际上是将海洋环境容量计算归纳为线性规划问题，一方面要求目标海域各水质控制点海水满足一定等级的国家海水水质标准要求，另一方面要求通过优化各个污染源的入海负荷分配率使各污染源允许的入海负荷之和达到最大。其优点是统筹考虑了环境容量在各个污染源之间的合理分配，从而得到最大排放量和最优排污布局，目前已被广泛应用于海湾、河口等区域环境容量的研究。例如，李适宇等（1999）引进贡献度系数，提出分区达标控制方法求解海域环境容量，并应用于汕头海域化学需氧量的环境容量研究；王悦（2005）采用此方法计算了渤海湾化学需氧量环境容量，指出其仍有很大余量；郑洪波等（2010）运用此方法对大连市金港区总体规划中纳污海域的化学需氧量、无机氮、活性磷酸盐和石油类污染物的海洋环境容量进行了计算，结果显示近期规划中 4 种污染因子均有余量；Han 等（2011）利用水动力模型和生态模型对胶州湾的海流和水质进行了模拟，并采用线性规划方法计算了胶州湾无机氮和活性磷酸盐的环境容量。最优化法的最大缺点是在求解过程中为了在数学上取得极值，有时会出现某些排污口的允许排放量为零的情况，但是实际中不可能把现存排污口完全关闭。所以，这种方法还需要从经济发展、生活需求等角度对各污染源的排放量限制进行改进。郭良波（2005）将污染源约束条件改为任何污染源入海负荷不低于总入海负荷的 λ 倍，系数 λ 可以根据实际情况而定。宋微等（2011）认为与普通优化相比，模糊优化能够根据排污口所在水域的扩散能力进行源强的再分配，能够更充分合理地利用海湾的纳污能力。

3. 模型试算法

模型试算法是在水质模拟的基础上将模拟区域分为若干个次区，逐步加大一个次区的污染量并同时保持其他次区污染量不变，直至计算区域水质达到规定的海水水质标准，此时的污染量即为该次区的最大污染负荷。重复上述过程估算出各个次区的最大污染负荷，之后在所有次区同时排放最大污染量的情况下，计算模拟区域的水质情况，根据各次区的超标情况削减其污染量，直到整个模拟区域水质达到水质标准。该方法能够简单直观地预测水环境容量，但是计算量较大，且在削减各个次区污染量的过程中受主观影响较大，适用于模拟区域计算范围较小且海域功能区划单一的情况。栗苏文等（2005）采用此方法预测了 2015 年大鹏湾生物需氧量、总氮和总磷等污染物的环境容量，结果表明除沙头角海和印洲塘外，其他次区的污染负荷仍未超出其纳污能力。黄秀清等（2008）利用此方法确定了象山港海域的环境容量，并提出了有效的总量分配方案。

4. 箱式模型法

箱式模型法将计算水体看作一个浓度均匀的箱体，且污染物质一进入水体立即被均匀混合。该方法在范围不大、混合均匀的湖泊或者海湾是一种较好的近似方法，但对于面积较大、潮流作用较强的海洋水体则不再成立，因为它忽略了水体中各点通过平流扩散等物理过程的相互联系，计算结果一般会过高估计环境容量。乔璐璐等（2008）采用箱式模型估算了渤海及其各分区现状下及不同经济增长率下的环境容量预测值，指出各年份无机氮环境容量最大，各种污染物环境容量在渤海中部最大，石油类和无机氮环境容量在逐年减少。王长友（2008）采用此方法估算了东海重金属 Pb、Zn、Cd 和 Cu 的极小海洋环境容量，并提出了总量控制方案。

（三）小结

当前，关于污染物海洋环境容量的计算主要基于污染物允许排放量，考虑入海点源污染的作用及水动力的物理自净过程，而对面源污染的贡献及污染物的生物化学自净作用考虑不够。因此，全面评估面源污染对海洋环境容量的贡献，综合考虑物理、化学和生物自净过程对环境容量的影响，是准确掌握水质变化趋势和评估海洋环境容量，更加科学地评价环境负荷对海洋生态环境影响的基础和关键。

第二节 主要污染物环境容量模型构建

一、水质模型

（一）氮磷

针对氮磷污染物的输运过程，除了考虑其在水动力作用下的平流和扩散过程，还需考虑污染物的化学和生物降解作用。但是在现有的监测手段和资料积累情况下，如果考虑复杂的生物化学过程，一方面没有足够的实测资料来支持模型的运行，从而无法保证模型计算精度；另一方面难以获得达到稳定状态的平衡浓度场。基于上述原因，我们将生物化学降解作用在模型中以参数化的形式表示，建立的污染物输运模型如下

$$\frac{\partial C}{\partial t}+u\frac{\partial C}{\partial x}+v\frac{\partial C}{\partial y}+w\frac{\partial C}{\partial z}=\frac{\partial}{\partial x}\left(A_{\mathrm{H}}\frac{\partial C}{\partial x}\right)+\frac{\partial}{\partial y}\left(A_{\mathrm{H}}\frac{\partial C}{\partial y}\right)+\frac{\partial}{\partial z}\left(K_{\mathrm{H}}\frac{\partial C}{\partial z}\right)-rC \quad (2\text{-}1)$$

式中，t 为时间，单位为 s；x、y、z 分别为空间 3 个方向的坐标，单位均为 m；u、v、w 分别为流速的东分量、北分量和垂直分量，由海流模型计算得到，单位均为 m/s；K_{H} 为垂直扩散系数，由湍流封闭模型计算得到，单位为 $\mathrm{m^2/s}$；A_{H} 为水平

扩散系数，由 Smagorinsky 公式计算得到，单位为 m^2/s；C 为氮磷污染物浓度，单位为 mg/L，在模型内部实际计算中转化为 kg/m^3；r 为污染物的降解系数，当 r=0 时，为保守性物质，否则为非保守性物质。

污染物控制方程的海面、海底边界条件为

$$K_{\mathrm{H}}\frac{\partial C}{\partial z}=-wC(0), z=\eta \tag{2-2}$$

$$K_{\mathrm{H}}\frac{\partial C}{\partial z}=0, z=h \tag{2-3}$$

即不考虑海面和海底的污染物通量。在污水排放处，污染物方程的边界条件为

$$Q(x_0,y_0,z_0)=Q_0,\ C(x_0,y_0,z_0)=C_0 \tag{2-4}$$

式中，η为海面起伏，单位为 m；h 为静止水深，单位为 m；$wC(0)$为海面的污染物通量，单位为 $kg/(m^2 \cdot s)$；x_0、y_0、z_0 分别为污水排放处空间 3 个方向的坐标，单位为 m；$Q(x_0, y_0, z_0)$为污水排放处的体积通量，单位为 m^3/s；Q_0 为废水排放率，单位为 m^3/s；C（x_0, y_0, z_0）为污水排放处的浓度，单位为 mg/L；C_0 为排放废水的污染物浓度，单位为 mg/L，在模型计算中转化为 kg/m^3。

在浅水或者上下混合均匀的海域，将上述方程进行垂向积分，得到深度平均的二维模型进行模拟计算。

（二）石油烃

针对石油烃污染物的输运过程，除了考虑其在水动力作用下的平流扩散，还需考虑大气挥发和微生物降解所引起的浓度变化（王修林和李克强，2006）。所建立的输运模型如下

$$\frac{\partial C}{\partial t}+u\frac{\partial C}{\partial x}+v\frac{\partial C}{\partial y}+w\frac{\partial C}{\partial z}=\frac{\partial}{\partial x}\left(A_{\mathrm{H}}\frac{\partial C}{\partial x}\right)+\frac{\partial}{\partial y}\left(A_{\mathrm{H}}\frac{\partial C}{\partial y}\right)+\frac{\partial}{\partial z}\left(K_{\mathrm{H}}\frac{\partial C}{\partial z}\right)+K_{\mathrm{atm}}^{0}\mathrm{e}^{-\frac{\Delta H}{RT}C}-K_{\mathrm{bd}}C \tag{2-5}$$

式中，t、x、y、z、u、v、w、K_{H}、A_{H} 的含义同式（2-1）；C 为石油烃污染物浓度，单位为 mg/L，在实际计算中转化为 kg/m^3；K_{atm}^{0} 是温度为 T_0 时的石油烃大气挥发速率常数，单位为 $kg/(m^3 \cdot s)$；ΔH 为反应焓；T 为温度，单位为℃；R 为摩尔气体常数，其值约为 8.314472J/（mol·K）；K_{bd} 为石油烃微生物降解速率常数，一般为（0.0013±0.0005）h^{-1}；石油烃输运控制方程的边界条件可参考式（2-2）～式（2-4）。

（三）重金属

根据沈珍瑶等（2008）的研究，水体中的重金属污染物部分溶解于水，部分吸附于可溶性物质，部分吸附于悬浮泥沙，水体中重金属污染物的输运方程是

$$
\begin{aligned}
&\partial_t\left(m_x m_y H C_{\mathrm{w}}\right)+\partial_x\left(m_y H u C_{\mathrm{w}}\right)+\partial_y\left(m_x H v C_{\mathrm{w}}\right)+\partial_z\left(m_x m_y w C_{\mathrm{w}}\right) \\
&=\partial_z\left(m_x m_y \frac{A_{\mathrm{b}}}{H} \partial_z C_{\mathrm{w}}\right)+m_x m_y H\left[\sum_{i=1}^n\left(K_{\mathrm{dS}}^i S^i \chi_{\mathrm{S}}^i\right)+\sum_{j=1}^n\left(K_{\mathrm{dD}}^j D^j \chi_{\mathrm{D}}^j\right)\right] \\
&\quad -m_x m_y H\left[\sum_{i=1}^n\left(K_{\mathrm{aS}}^i S^i\right)\left(\psi_{\mathrm{w}} \frac{C_{\mathrm{w}}}{\varphi}\right)\left(\hat{\chi}_{\mathrm{S}}^i-\chi_{\mathrm{S}}^i\right)+\sum_{j=1}^n\left(K_{\mathrm{aD}}^j D^j\right)\left(\psi_{\mathrm{w}} \frac{C_{\mathrm{w}}}{\varphi}\right)\left(\hat{\chi}_{\mathrm{D}}^j-\chi_{\mathrm{D}}^j\right)+\gamma C_{\mathrm{w}}\right]
\end{aligned}
\tag{2-6}
$$

式中，∂_t 为对时间的偏导；∂_x、∂_y、∂_z 分别为对空间 3 个方向的偏导；$H=\eta+h$ 为总水深；m_x、m_y 分别为度量张量对角元素的平方根；A_{b} 为水溶性污染物的扩散系数；u、v、w 分别为曲线坐标系中 x、y、z 方向上的流速分量，由水动力方程计算得到；C_{w} 为单位总体积溶解的水溶污染物的质量；χ_{S}^i 为单位质量 i 类泥沙吸附的污染物质量；χ_{D}^j 为单位质量 j 类可溶物吸附的污染物质量；φ 为孔隙率；ψ_{w} 为水溶污染物的可吸附率；K_{aS}^i 为 i 类泥沙的吸附速率；K_{aD}^j 为 j 类可溶物的吸附速率；K_{dS}^i 为 i 类泥沙的解吸速率；K_{dD}^j 为 j 类可溶物的解吸速率；γ 为一个纯线性的衰减率系数；$\hat{\chi}_S^i$ 为单位质量 i 类泥沙饱和吸附的污染物质量；$\hat{\chi}_D^j$ 为单位质量 j 类可溶物饱和吸附的污染物质量；S^i 和 D^j 分别为 i 类泥沙和溶解的 j 类可溶物的浓度（每单位总体积的质量）。

吸附于可溶物的重金属污染物的输运方程是

$$
\begin{aligned}
&\partial_t\left(m_x m_y H D^j \chi_{\mathrm{D}}^j\right)+\partial_x\left(m_y H u D^j \chi_{\mathrm{D}}^j\right)+\partial_y\left(m_x H v D^j \chi_{\mathrm{D}}^j\right)+\partial_z\left(m_x m_y w D^j \chi_{\mathrm{D}}^j\right) \\
&=\partial_z\left[m_x m_y \frac{A_{\mathrm{b}}}{H} \partial_z\left(D^j \chi_{\mathrm{D}}^j\right)\right]+m_x m_y H\left(K_{\mathrm{aD}}^j D^j\right)\left(\psi_{\mathrm{w}} \frac{C_{\mathrm{w}}}{\varphi}\right)\left(\hat{\chi}_{\mathrm{D}}^j-\chi_{\mathrm{D}}^j\right) \\
&\quad -m_x m_y H\left(K_{\mathrm{dD}}^j+\gamma\right)\left(D^j \chi_{\mathrm{D}}^j\right)
\end{aligned}
\tag{2-7}
$$

吸附于悬浮泥沙的重金属污染物的输运方程是

$$
\begin{aligned}
&\partial_t\left(m_x m_y H S^i \chi_{\mathrm{S}}^i\right)+\partial_x\left(m_y H u S^i \chi_{\mathrm{S}}^i\right)+\partial_y\left(m_x H v S^i \chi_{\mathrm{S}}^i\right)+\partial_z\left(m_x m_y w S^i \chi_{\mathrm{S}}^i\right) \\
&+\partial_z\left(m_x m_y w_{\mathrm{S}}^i S^i \chi_{\mathrm{S}}^i\right)=\partial_z\left[m_x m_y \frac{A_{\mathrm{b}}}{H} \partial_z\left(S^i \chi_{\mathrm{S}}^i\right)\right] \\
&+m_x m_y H\left(K_{\mathrm{aS}}^i S^i\right)\left(\psi_{\mathrm{w}} \frac{C_{\mathrm{w}}}{\varphi}\right)\left(\hat{\chi}_{\mathrm{S}}^i-\chi_{\mathrm{S}}^i\right)-m_x m_y H\left(K_{\mathrm{dS}}^i+\gamma\right)\left(S^i \chi_{\mathrm{S}}^i\right)
\end{aligned}
\tag{2-8}
$$

引入吸附浓度，即为每单位总体积的吸附质量：

$$
C_{\mathrm{D}}^j=D^j \chi_{\mathrm{D}}^j \tag{2-9}
$$

$$C_{\mathrm{S}}^{i}=S^{i}\chi_{\mathrm{S}}^{i} \tag{2-10}$$

则式（2-6）～式（2-8）可转化为

$$\begin{aligned}
&\partial_{t}\left(m_{x}m_{y}HC_{\mathrm{w}}\right)+\partial_{x}\left(m_{y}HuC_{\mathrm{w}}\right)+\partial_{y}\left(m_{x}HvC_{\mathrm{w}}\right)+\partial_{z}\left(m_{x}m_{y}wC_{\mathrm{w}}\right)\\
&=\partial_{z}\left(m_{x}m_{y}\frac{A_{\mathrm{b}}}{H}\partial_{z}C_{\mathrm{w}}\right)+m_{x}m_{y}H\left[\sum_{i=1}^{n}\left(K_{\mathrm{dS}}^{i}C_{\mathrm{S}}^{i}\right)+\sum_{j=1}^{n}\left(K_{\mathrm{dD}}^{j}C_{\mathrm{D}}^{j}\right)\right]\\
&\quad-m_{x}m_{y}H\left[\sum_{i=1}^{n}\left(K_{\mathrm{aS}}^{i}S^{i}\right)\left(\psi_{\mathrm{w}}\frac{C_{\mathrm{w}}}{\varphi}\right)\left(\hat{\chi}_{\mathrm{S}}^{i}-\chi_{\mathrm{S}}^{i}\right)+\sum_{j=1}^{n}\left(K_{\mathrm{aD}}^{j}D^{j}\right)\left(\psi_{\mathrm{w}}\frac{C_{\mathrm{w}}}{\varphi}\right)\left(\hat{\chi}_{\mathrm{D}}^{j}-\chi_{\mathrm{D}}^{j}\right)+\gamma C_{\mathrm{w}}\right]
\end{aligned} \tag{2-11}$$

$$\begin{aligned}
&\partial_{t}\left(m_{x}m_{y}HC_{\mathrm{D}}^{j}\right)+\partial_{x}\left(m_{y}HuC_{\mathrm{D}}^{j}\right)+\partial_{y}\left(m_{x}HvC_{\mathrm{D}}^{j}\right)+\partial_{z}\left(m_{x}m_{y}wC_{\mathrm{D}}^{j}\right)\\
&=\partial_{z}\left(m_{x}m_{y}\frac{A_{\mathrm{b}}}{H}\partial_{z}C_{\mathrm{D}}^{j}\right)+m_{x}m_{y}H\left(K_{\mathrm{aD}}^{j}D^{j}\right)\left(\psi_{\mathrm{w}}\frac{C_{\mathrm{w}}}{\varphi}\right)\left(\hat{\chi}_{\mathrm{D}}^{j}-\chi_{\mathrm{D}}^{j}\right)-m_{x}m_{y}H\left(K_{\mathrm{dD}}^{j}+\gamma\right)C_{\mathrm{D}}^{j}
\end{aligned} \tag{2-12}$$

$$\begin{aligned}
&\partial_{t}\left(m_{x}m_{y}HC_{\mathrm{S}}^{i}\right)+\partial_{x}\left(m_{y}HuC_{\mathrm{S}}^{i}\right)+\partial_{y}\left(m_{x}HvC_{\mathrm{S}}^{i}\right)+\partial_{z}\left(m_{x}m_{y}wC_{\mathrm{S}}^{i}\right)+\partial_{z}\left(m_{x}m_{y}w_{\mathrm{S}}^{i}C_{\mathrm{S}}^{i}\right)\\
&=\partial_{z}\left(m_{x}m_{y}\frac{A_{\mathrm{b}}}{H}\partial_{z}C_{\mathrm{S}}^{i}\right)+m_{x}m_{y}H\left(K_{\mathrm{aS}}^{i}S^{i}\right)\left(\psi_{\mathrm{w}}\frac{C_{\mathrm{w}}}{\varphi}\right)\left(\hat{\chi}_{\mathrm{S}}^{i}-\chi_{\mathrm{S}}^{i}\right)-m_{x}m_{y}H\left(K_{\mathrm{dS}}^{i}+\gamma\right)C_{\mathrm{S}}^{i}
\end{aligned} \tag{2-13}$$

被吸附的污染物的输运公式通常采用具有吸附和解吸项的平衡分配模式：

$$\left(K_{\mathrm{aD}}^{j}D^{j}\right)\left(\psi_{\mathrm{w}}\frac{C_{\mathrm{w}}}{\varphi}\right)\left(\hat{\chi}_{\mathrm{D}}^{j}-\chi_{\mathrm{D}}^{j}\right)=K_{\mathrm{dD}}^{j}C_{\mathrm{D}}^{j} \tag{2-14}$$

$$\left(K_{\mathrm{aS}}^{i}S^{i}\right)\left(\psi_{\mathrm{w}}\frac{C_{\mathrm{w}}}{\varphi}\right)\left(\hat{\chi}_{\mathrm{S}}^{i}-\chi_{\mathrm{S}}^{i}\right)=K_{\mathrm{dS}}^{i}C_{\mathrm{S}}^{i} \tag{2-15}$$

求解式（2-14）和式（2-15），计算吸附态与水溶态的污染物浓度比率：

$$\frac{C_{\mathrm{D}}^{j}}{C_{\mathrm{w}}}=\frac{f_{\mathrm{D}}^{j}}{f_{\mathrm{w}}}=P_{\mathrm{D}}^{j}\frac{D^{j}}{\varphi} \tag{2-16}$$

$$P_{\mathrm{D}}^{j}=P_{\mathrm{Do}}^{j}\left[1+P_{\mathrm{Do}}^{j}\left(\frac{C_{\mathrm{w}}}{\hat{\chi}_{\mathrm{D}}^{j}\varphi}\right)\right]^{-1} \tag{2-17}$$

$$P_{\mathrm{Do}}^{j}=\frac{\psi_{\mathrm{w}}K_{\mathrm{aD}}^{j}\hat{\chi}_{\mathrm{D}}^{j}}{K_{\mathrm{dD}}^{j}} \tag{2-18}$$

$$\frac{C_{\mathrm{S}}^{i}}{C_{\mathrm{w}}}=\frac{f_{\mathrm{S}}^{i}}{f_{\mathrm{w}}}=P_{\mathrm{S}}^{i}\frac{S^{i}}{\varphi} \tag{2-19}$$

$$P_{\mathrm{S}}^{i}=P_{\mathrm{So}}^{i}\left[1+P_{\mathrm{So}}^{i}\left(\frac{C_{\mathrm{w}}}{\hat{\chi}_{\mathrm{S}}^{i}\varphi}\right)\right]^{-1} \tag{2-20}$$

$$P_{\mathrm{So}}^{i}=\frac{\psi_{\mathrm{w}}K_{\mathrm{aS}}^{i}\hat{\chi}_{\mathrm{S}}^{i}}{K_{\mathrm{dS}}^{i}} \tag{2-21}$$

式中，f_{D}^{j} 为 j 类可溶物吸附的污染物的质量分数；f_{w} 为水溶污染物的质量分数；P_{D}^{j} 为溶解态污染物分配系数；P_{Do}^{j} 为溶解态污染物线性平衡值；f_{S}^{i} 为 i 类泥沙吸附的污染物的质量分数；P_{S}^{i} 为颗粒态污染物分配系数；P_{So}^{i} 为颗粒态污染物线性平衡值。

将线性平衡分配模式 P 设为 P_{o}，质量分数之和为 1。

$$f_{\mathrm{w}}+\sum_{i=1}^{n}f_{\mathrm{S}}^{i}+\sum_{j=1}^{n}f_{\mathrm{D}}^{j}=1 \tag{2-22}$$

考虑到

$$f_{\mathrm{w}}=\frac{C_{\mathrm{w}}}{C}=\frac{\varphi}{\varphi+\sum_{i=1}^{n}P_{\mathrm{S}}^{i}S^{i}+\sum_{j=1}^{n}P_{\mathrm{D}}^{j}D^{j}} \tag{2-23}$$

$$f_{\mathrm{D}}^{j}=\frac{C_{\mathrm{D}}^{j}}{C}=\frac{P_{\mathrm{D}}^{j}D^{j}}{\varphi+\sum_{i=1}^{n}P_{\mathrm{S}}^{i}S^{i}+\sum_{j=1}^{n}P_{\mathrm{D}}^{j}D^{j}} \tag{2-24}$$

$$f_{\mathrm{S}}^{i}=\frac{C_{\mathrm{S}}^{i}}{C}=\frac{P_{\mathrm{S}}^{i}S^{i}}{\varphi+\sum_{i=1}^{n}P_{\mathrm{S}}^{i}S^{i}+\sum_{j=1}^{n}P_{\mathrm{D}}^{j}D^{j}} \tag{2-25}$$

溶解浓度可以用单位水相体积中污染物质量表示：

$$C_{\mathrm{w:w}}=\frac{C_{\mathrm{w}}}{\varphi} \tag{2-26}$$

$$C_{\mathrm{D:w}}^{j}=\frac{C_{\mathrm{D}}^{j}}{\varphi} \tag{2-27}$$

$$D_{\mathrm{w}}^{j}=\frac{D^{j}}{\varphi} \tag{2-28}$$

将式（2-26）代入式（2-23）得

$$\frac{C_{\mathrm{w:w}}}{C}=\frac{1}{\varphi+\sum_{i=1}^{n}P_{\mathrm{S}}^{i}S^{i}+\sum_{j=1}^{n}P_{\mathrm{D}}^{j}\varphi D_{\mathrm{w}}^{j}} \tag{2-29}$$

将式（2-27）和式（2-28）代入式（2-24）得

$$\frac{C_{\mathrm{D:w}}^{j}}{C}=\frac{P_{\mathrm{D}}^{j}D_{\mathrm{w}}^{j}}{\varphi+\sum_{i=1}^{n}P_{\mathrm{S}}^{i}S^{i}+\sum_{j=1}^{n}P_{\mathrm{D}}^{j}\varphi D_{\mathrm{w}}^{j}} \tag{2-30}$$

将式（2-28）代入式（2-25）得

$$\frac{C_{\mathrm{S}}^{i}}{C}=\frac{P_{\mathrm{S}}^{i}S^{i}}{\varphi+\sum_{i=1}^{n}P_{\mathrm{S}}^{i}S^{i}+\sum_{j=1}^{n}P_{\mathrm{D}}^{j}\varphi D_{\mathrm{w}}^{j}} \tag{2-31}$$

式（2-29）～式（2-31）概括了溶解有机碳和颗粒性有机碳对污染物的吸附作用，是 Chapra 公式的一个推广。

将式（2-11）～式（2-13）相加，考虑平衡分配式（2-14）和式（2-15），可得关于污染物总浓度 C 的方程：

$$\partial_t\left(m_x m_y HC\right)+\frac{1}{m_x m_y}\partial_x\left(m_y HuC\right)+\frac{1}{m_x m_y}\partial_y\left(m_x HvC\right)+\partial_z\left(m_x m_y wC\right)$$
$$-\partial_z\left(m_x m_y\sum_{i=1}^{n}w_{\mathrm{S}}^{i}f_{\mathrm{S}}^{i}C\right)=\partial_z\left(m_x m_y\frac{A_{\mathrm{b}}}{H}\partial_z C\right)-m_x m_y H\gamma C \tag{2-32}$$

二、污染物允许排放量计算方法

（一）确定水质控制点和控制目标

水质控制点的设置主要包括水质控制点位置的选择、水质标准控制点数量的设定和国家海水水质标准设定。

水质约束目标控制点选择在每个污染单元附近，根据海洋功能分区，确定水质控制点和控制点上的水质目标。单一排放口周围控制点的选取如图 2-1 所示。

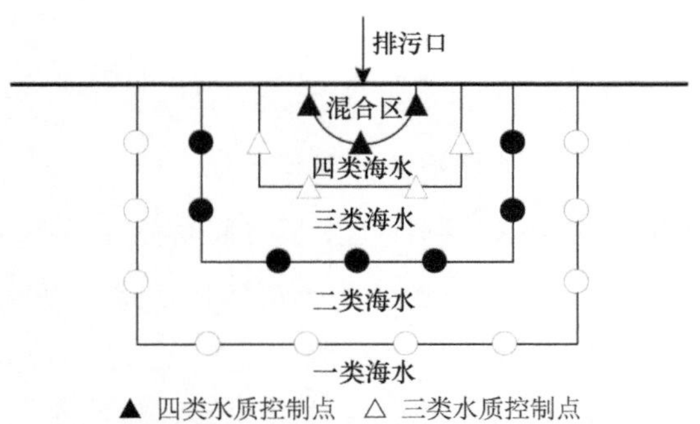

图 2-1　根据海洋功能分区控制点的选取

（二）建立响应系数场

特定海域的水质状况是多种环境要素相互作用的结果，这些环境要素包括排污口的位置和排放强度、海域的自净能力等，这些影响要素构成一个复杂的相互作用系统，即海域水质-污染源的响应系统。海域水质与污染源之间的关系是相对固定的，并有如下表达式：

$$\alpha_{ij}\left(x,y,z\right)=C_{ij}\left(x,y,z\right)/Q_i \tag{2-33}$$

式中，$\alpha_{ij}(x,y,z)$为响应系数场；$C_{ij}\left(x,y,z\right)$为第 i 个污染源在第 j 个控制点形成的浓度场；Q_i 为第 i 个污染源的源强。

（三）环境容量计算方法

1. 线性规划法

辽东湾北部海域海水污染受到来自大辽河、双台子河、大凌河和小凌河等污染源的共同影响，采用线性规划的方法优化各个排放口的最大允许排放量。具体方法如下。

构建目标函数：

$$\max F\left(Q\right)=\sum_{i=1}^{N}Q_i^{\mathrm{S}} \quad (i=1, 2,\cdots, N) \tag{2-34}$$

Ⅰ类约束：

$$\sum_{i=1}^{N}\alpha_{ij}Q_i^{\mathrm{S}}\leqslant C_j^{\mathrm{S}}-C_{0j} \quad (j=1,\ 2,\ \cdots,\ L) \tag{2-35}$$

Ⅱ类约束：

$$Q_i^{\mathrm{S}}\geqslant\left(1-k_i\right)Q_{0i} \quad (i=1,\ 2,\ \cdots,\ N) \tag{2-36}$$

Ⅲ类约束：

$$Q_i^{\mathrm{S}}\leqslant m_iQ_{0i} \quad (i=1,\ 2,\ \cdots,\ N) \tag{2-37}$$

式中，$\max F\left(Q\right)$为污染物排放控制目标函数；Q_i^S为第 i 个源的污染物允许排放量；C_j^S为第 j 个控制点的环境控制目标浓度（环境质量标准）；C_{0j}为所选取控制点的环境背景值；Q_{0i}为第 i 个源的最大可能排放量；N 为污染源的数目；L 为污染物浓度控制点的数目；k_i 为第 i 个源相对基准年污染物排放总量的最大削减率，以%表示；m_i 为第 i 个源相对基准年污染物排放总量的最大排放率，以%表示。

2. 分担率法

对于相对独立的污染单元，即和其他的污染单元相互影响较小的单元，其环境容量可采用分担率法直接计算，方法如下。

（1）利用分担率场γ_{ij}计算在满足水质目标条件下第 i 个点源在第 j 点的分担浓度值（C_{ij}^{S}）：

$$C_{ij}^{S} = \gamma_{ij} \cdot C_{j}^{S} \tag{2-38}$$

式中，C_{j}^{S}为空间第 j 点的水质目标；γ_{ij}为第 i 个点源在第 j 点的分担率。

（2）据C_{ij}^{S}求出满足水质目标条件下第 i 个点源的允许排放强度，即

$$Q_{i}^{S} = C_{ij}^{S} / \alpha_{ij} = \gamma_{ij} \cdot C_{j}^{S} / \alpha_{ij} \tag{2-39}$$

式中，响应系数α_{ij}、分担率γ_{ij}均为已知量，则在水质目标C_{j}^{S}确定的条件下，第 i 个点源的允许排放量Q_{i}^{S}可求。

三、污染物总量控制对策

设ΔQ_i表示第 i 个污染源现状排放量和允许排放量之差，即$\Delta Q_i = Q_i - Q_i^{S}$。若$\Delta Q_i$＞0，表示应削减，削减量为$\Delta Q_i$，$\Delta Q_i/Q_i$则为削减率；若$\Delta Q_i$＜0，表示尚有余量；若$\Delta Q_i = 0$，表示已无余量。在此基础上，针对各污染源所属行政区域或流域给出污染物总量控制对策建议。

第三节　主要污染物入海负荷及时空分布特征

一、主要污染物入海负荷

（一）营养盐

陆源污染是辽东湾北部海域氮、磷的主要来源，主要通过入海河流的挟带及沿岸排污口排放对近岸和近海水质环境造成影响。我们利用 2008～2009 年在辽东湾沿岸开展的入海污染源调查资料，估算辽东湾北部典型海域无机氮和无机磷的入海污染负荷。在计算辽东湾北部海域氮、磷入海负荷时，考虑的主要入海河流有大辽河、双台子河、大凌河、小凌河，主要入海排污口有十余个。这些排污口的流量和排污量与河流相比都较小，因此按地理位置就近原则将排污口的排污量

分别归并至大辽河、双台子河、大凌河和小凌河四大河流。辽东湾4条主要入海河流的营养盐通量见表2-1。可以看出，辽东湾北部海域无机氮总负荷为60 100t/a，活性磷酸盐总负荷为4600t/a。海域无机氮的入海负荷主要集中在大辽河和双台子河，大凌河和小凌河的入海负荷较小；而活性磷酸盐的入海负荷主要集中在大辽河、小凌河和双台子河，大凌河的入海负荷较小。

表2-1 辽东湾4条主要河流的氮、磷入海负荷 （单位：t/a）

河流	无机氮	活性磷酸盐
大辽河	24 500	2 300
双台子河	21 400	900
大凌河	5 400	200
小凌河	8 800	1 200
合计	60 100	4 600

（二）重金属

海洋环境中的重金属污染物主要来源于工业废水、矿物岩石的风化淋溶和矿山开发过程。我们利用2008～2009年在辽东湾沿岸开展的入海污染源调查资料，将辽东湾北部海域各种排污类型的重金属排污量归并到大辽河、双台子河、大凌河和小凌河4条主要河流（表2-2），归并后的Pb入海负荷为1498.76t/a，Cd入海负荷为557.48t/a，主要集中在大辽河和双台子河，大凌河和小凌河的重金属污染物入海负荷所占比例很小。通过与王修林和李克强（2006）的统计结果比较可知，两个结果Pb入海负荷较为吻合，而Cd入海负荷差别较大，主要是由于海水中Cd的含量较低，因此计算的Cd入海负荷较低。

表2-2 辽东湾4条主要河流的重金属入海负荷 （单位：t/a）

河流	Pb	Cd
大辽河	1390.52	460.50
双台子河	100.16	90.14
大凌河	2.84	2.64
小凌河	5.24	4.20
合计	1498.76	557.48

（三）石油烃

辽东湾石油烃污染物排海总量主要由陆源排放和海源排放两部分组成。其中，陆源主要包括河流和排污口排放，海源主要包括船舶、石油钻井平台含油废水排放和船舶溢油事故等。我们利用2009年在辽东湾沿岸开展的入海污染源监测资料，首先统计经四大河流进入辽东湾的石油烃负荷。辽东湾北部典型海域的石油类负荷除了上述 4 条主要河流的负荷，还有通过中小河流、各类排污口及以非点源形式入海的污染负荷。根据王修林和李克强（2006）的研究结果，陆源排放占渤海石油烃排海总量的比例远远高于船舶等海源，前者可高达 84%左右，而后者只有 16%左右。对于陆源排放，河流所占比例高于排污口，前者可达 67%左右，而后者为 33%左右。因此，我们通过上述比例关系将其他形式的污染源归并到相邻的四大河流中，归并的结果见表 2-3。

表 2-3　辽东湾 4 条主要河流的石油烃入海负荷

河流	平均径流量（$\times 10^8 m^3/a$）	平均浓度（mg/L）	归并前污染负荷（t/a）	归并后污染负荷（t/a）
大辽河	46.2	0.0389	180.30	324.54
双台子河	9.0	0.0433	39.06	70.31
大凌河	1.7	0.0256	4.42	8.0
小凌河	1.6	0.0422	6.73	12.1
合计			230.51	414.95

二、主要污染物时空分布特征

（一）调查情况概述

为摸清辽东湾北部海域主要污染物分布状况，2009 年 4 月、7 月、10 月和 12 月（依次代表春、夏、秋和冬四个季节），以及 2014 年 8 月（代表夏季）、2015 年 8 月和 2016 年 8 月重点对辽东湾北部海域开展了营养盐、重金属和石油类污染状况调查。

1. 站位布设

2009 年春季（4 月）、夏季（7 月）、秋季（10 月）和冬季（12 月），在锦州湾至双台子河口附近依次布设了 A、B、C、D 和 E 五个断面，共 18 个站位；同时，春季（4 月）和夏季（8 月）在大辽河口邻近海域增加布设了 15 个站位（L1～L15），站位分布如图 2-2a 所示。

2014 年、2015 年和 2016 年的 8 月（夏季）则主要集中在双台子河口和大辽河口，布设了 29 个站位（图 2-2b），但由于调查期间海况条件的影响，分别实现了 26 个、29 个和 28 个站位的监测。

2. 调查项目

调查项目包括硝酸盐、亚硝酸盐、铵盐、活性磷酸盐、铅、镉、石油类、溶解氧、pH、化学需氧量、悬浮物、温度、盐度和深度等。

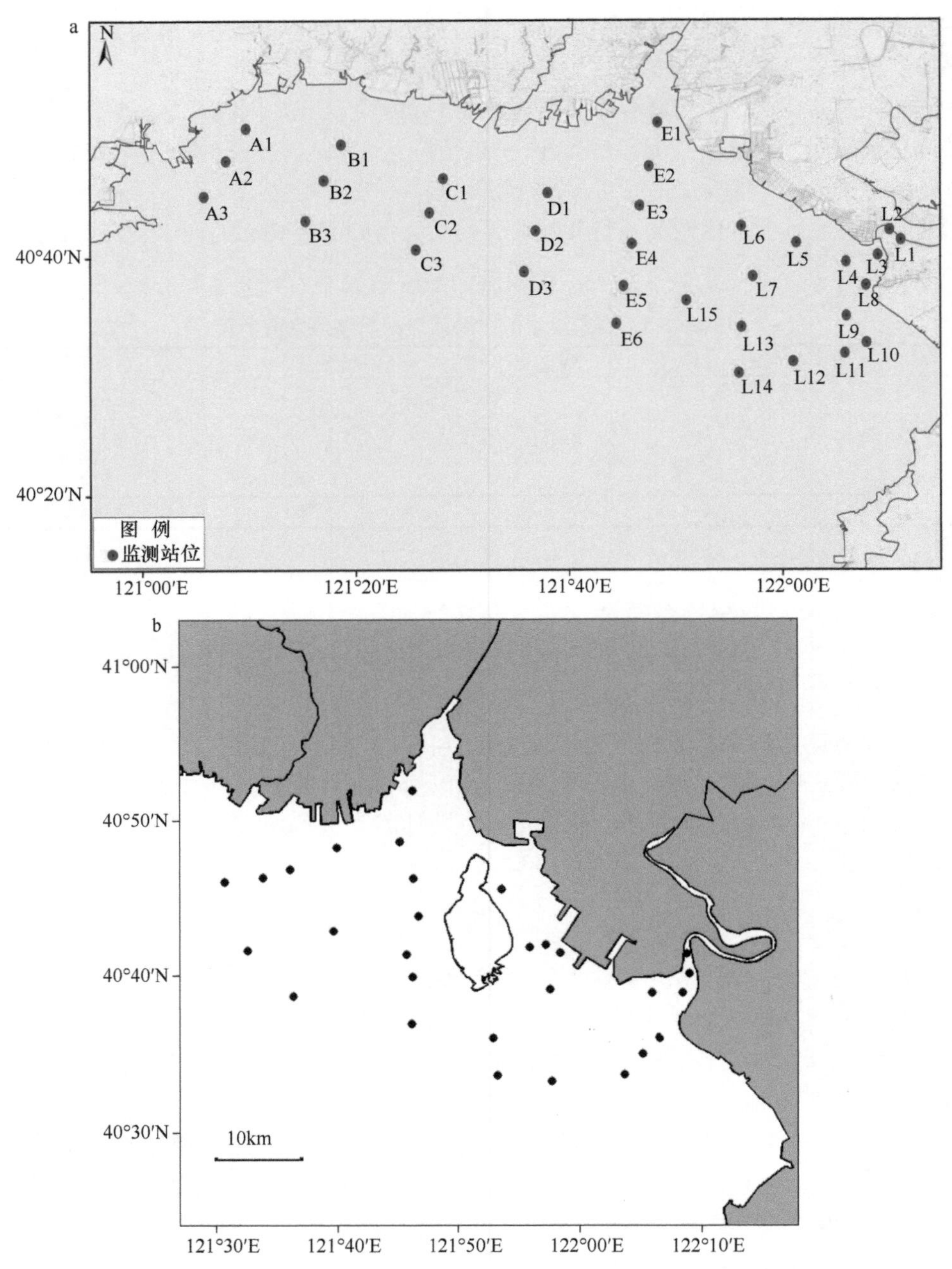

图 2-2　2009 年（a）和 2014～2016 年（b）辽东湾北部海域采样站位图

3. 水样采集与分析方法

用有机玻璃采水器采集表层约 0.5m 深度的海水样品，现场用预先处理好的

0.45μm 醋酸纤维滤膜过滤后，分为两份，一份贮存于聚乙烯瓶中，酸化至 pH 小于 2，放置于阴凉处保存，用于测定铅和镉；另一份贮存于聚乙烯瓶中，于–20℃下冷冻保存，用于测定营养盐。测定营养盐和重金属的海水样品于一周内分析完毕。并用温盐深测量仪（CTD）现场测定海水温度、盐度和深度。用表层油类专用采水器将海水样品采集于 500ml 棕色磨口玻璃瓶中，放置于阴凉处保存，并于 24h 内萃取完毕。

海水样品中的亚硝酸盐、硝酸盐、铵盐、活性磷酸盐、铅、镉、石油类、溶解氧、pH、化学需氧量、悬浮物等监测指标均依据《海洋监测规范 第 4 部分：海水分析》（GB 17378.4—2007）中规定的方法进行测定。

（二）调查结果

1. 2009 年污染物时空分布情况

海水中的无机氮化合物是海洋初级生产者最重要的营养物质。调查海域无机氮（DIN）的时间和空间分布见图 2-3。时间分布方面，春季调查海域无机氮含量相对较高，为 52.9～1522.2μg/L，平均值为 780μg/L；夏季次之，无机氮含量为 99.2～1348.6μg/L，平均值为 600μg/L；秋季和冬季无机氮含量较低，且差别不大，平均值均在 200μg/L 左右。春季和夏季调查海域大部分区域无机氮含量超出第二类海水水质标准，而秋季和冬季大部分区域未超出第二类海水水质标准。空间分布方面，调查海域四个季节无机氮含量均呈现出近岸高、离岸低的特点，春季和夏季东部双台子河口附近海域无机氮含量明显高于西部，且由西部往东部

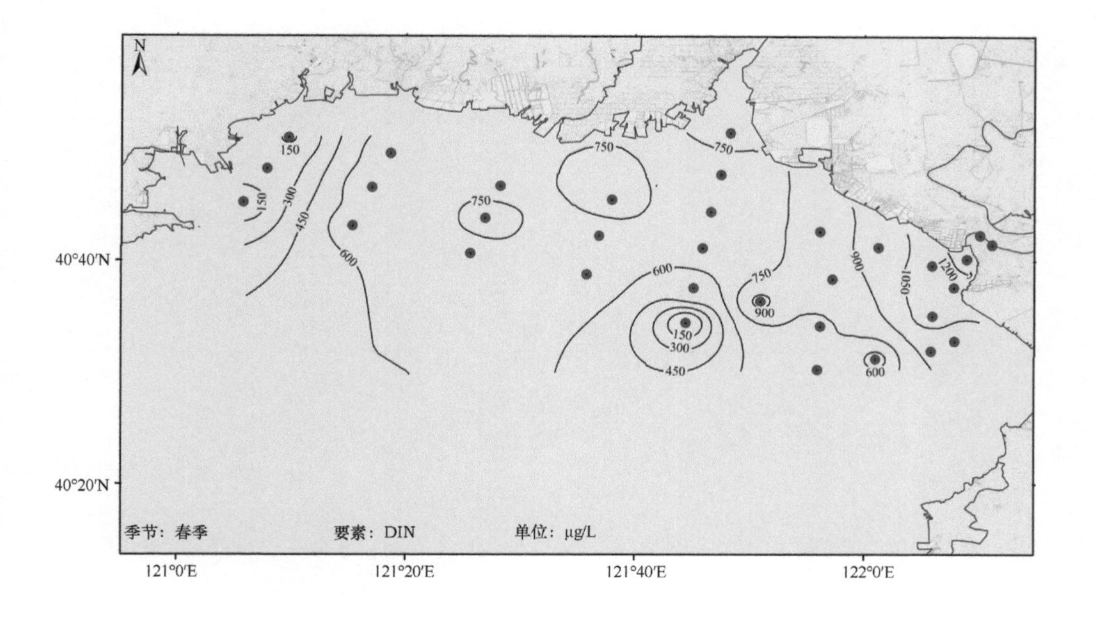

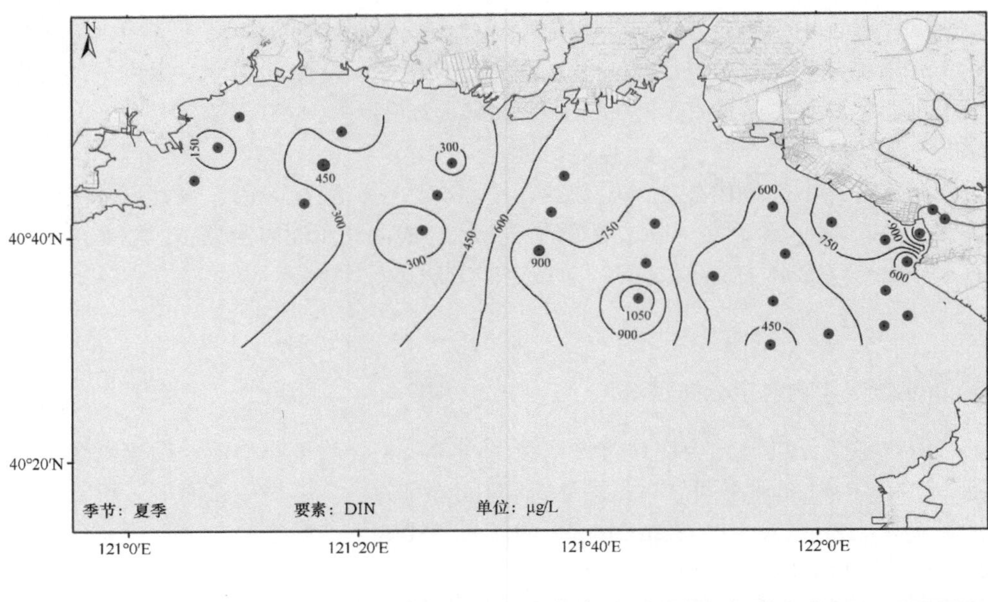
N
150
300
450
300
300
450
600
750
900
1050
900
600
450
750
900
600
40°40′N
40°20′N
季节：夏季
要素：DIN
单位：μg/L
121°0′E
121°20′E
121°40′E
122°0′E

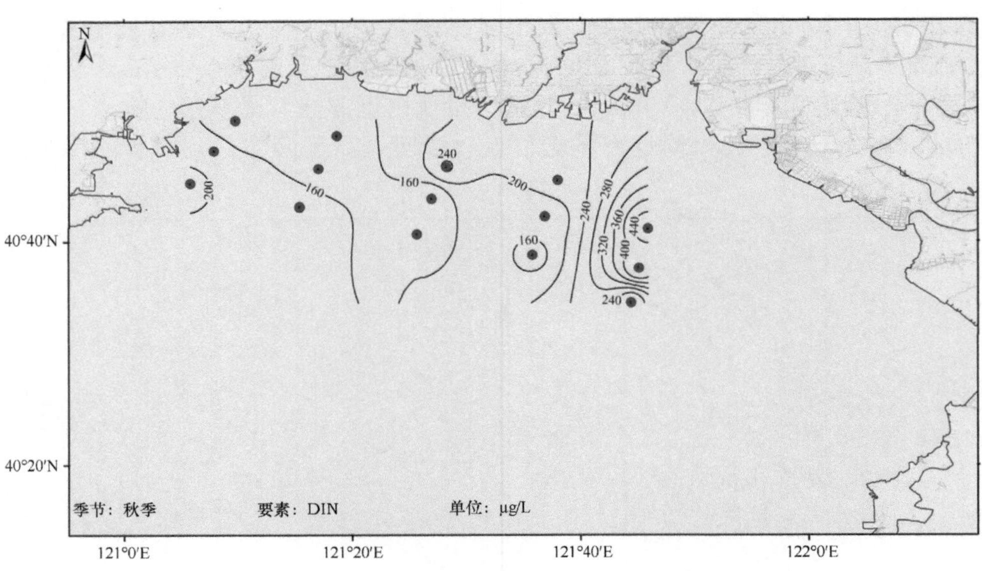
N
200
160
160
240
200
160
240
280
360
320
400
440
240
40°40′N
40°20′N
季节：秋季
要素：DIN
单位：μg/L
121°0′E
121°20′E
121°40′E
122°0′E

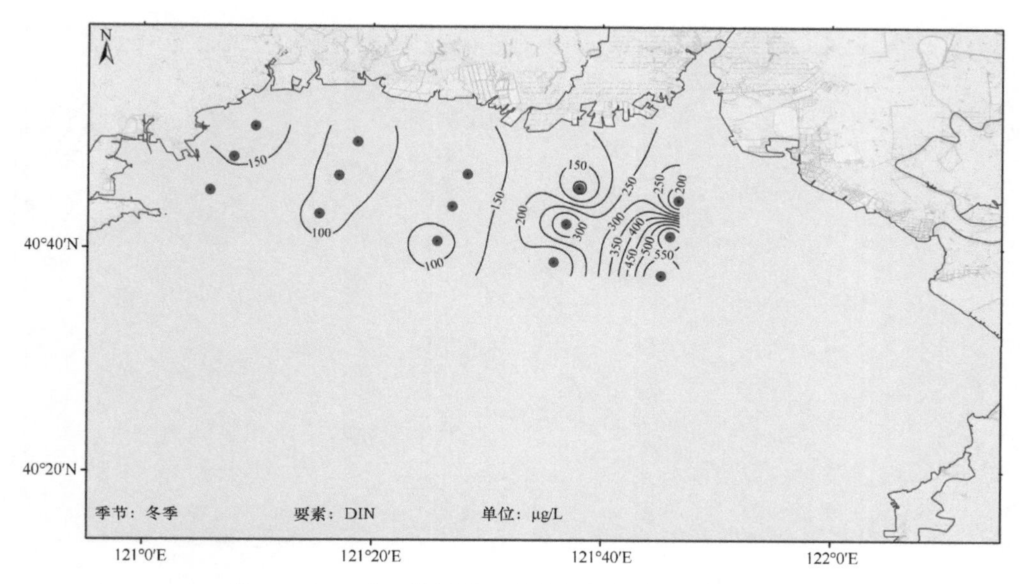

图 2-3　2009 年不同季节辽东湾北部海域无机氮分布图

含量先增加然后略降低后又继续增加，至双台子河入海口处达到最大。秋季和冬季无机氮含量由西向东略降低后继续增加，受陆源冲淡水影响，双台子河入海口断面无机氮含量较高。

磷是海洋生物必需的营养元素之一，以不同的形态存在于海洋水体、沉积物和生物体中。海水中磷的化合物有溶解态无机磷酸盐、溶解态有机磷化合物、颗粒态有机磷物质和吸附在悬浮物上的磷化合物，其中溶解态无机磷酸盐为主要形态，也称为活性磷酸盐。调查海域活性磷酸盐（DIP）时间和空间分布见图 2-4。春季调查海域活性磷酸盐含量较高，为 7.1～76.7μg/L，平均值为 34.0μg/L，秋季和冬季次之，且含量接近，平均值在 20μg/L 左右，夏季调查海域活性磷酸盐含量最低，为 3.6～44.2μg/L，平均值为 11.0μg/L。春季调查海域大多数区域活性磷酸盐含量均超出第二类海水水质标准（≤30μg/L），而夏季、秋季和冬季调查海域大多数区域活性磷酸盐含量均符合第二类海水水质标准要求。空间分布上，春季、夏季和秋季调查海域活性磷酸盐含量大体呈现出自西向东递增的趋势，但各季节活性磷酸盐含量在各采样点间差异不明显，靠近双台子河口附近海域含量相对较高。冬季调查海域活性磷酸盐含量呈现自西向东先升高，至蛤蜊岗处又降低的特点。

调查海域海水中铅的时间和空间分布见图 2-5。可以看出，调查海域四个季节铅含量从大到小的顺序为春季＞秋季＞冬季＞夏季。春季表层海水中铅含量最高，为 3.5～17.2μg/L，平均值为 7.69μg/L，且大部分区域铅含量超出第二类海水水质

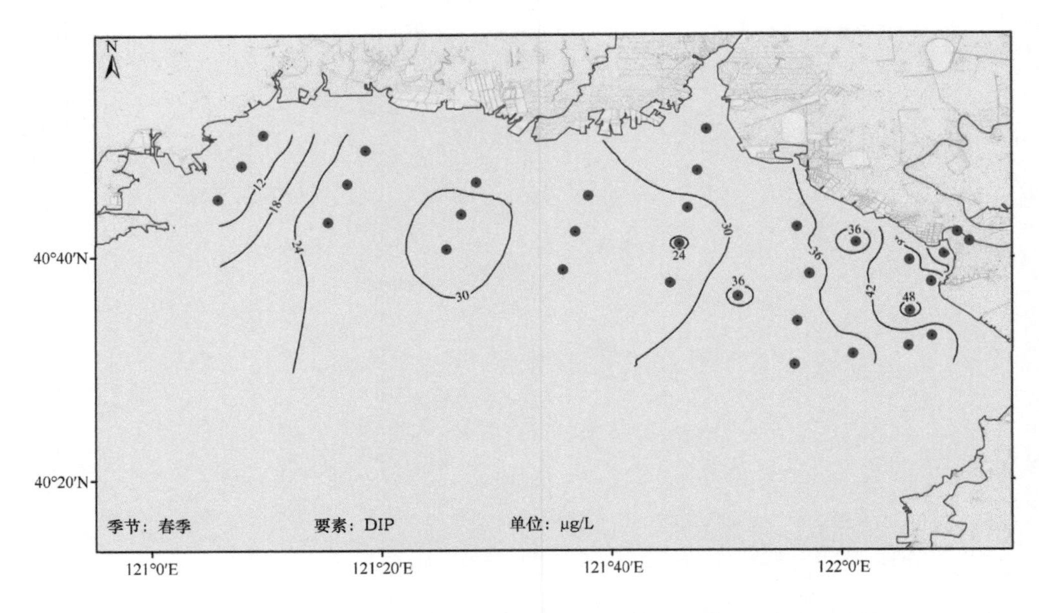
N
12
18
24
30
30
24
36
36
36
42
48
40°40′N
40°20′N
季节：春季
要素：DIP
单位：μg/L
121°0′E
121°20′E
121°40′E
122°0′E

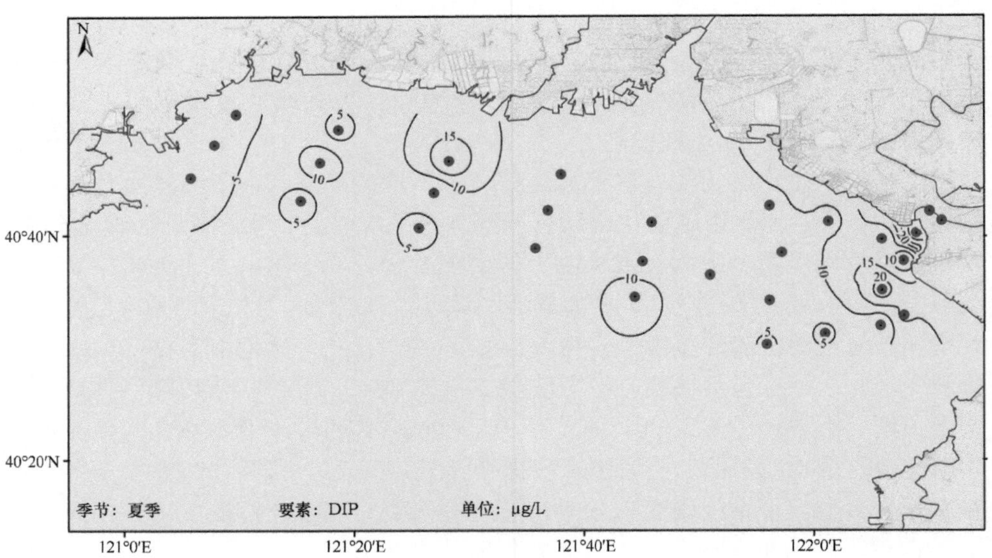
N
5
5
10
15
10
5
5
10
10
15
20
5
5
40°40′N
40°20′N
季节：夏季
要素：DIP
单位：μg/L
121°0′E
121°20′E
121°40′E
122°0′E

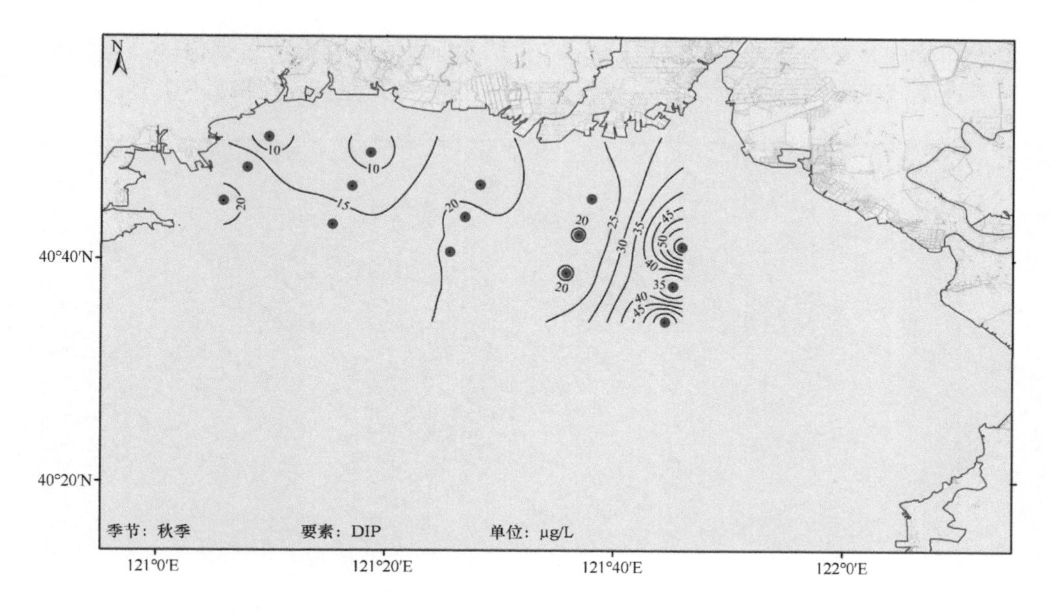

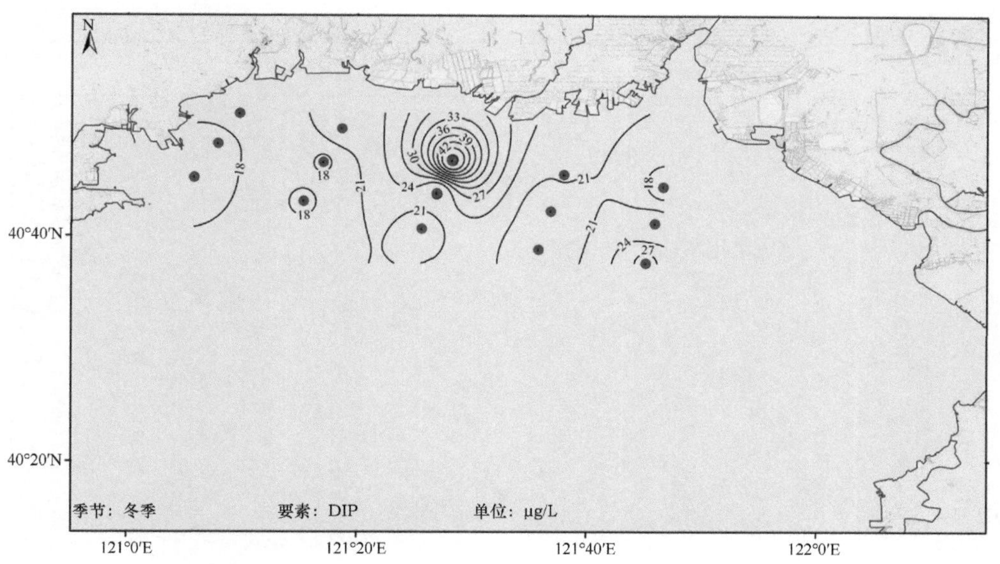

图 2-4　2009 年不同季节辽东湾北部海域活性磷酸盐分布图

标准（≤5μg/L）；夏季最低，为 0.6～2.2μg/L，平均值为 1.4μg/L；秋季为 1.8～5.8μg/L，平均值为 2.7μg/L；冬季为 0.8～3.9μg/L，平均值为 1.9μg/L。除秋季 A1 站位外，夏季、秋季和冬季调查海域海水中铅含量均符合第二类海水水质标准要求。空间分布上，春季和秋季调查海域海水中铅的含量明显呈现出西高东低的特点；夏季呈现出自西向东降低，至蛤蜊岗附近海域又逐渐升高的特点；冬季海水中铅的空间分布为自西向东略有升高，在大凌河西南侧有一明显高值区，至蛤蜊岗附近又降低。总体来看，各季节各采样站点间铅的含量变化梯度不明显。

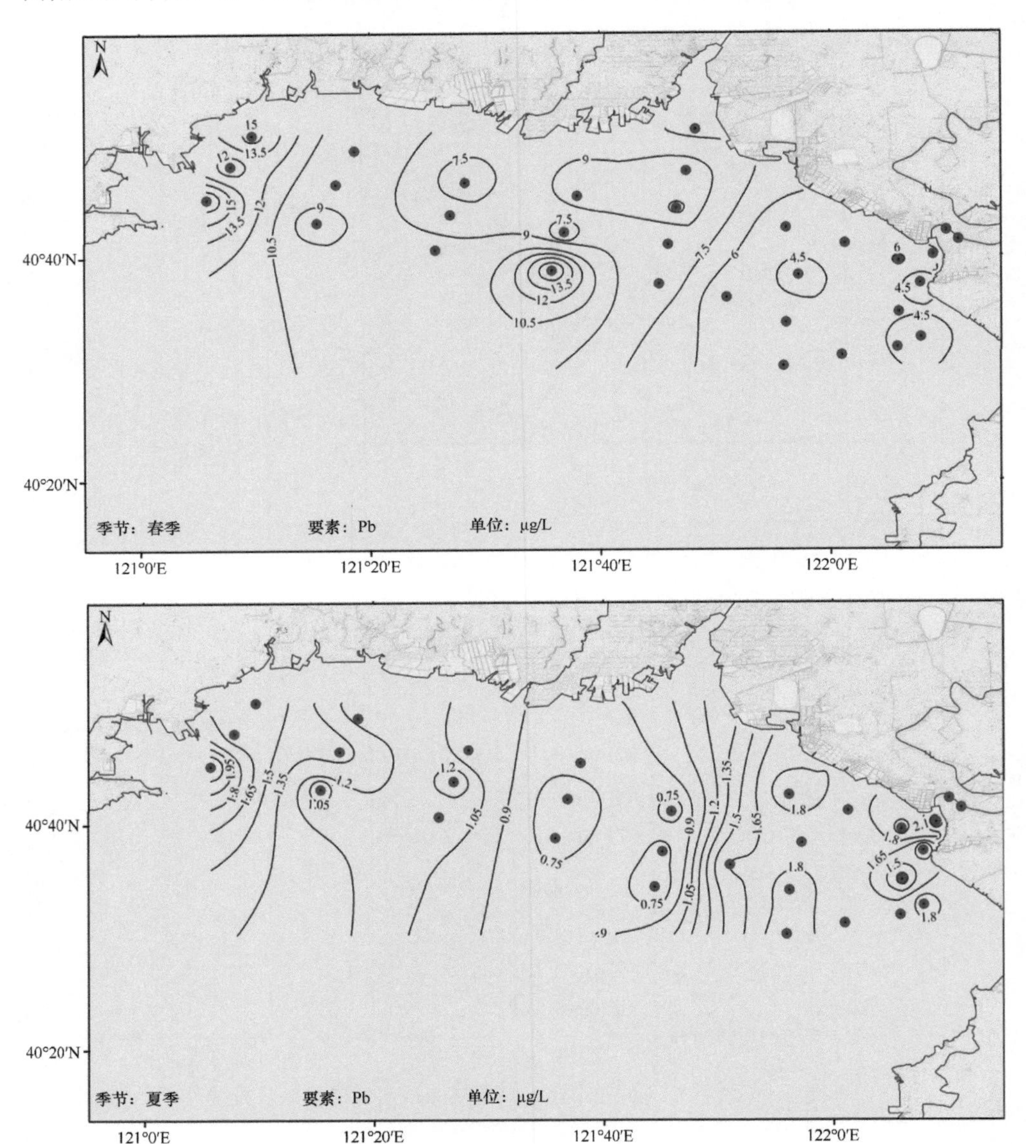

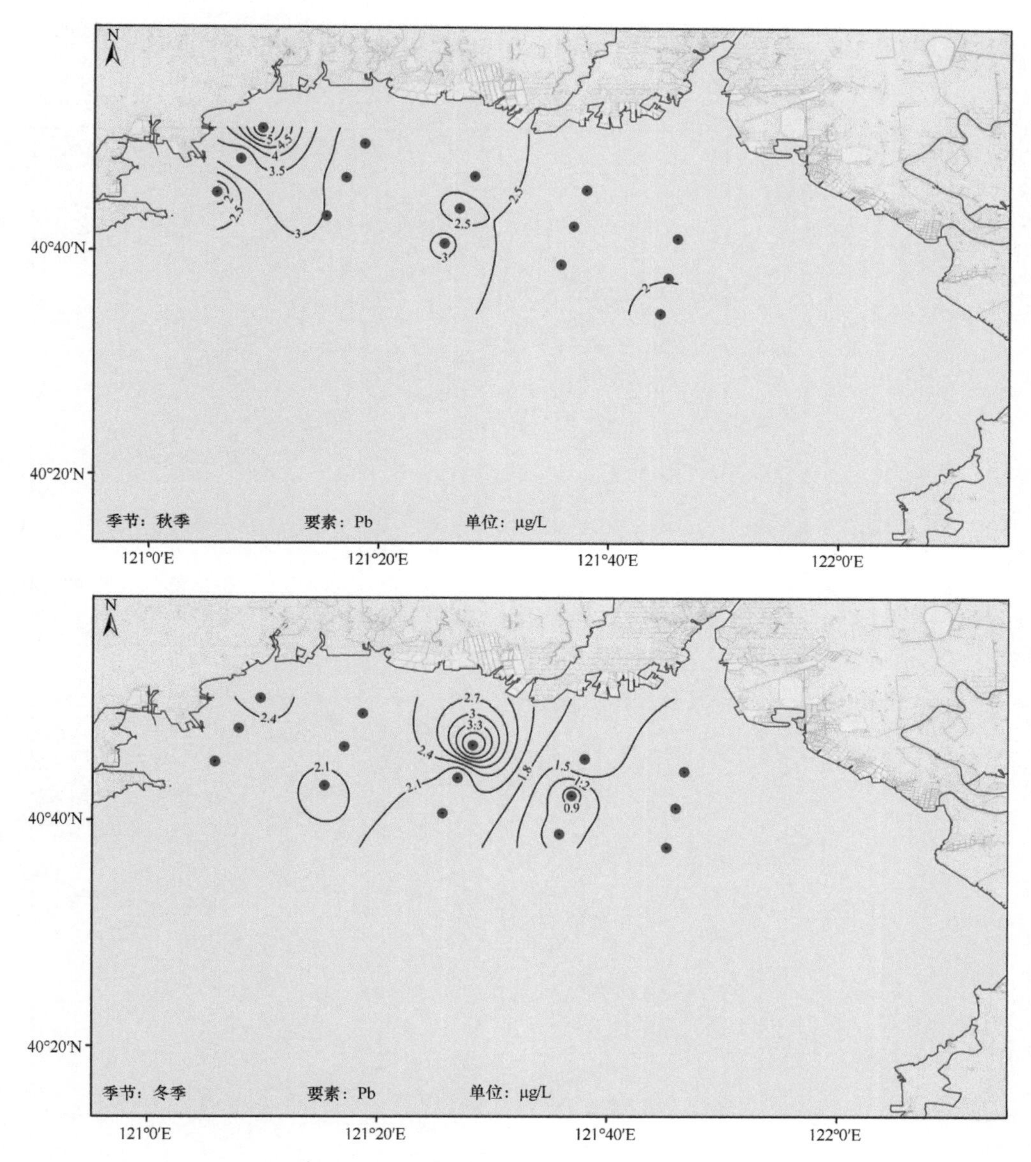

图 2-5　2009 年不同季节辽东湾北部海域铅分布图

镉对海洋生物和人类有强烈的毒性。世界著名的“公害病”骨痛病就是由镉污染引起的。调查海域海水中镉的时间和空间分布见图 2-6。总体来看，四个季节调查海域海水中镉的含量差别不大，且均远低于第二类海水水质标准（≤5μg/L）。春季海水中镉的含量为 0.10～1.29μg/L，平均值为 0.59μg/L；夏季为 0.14～1.36μg/L，平均值为 0.50μg/L；秋季为 0.25～1.38μg/L，平均值为 0.7μg/L；冬季为 0.3～1.40μg/L，平均值为 0.59μg/L。在空间分布方面，锦州湾北部海域四个季节镉含量均较高，但各季节各采样站点间镉含量无明显差异。

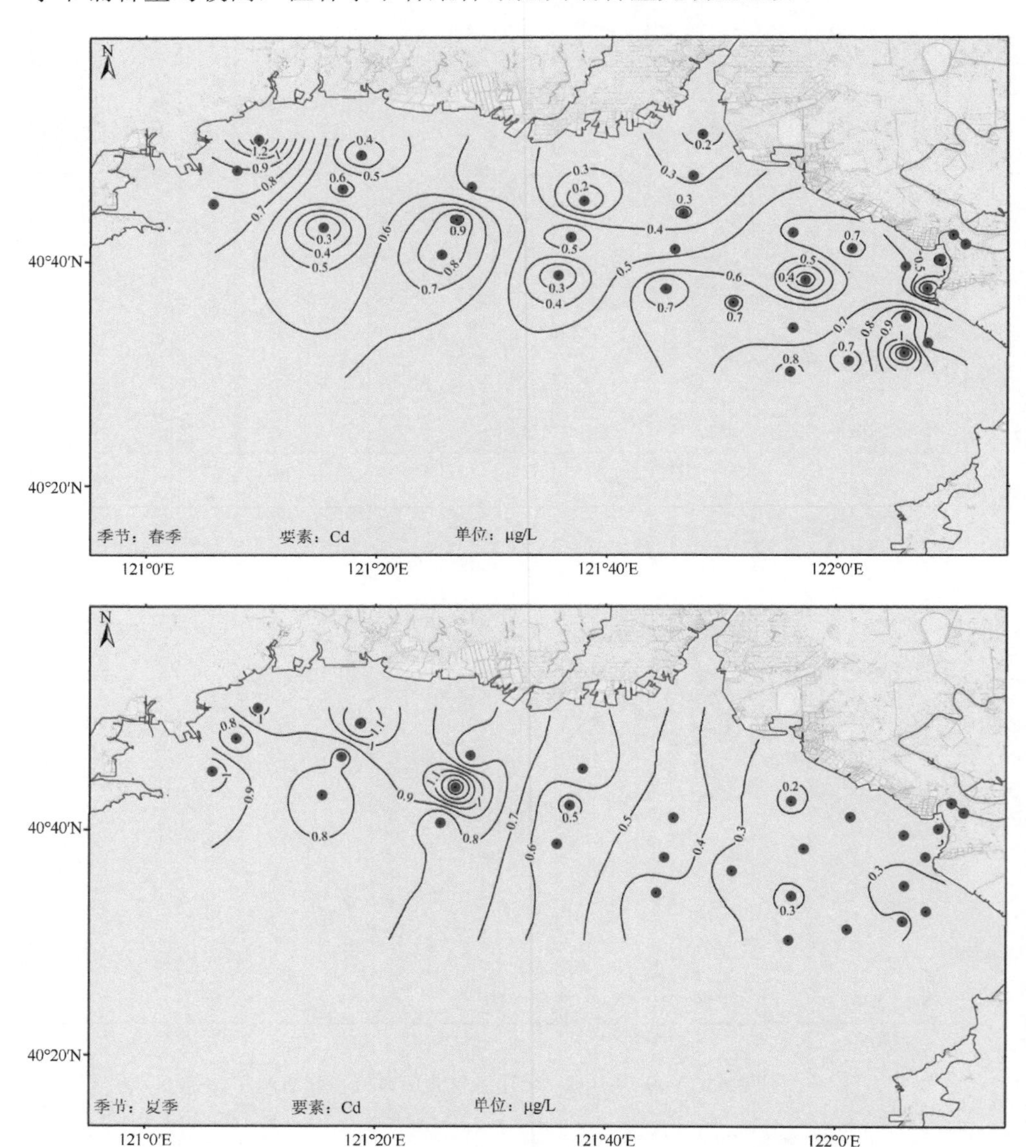

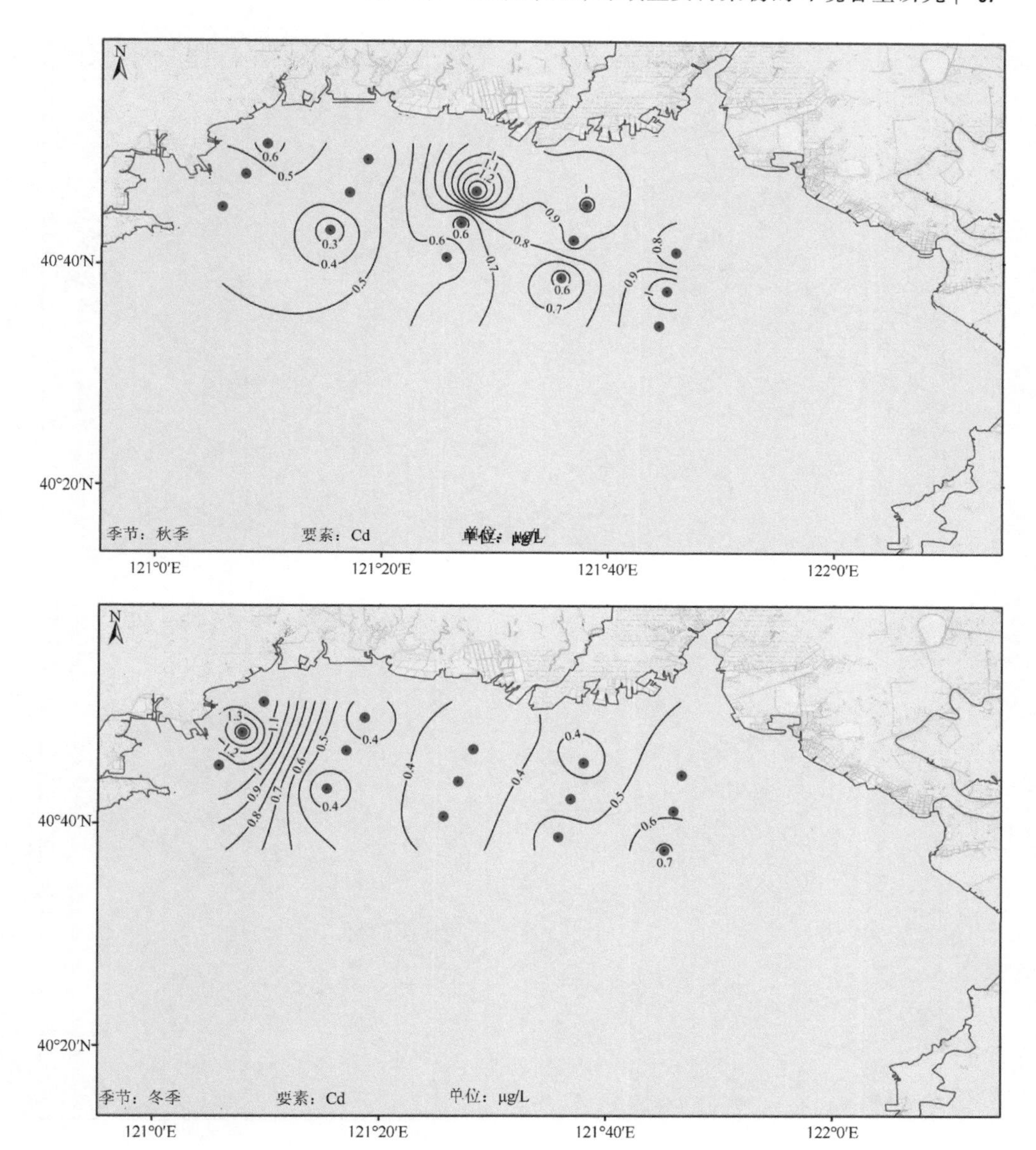

图 2-6　2009 年不同季节辽东湾北部海域镉分布图

海洋环境中石油类的来源主要是海洋石油勘探开发工业，包括海洋石油的开采、储运、炼制和使用过程中排出的废油和含油废水，另外，还有一些溢油事件，如油井井喷、船舶溢油等。调查海域石油类的时间和空间分布见图 2-7。可以看出，秋季调查海域海水中石油类含量较低，为 6.54～14.40μg/L，平均值为 8.92μg/L；冬季石油类含量较高，为 10.5～23.9μg/L，平均值为 16.1μg/L；春季、夏季石油

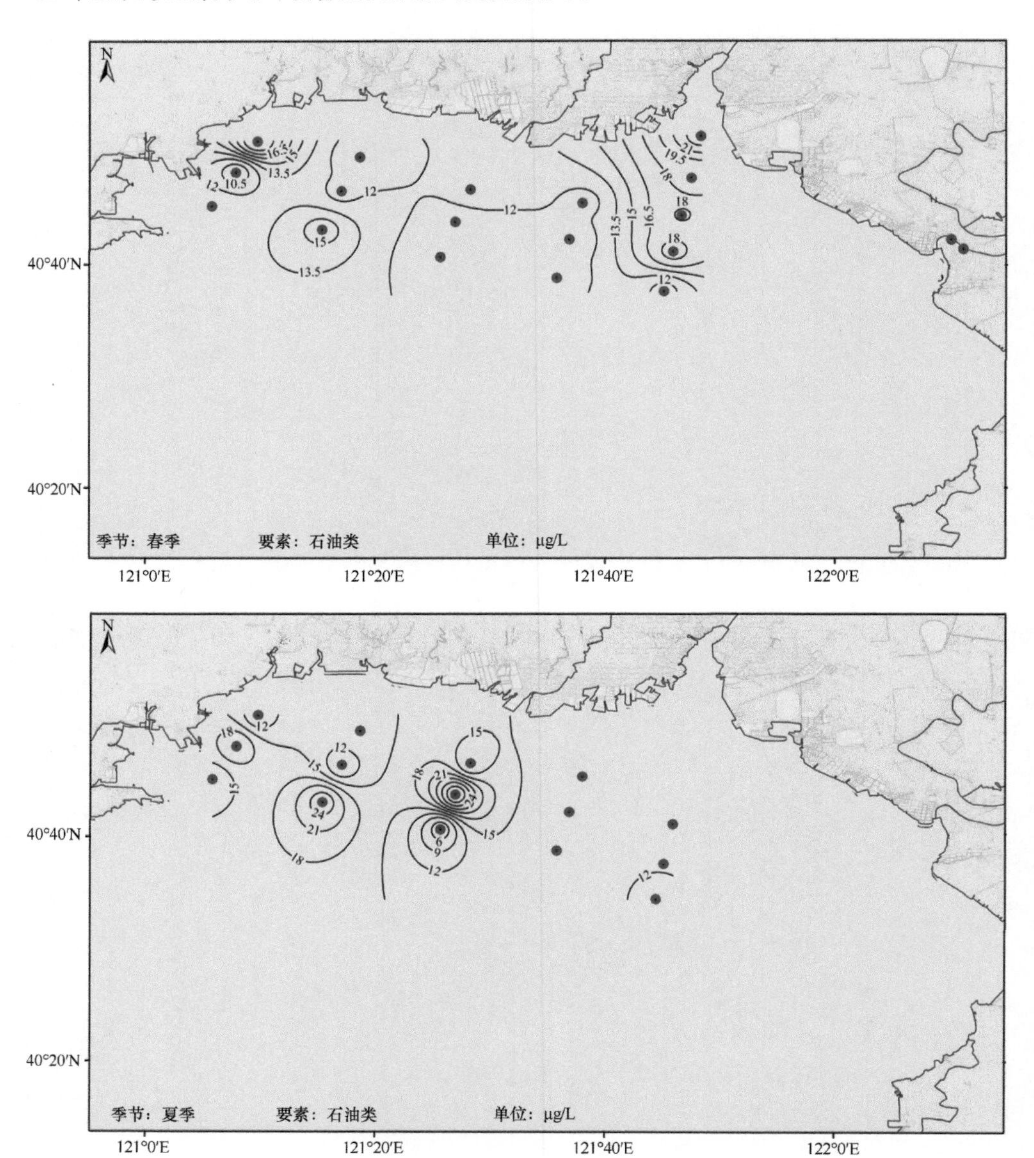
N
40°40′N
40°20′N
季节：春季
要素：石油类
单位：μg/L
121°0′E
121°20′E
121°40′E
122°0′E
N
40°40′N
40°20′N
季节：夏季
要素：石油类
单位：μg/L
121°0′E
121°20′E
121°40′E
122°0′E

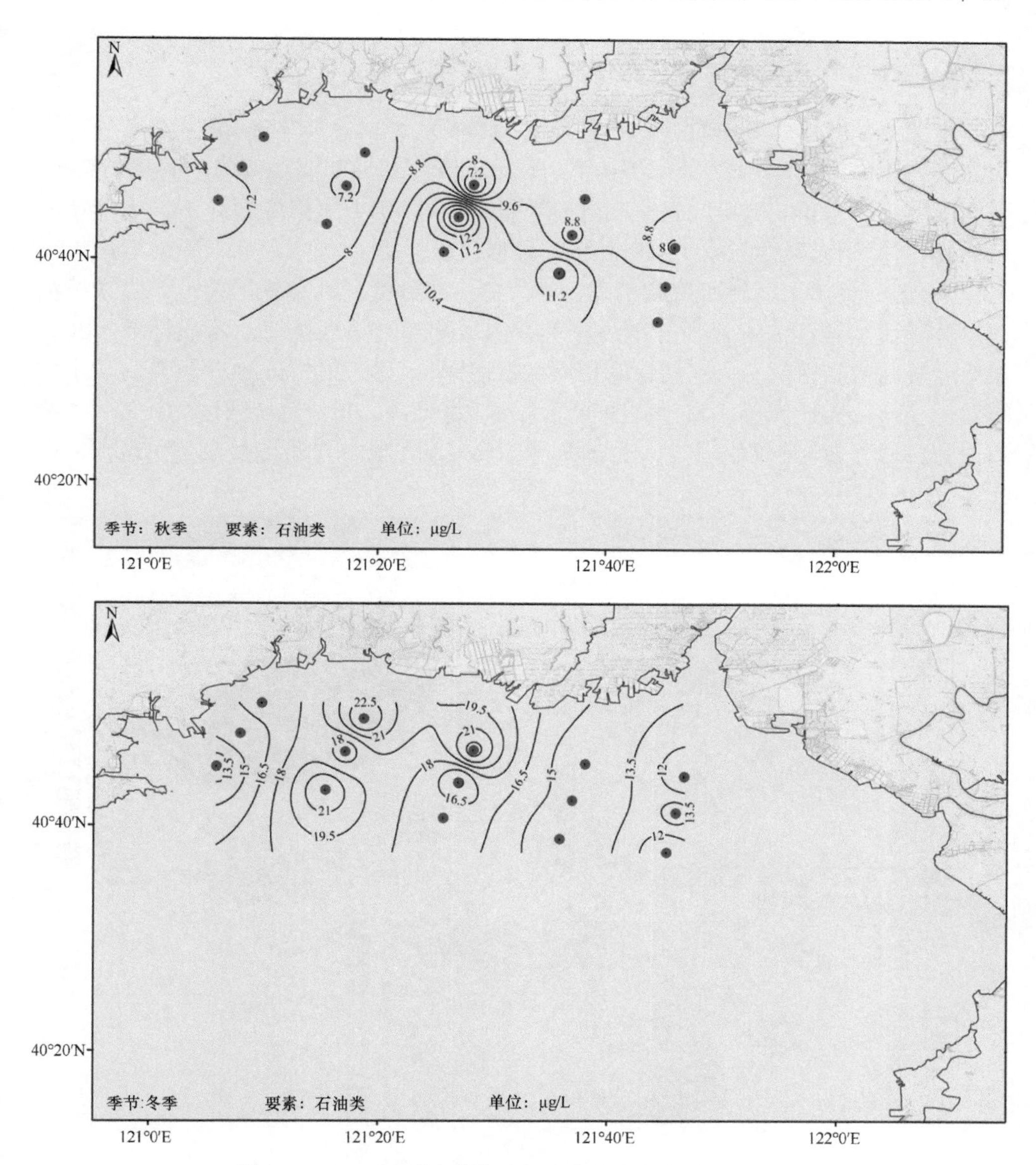

图 2-7　2009 年不同季节辽东湾北部海域石油类分布图

类含量差异不大，春季石油类的含量范围为 9.47～23.3μg/L，平均值为 14.1μg/L，夏季为 4.4～32.9μg/L，平均值为 14.5μg/L。四个季节石油类含量均符合第二类海水水质标准（≤50μg/L）。空间分布方面，春季在靠近西北部入海口附近和双台子河入海口附近，石油类含量较高，离岸距离增加石油类含量递减。夏季、秋季和冬季石油类含量均大致呈现自西向东升高，至蛤蜊岗附近又降低的趋势。

2. 2014～2016 年污染物时空分布情况

由图 2-8 可知，整体而言，调查海域夏季表层无机氮浓度在 2014 年较高，平均浓度为 1.053mg/L；其次是 2016 年，平均浓度为 0.687mg/L；2015 年浓度最低，平均浓度仅为 0.448mg/L。就空间分布特征而言，2014 年浓度最高值位于大辽河口的营口海域保留区，为 1.919mg/L，最低值位于调查海域西部大凌河口，仅为 0.352mg/L，整体呈现外海浓度稍高、沿岸低，东部高、西部低的特征。除大凌河口水体满足第四类海水水质标准外，其余海域均超过第四类海水水质标准。2015 年浓度最高值同样位于大辽河口营口海域保留区，可达 2.027mg/L，调查海域水体除双台子河—大辽河近岸超过第四类海水水质标准外，其他海域浓度均较低，大凌河口和海域外部西南侧均满足第二类海水水质标准。2016 年浓度最高值出现在双台

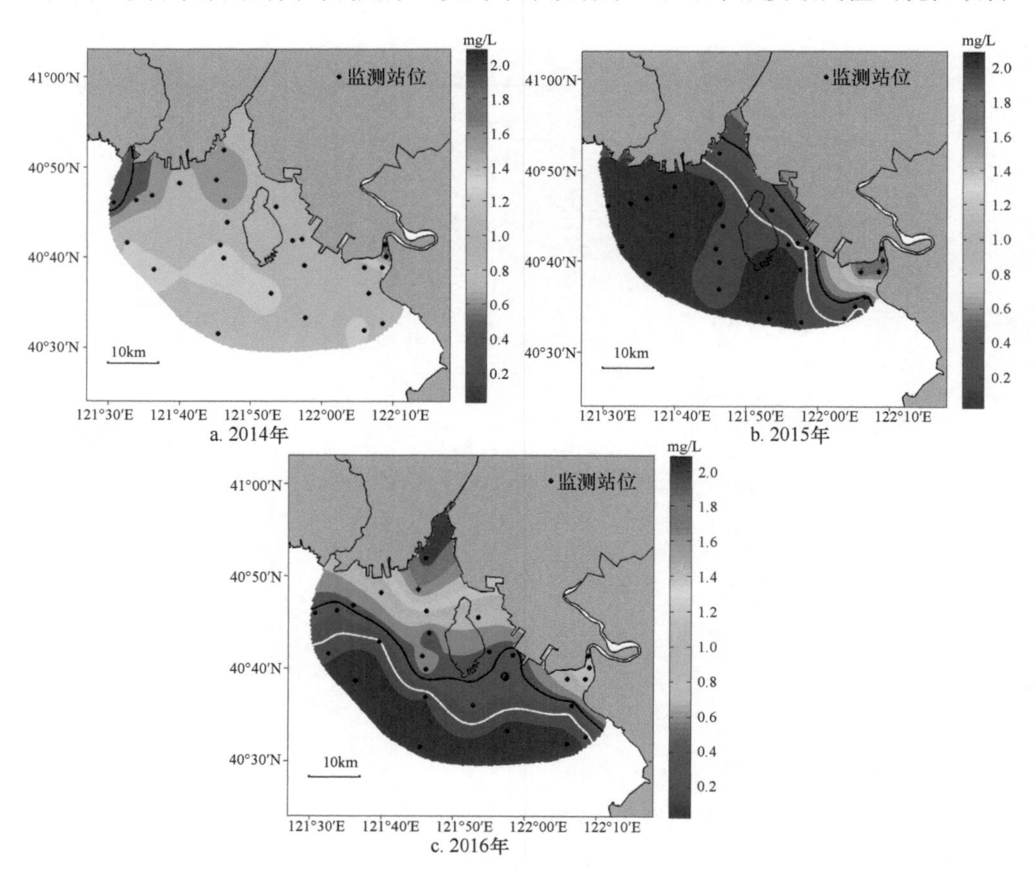

图 2-8　辽东湾北部海域夏季表层无机氮浓度分布

白线代表第二类海水水质标准浓度线，黑线代表第四类海水水质标准浓度线

子河口海域的双台子河口保留区和双台子河口海洋保护区，为 2.081mg/L，调查海域仅南部浓度满足第二类海水水质标准，其余河口近岸区域均超过第四类海水水质标准。

2016 年调查海域表层活性磷酸盐平均浓度较高，为 0.082mg/L；其次是 2014 年，平均浓度为 0.036mg/L；而 2015 年浓度最低，平均浓度仅为 0.008mg/L（图 2-9）。活性磷酸盐浓度最高值在 2014～2016 年夏季均位于大辽河口及其邻近海域，分别为 0.096mg/L、0.028mg/L、0.159mg/L。与海水水质标准相比，2014 年大辽河口及蛤蜊岗东南侧海域的盘锦港口航运区、海南—仙鹤和葵花矿产与能源区及营口海域保留区活性磷酸盐超过第四类海水水质标准，2015 年调查海域活性磷酸盐浓度都满足第二类海水水质标准，而 2016 年调查海域活性磷酸盐浓度基本超过第四类海水水质标准。

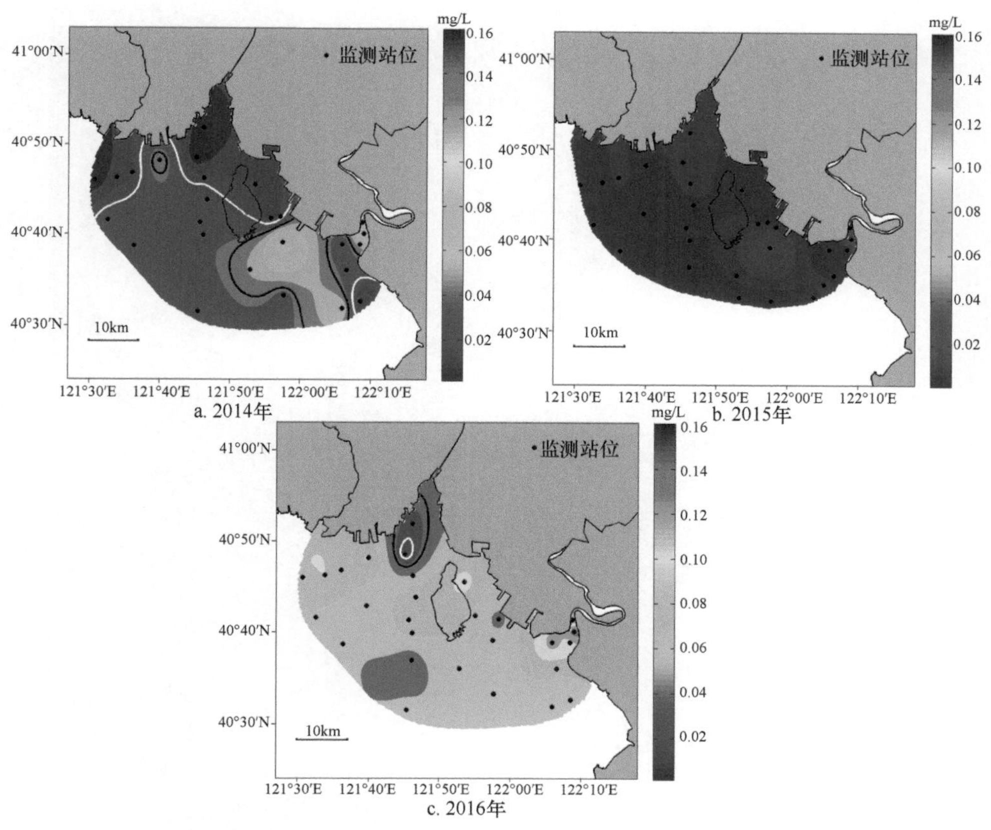

图 2-9 辽东湾北部海域夏季表层活性磷酸盐浓度分布

白线代表第二类海水水质标准浓度线，黑线代表第四类海水水质标准浓度线由图2-10可知，2014年夏季调查海域表层石油类的浓度为0.005～0.013mg/L，均满足第一类海水水质标准，且主要表现为由近岸向海域中部浓度逐渐降低的特征。其中，大辽河口邻近海域石油类浓度高于双台子河—大凌河邻近海域，最高值位于大辽河口，约为0.013mg/L。2015年夏季，调查海域表层海水中石油类的浓度为0.004～0.022mg/L，均满足第一类海水水质标准，其空间分布特征主要表现为河口区高、海域中部低。其中，大辽河口海域石油类浓度高于双台子河—大凌河邻近海域，最高值可达0.022mg/L。2016年夏季，调查海域表层海水中石油类的浓度为0.004～0.023mg/L，均满足第一类海水水质标准。大部分海域石油类浓度较低，仅在大辽河口、双台子河口和蛤蜊岗西南侧海域出现浓度高值区，最高浓度分别可达0.023mg/L、0.022mg/L和0.017mg/L。

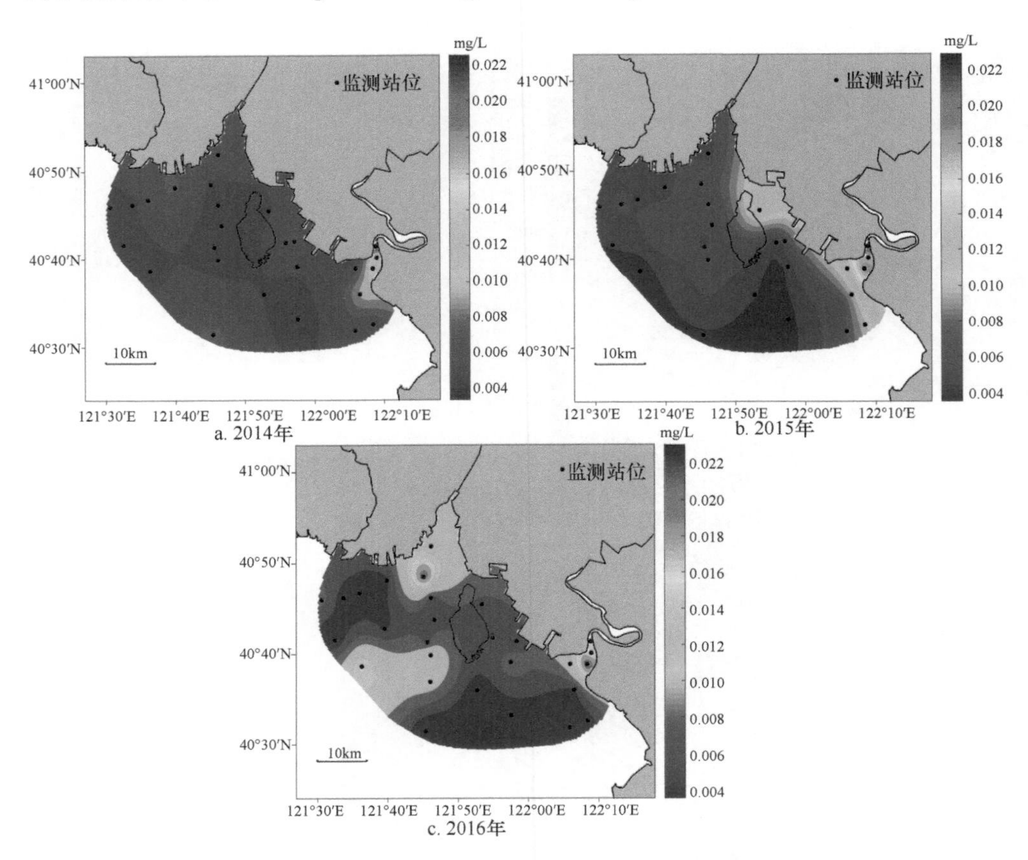

图2-10 辽东湾北部海域夏季表层石油类浓度分布

由图2-11可知，2014年夏季表层Pb浓度为1.4～6.0μg/L，呈现中间高东西低的分布特征，大部分海域Pb浓度较低，满足第二类海水水质要求，而蛤蜊岗东北邻近海域 Pb 浓度较高，最高浓度可达 6.0μg/L，超过第二类海水水质标准。2015 年夏季，调查海域表层 Pb 浓度范围为 0.008～0.19μg/L，整体较低，均达到第一类海水水质标准。调查海域夏季表层有三处 Pb 浓度较高的区域，分别位于 A8、B10、B1 站附近。其中，B1 站位于大辽河入海口处，Pb 浓度达到最高值 0.19μg/L，其周边海域 Pb 浓度变化范围为 0.014～0.19μg/L。2016 年夏季，调查海域表层 Pb 浓度范围为 0.2～0.54μg/L，在大辽河口西侧至蛤蜊岗东侧沿岸海域有一向蛤蜊岗西南侧扩散的"Y"形高浓度区，Pb 最高浓度出现在大辽河口及其近岸海域，最高浓度达到 0.54μg/L。

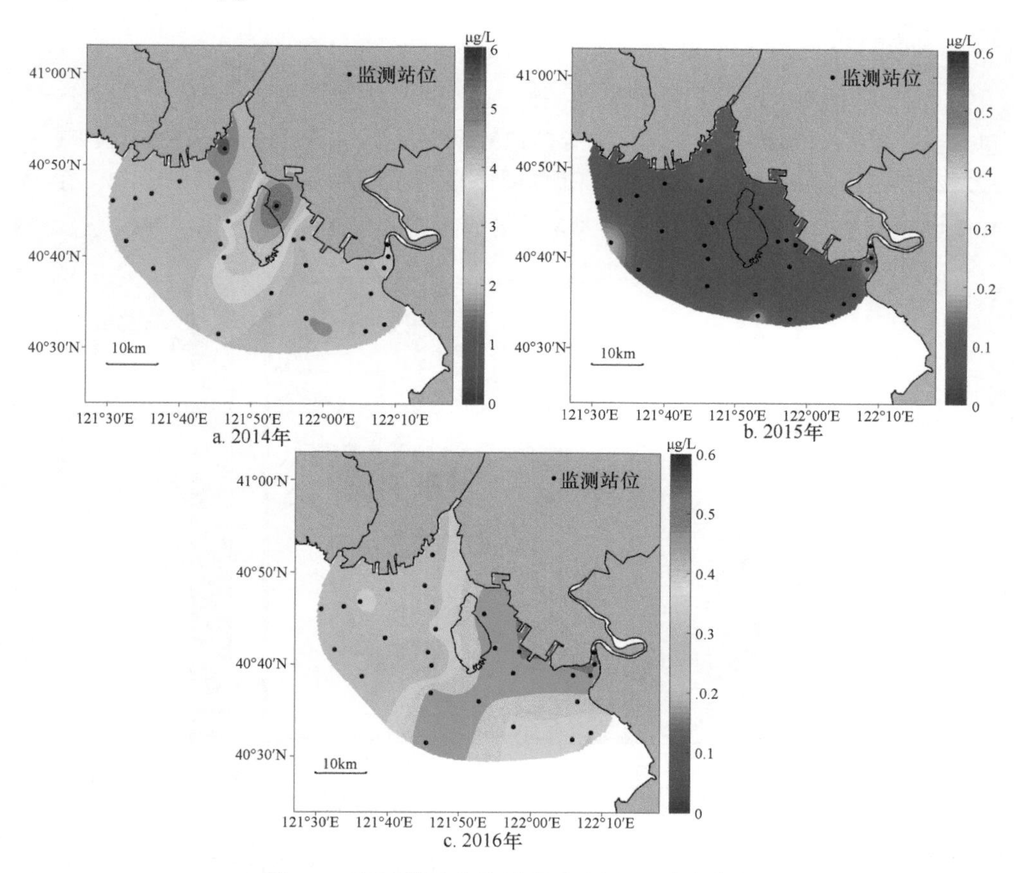

图 2-11　辽东湾北部海域夏季表层 Pb 浓度分布

对比 2009 年和 2014～2016 年夏季辽东湾北部海域调查结果可以看出，营养盐是辽东湾北部海域的主要污染物，特别是无机氮污染较为明显。时间变化方面，调查海域夏季无机氮含量水平由 2009 年的 600μg/L 上升至 2014 年的 1.053mg/L，随着渤海陆源入海污染防控工作的不断推进，辽东湾北部海域海洋环境状况趋于稳定，部分区域有所改善，2015 年和 2016 年无机氮含量有所下降，但仍超出第二类海水水质标准。空间分布方面，受陆源输入影响，调查海域无机氮分布呈现出近岸高、离岸低的显著特征，双台子河口、大辽河口无机氮含量较高。从重金属和石油类调查结果来看，调查海域重金属和石油类含量相对较低，基本符合第二类海水水质标准，表明该海域重金属和石油类污染不明显。

第四节 水动力过程研究

一、模型设置

基于区域海洋模拟系统 ROMS，建立辽东湾北部海域水动力模型。模型区域包含整个辽东湾和渤海的一部分（图 2-12），计算范围为 38°45′N～41°N、119°E～122°20′E 辽东湾岸线所围的区域。计算网格采用矩形网格，东西向划分 601 个节点，网格分辨率为 449m；南北向划分 406 个节点，网格分辨率为 585m。

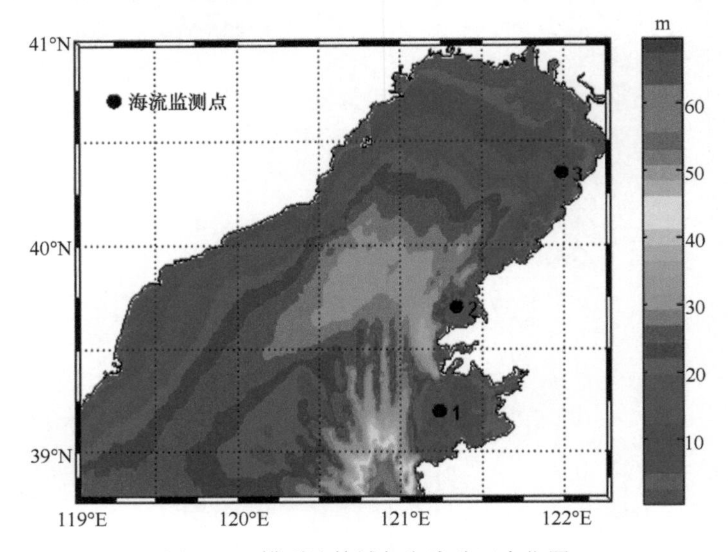

图 2-12 模型计算域与海流验证点位置

考虑辽东湾 4 个主要分潮（M_2、S_2、O_1、K_1）的动力驱动作用，开边界的水位强迫条件为

$$\zeta = A_0 + \sum_{i=1}^{n} f_i H_i \cos\left[\sigma_i t + \left(v_{0i} + u_i\right) - g_i\right] \tag{2-40}$$

式中，ζ 为水位；A_0 为平均海平面在潮高基准面上的高度；n 为分潮个数，$i=1, 2, 3, \cdots, n$；H_i、g_i 为分潮的调和常数，由渤海大区域模型的计算结果插值获

得；σ_i 为分潮的角速率；t 为计算时刻；v_{0i} 为分潮的格林尼治天文初相角，决定于计算的起始时刻；f_i、u_i 为分潮的交点因子和交点订正角。

二、模型验证

2010 年，在金普湾中部、复州湾中部和辽东湾顶部海域布设了三套海床基系统，用以监测水位、流速和流向的长期变化。监测所用仪器是美国 LinkQuest 公司的 FlowQuest 600K 型声学多普勒海流剖面仪（acoustical Doppler current profiler，ADCP），采样时间间隔为 0.5h。监测数据回收后，首先经过质量控制，剔除异常数据，并对个别缺测值进行插值补缺；然后将模拟结果与监测结果进行对比，来验证数值模型的可靠性。

金普湾中部站位 4 天的模拟值与监测值的比较见图 2-13a。可以看出，金普湾中部的潮波系统具有典型前进波的特点，即最大潮流发生在高潮和低潮期间，高潮时，流向指向北，低潮时，流向指向南，海流呈现明显的往复流特征；金普湾

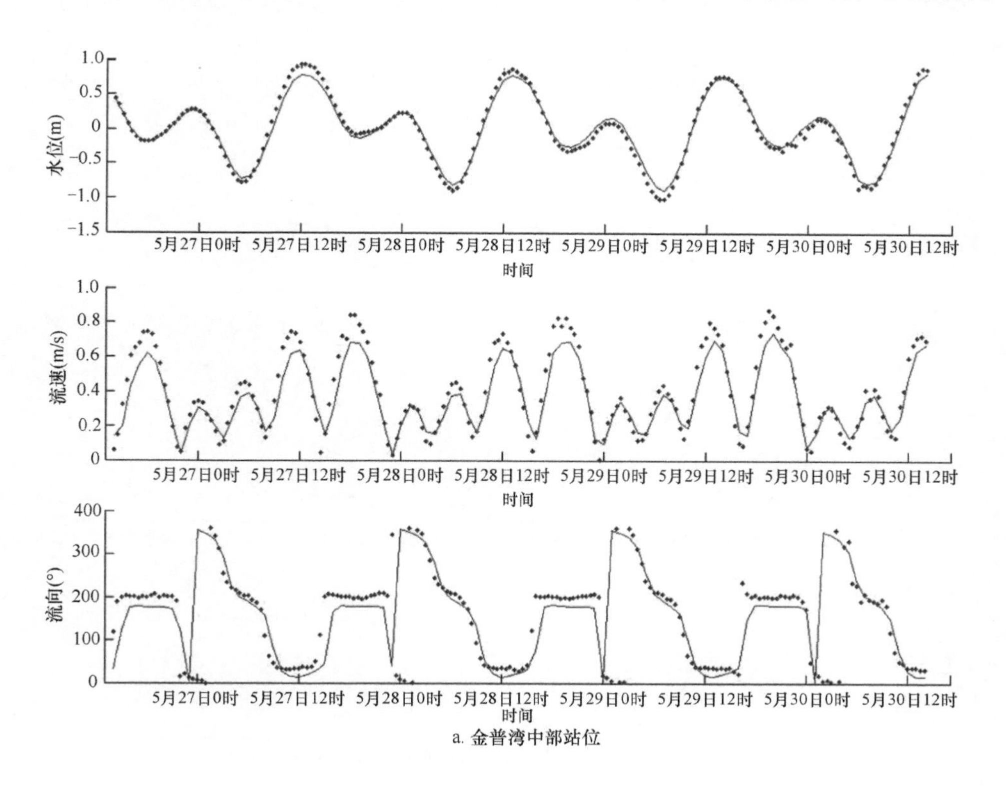

a. 金普湾中部站位

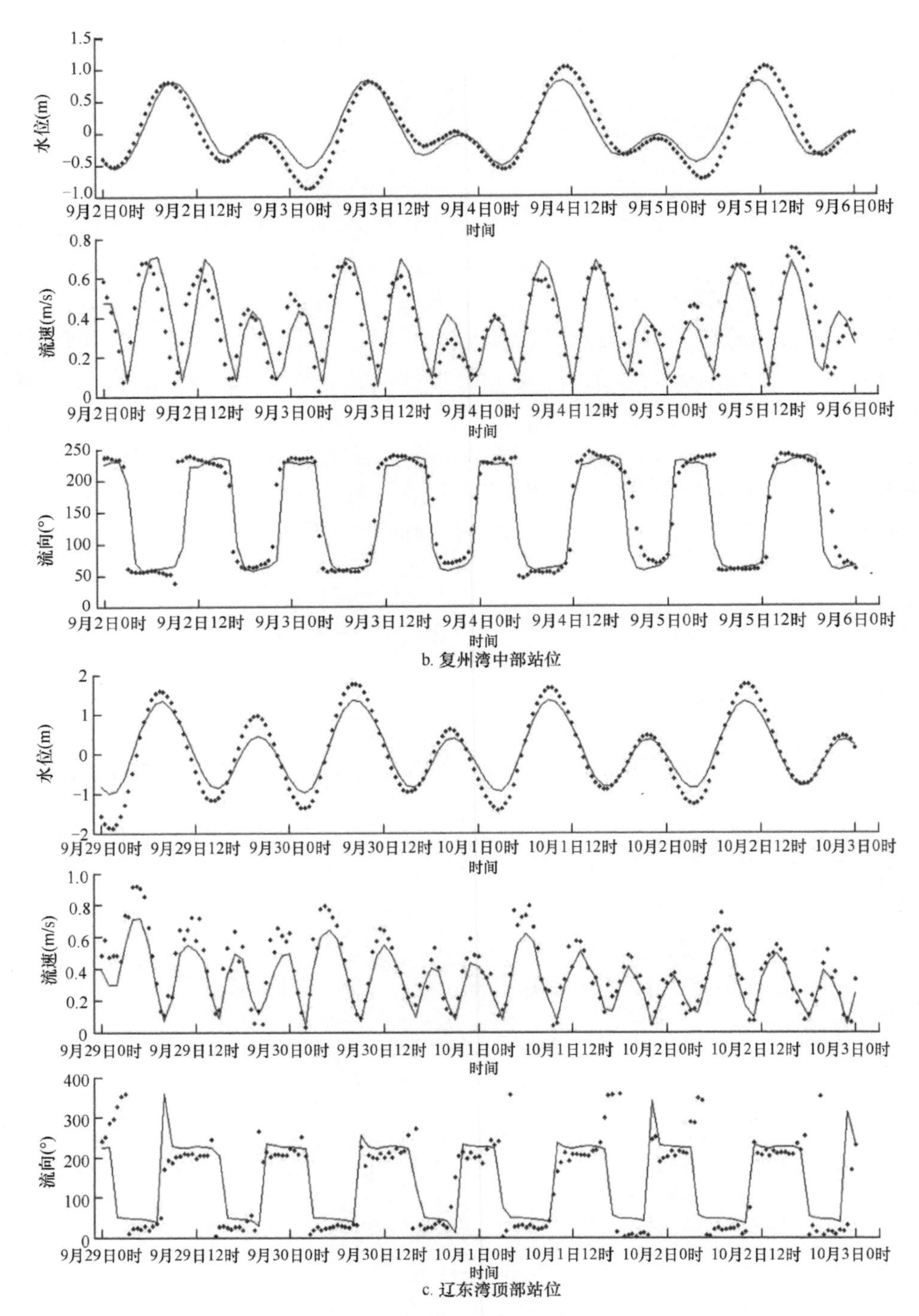

图 2-13　水位、流速、流向模拟值与监测值的比较

中部的水位变化为–1.0～1.0m，流速最大值不超过 0.9m/s。从比对结果来看，金普湾中部站位水位误差的绝对值平均为 0.14m，流速误差的绝对值平均为 0.08m/s，流向误差的绝对值平均为 17.23°，满足指标的要求。

复州湾中部站位 4 天的模拟值与监测值的比较见图 2-13b。可以看出，复州湾中部的潮波系统兼具前进波和驻波的特点，海流呈现明显的往复流特征，涨潮时，流向指向东北，落潮时，流向指向西南；复州湾中部的水位变化为–1.0～1.1m，流速最大值不超过 0.8m/s。从比对结果来看，复州湾中部站位水位误差的绝对值平均为 0.14m，流速误差的绝对值平均为 0.09m/s，流向误差的绝对值平均为 20.56°，满足指标的要求。

辽东湾顶部站位 4 天的模拟值与监测值的比较见图 2-13c。可以看出，辽东湾顶部的潮波系统具有典型驻波的特点，即最大潮流发生在涨潮和落潮中间时，涨潮时，流向指向北，落潮时，流向指向南，海流呈现明显的往复流特征。辽东湾顶部的水位变化为–2.0～1.9m，流速最大值超过 0.9m/s。从比对结果来看，水位误差的绝对值平均为 0.20m，流速误差的绝对值平均为 0.07m/s，流向误差的绝对值平均为 16.19°，满足指标的要求。

监测结果表明，辽东湾的海流从南向北依次呈现出典型前进波、兼具前进波和驻波、典型驻波的特点，三个监测站位的最大流速均超过 0.75m/s。模型比对的结果说明，辽东湾水动力模型在宏观上能够反映辽东湾潮汐潮流的基本特征及变化规律，微观上模拟结果满足指标要求，因此所建立的模型是可信的。在此基础上，可进一步研究讨论辽东湾北部典型海域的水交换能力和主要污染物的环境容量。

三、潮流特征

从辽东湾的潮流椭圆图（图 2-14，图 2-15）来看，辽东湾的潮流是以半日分潮为主的混合型，在辽东湾顶部为规则半日潮，辽东湾的潮流是由渤海海峡传入的，老铁山水道流速较大，为 60～100cm/s，传入辽东湾的潮流在营城子湾西部以北向为主，流速较大，辽东湾东北部潮流亦较强，为辽东湾的强流区；秦皇岛外海潮流较弱，流速小于 20cm/s，为辽东湾的弱流区。

将计算结果与黄渤海海洋图集中各分潮的潮流椭圆对比，二者结果比较一致，说明模拟结果最大流速、涨落潮方向合理。模拟结果可基本反映辽东湾的潮流状况。

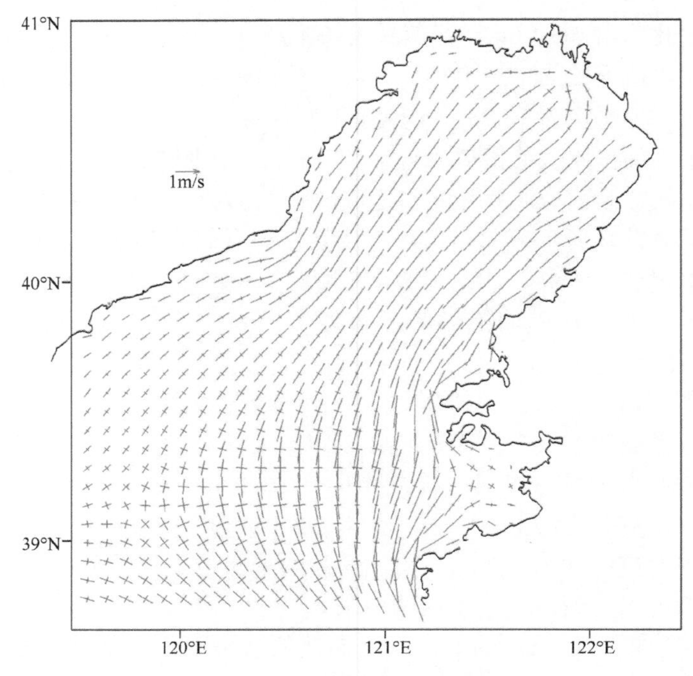

图 2-14　辽东湾 M_2 分潮潮流椭圆

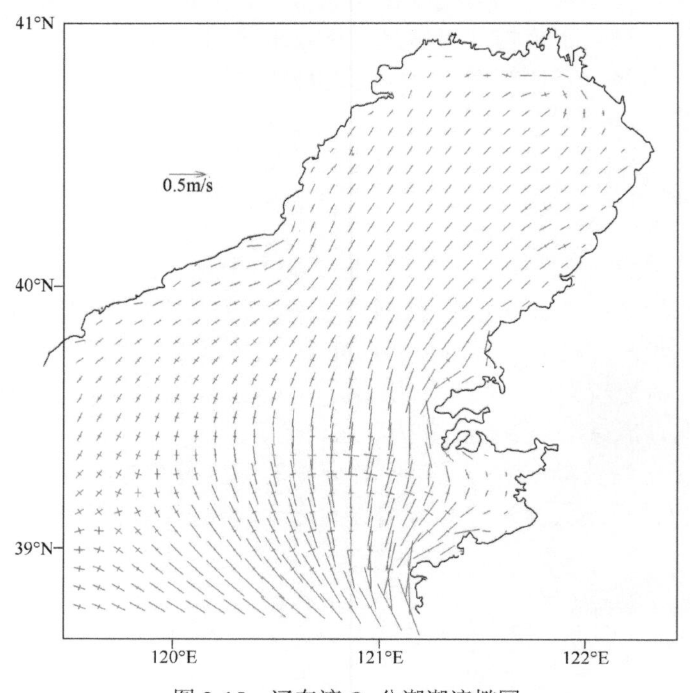

图 2-15　辽东湾 O_1 分潮潮流椭圆

第五节　基于水动力及功能区划的主要污染物环境容量评估

本节在辽东湾北部海域水动力模型基础上，建立了氮磷、石油烃和重金属水质模型，开展了辽东湾北部海域主要污染物环境容量评估。

一、氮、磷环境容量评估

（一）降解系数确定

污染物在海域中除在海流的作用下发生平流和扩散以外，还进行非常复杂的生物化学过程，因此需结合实验获得的相关信息和前人的研究成果，尽可能真实地了解污染物在海水中的非物理过程。磷的降解系数参考辽东湾海域的研究结果（刘浩和尹宝树，2006），本研究中确定为每天 0.02。

无机氮在海水中存在多种形态，不同形态间相互转化且相互制约，因此难以获得简单的降解系数。1998～1999 年调查渤海生态系统时发现，将渤海中的无机氮视为保守物质和考虑无机氮的生物过程所得到的年平均浓度之间的误差不超过 20%，基于此，本研究将无机氮视为保守物质。

（二）氮、磷水质模型的模拟结果

水质模型外海边界入流浓度为 0，初始浓度设为 0，模型模拟时间为 100 天。根据 2009 年辽东湾北部海域江河入海口和排污口水质监测数据核算各排放口的源强，代入模型形成的无机氮和活性磷酸盐的浓度分布见图 2-16。辽东湾北部海域污染较为严重，双台子河水系入海口处超第四类海水水质标准，辽东湾中部海

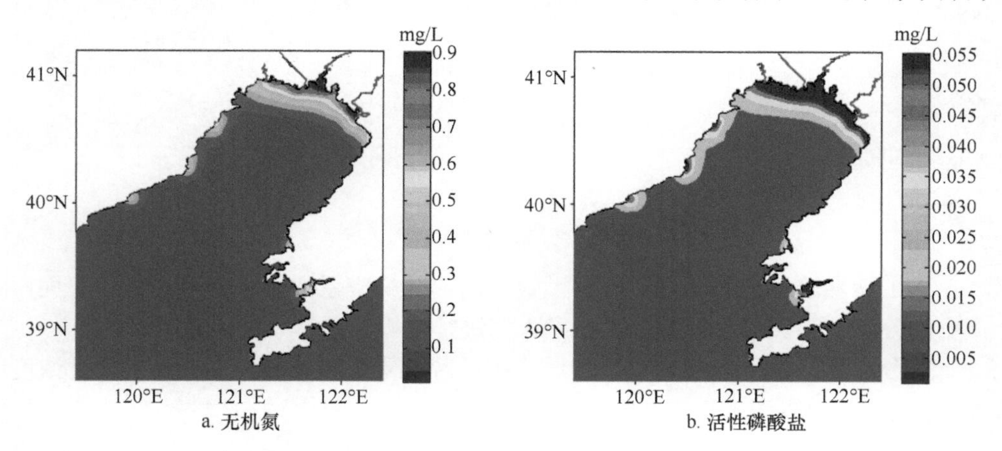

图 2-16　2009 年辽东湾营养盐年平均浓度分布

域浓度较低，模拟结果和 2009 年近海监测结果基本一致，与《2008 年中国海洋环境质量公报》结果类似。

（三）污染源-水质响应关系研究

图 2-17 和图 2-18 分别为辽东湾无机氮和活性磷酸盐主要污染源单位源强（1 万 t/a）所形成的污染物浓度场，即污染源与污染物浓度的响应关系。

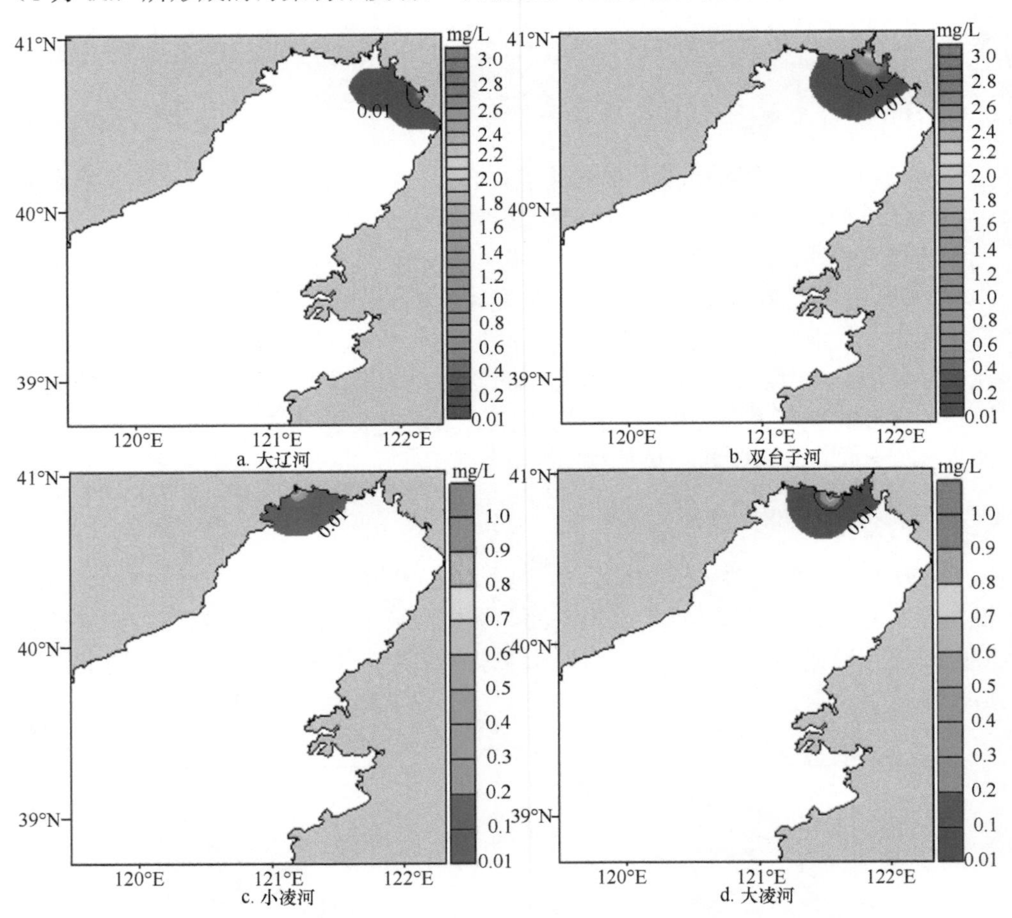

图 2-17　辽东湾无机氮主要污染源响应系数场

由于活性磷酸盐和无机氮降解系数不同，其响应系数场在量值上略有不同，但空间分布结构类似。下面以无机氮为例进行分析。

双台子河：双台子河响应系数场分布呈舌状向海域伸展，在三道沟附近浓度为 1.5mg/L，二界沟附近为 0.2mg/L 左右。

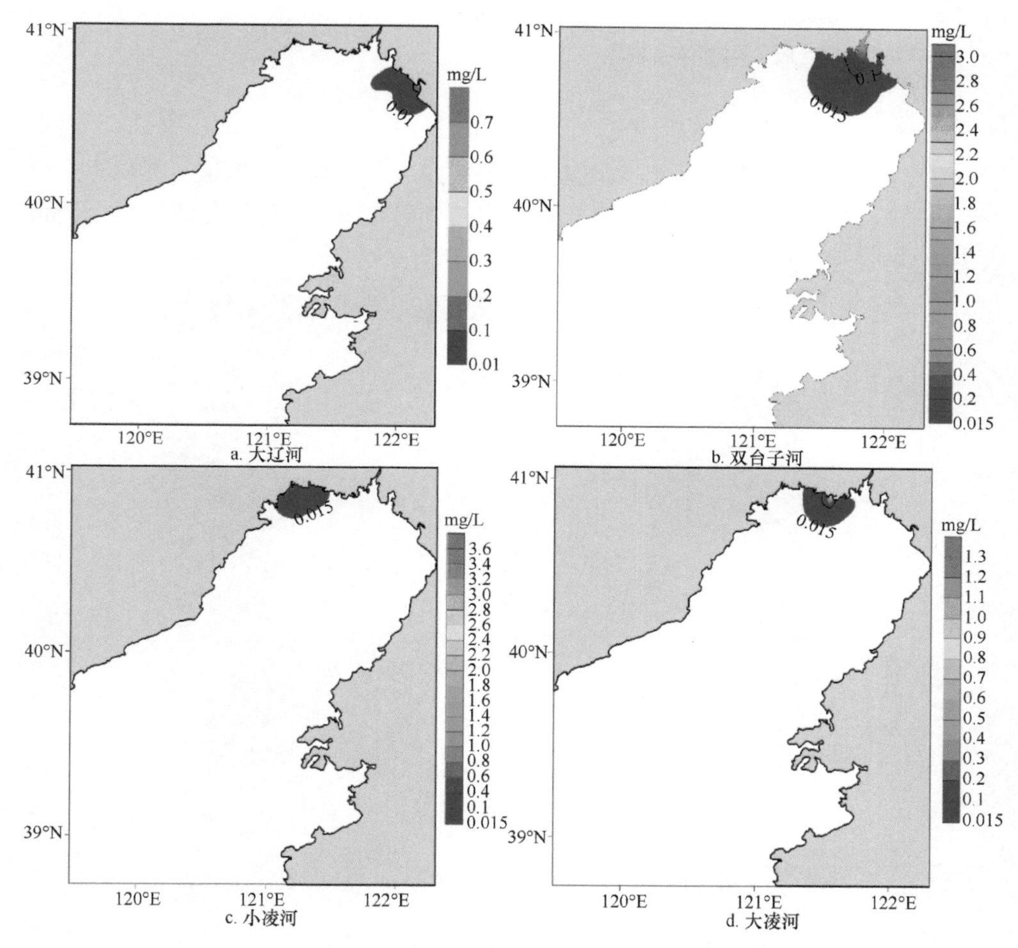

图 2-18　辽东湾活性磷酸盐主要污染源响应系数场

大辽河：入海口处浓度为 0.1～0.5mg/L，污染物扩展到双台子河口处，浓度衰减至 0.01mg/L。相比双台子河口，同样源强的情况下，大辽河口污染物浓度要小于双台子河口，说明大辽河口的水交换能力强于双台子河口。其主要原因是双台子河口位于辽东湾的最北部，与渤海中部相距较远。

大凌河：入海口附近浓度为 1mg/L 左右，离排放口 10km 处浓度衰减至 0.1mg/L，污染物输运至双台子河口浓度衰减至 0.02mg/L。

小凌河：污染物扩散结构以排放口为中心，呈扇形向外扩散，入海口附近浓度为 1mg/L 左右，离排放口 10km 处浓度衰减至 0.1mg/L，扩展至葫芦岛—大凌河弧线处浓度为 0.01mg/L。

（四）控制点的选取与响应系数矩阵

1. 水质控制点

辽东湾顶部海洋功能区划类型包括油气区、双台子河口国家级自然保护区、养殖区、港口航道、锚地区等。水质控制点初步确定为养殖区的边缘。每个河口取 2 个水质控制点，共 8 个控制点，如图 2-19 所示。

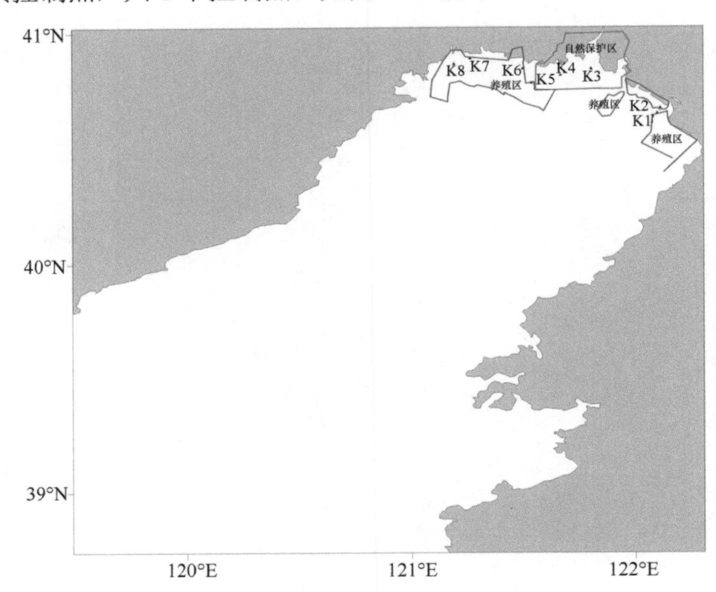

图 2-19 辽东湾北部海域水质控制点示意图

2. 水质控制点水质执行标准

根据海洋功能区划的要求，双台子河口自然保护区水质应执行第一类海水水质标准，但考虑到目前河口海域污染比较严重，而且双台子河口氮、磷排污量较大，确定双台子河口水质控制点的保护目标按照第二类海水水质标准执行，其他控制点也执行第二类海水水质标准（表 2-4）。

表 2-4 第二类海水水质标准 （单位：mg/L）

	无机氮	活性磷酸盐
标准值	0.3	0.03

3. 水质控制点上主要河流排放响应系数矩阵

水质控制点上辽东湾北部海域 4 条主要河流入海口 1 万 t/a 入海通量形成的无

机氮和活性磷酸盐响应系数矩阵分别见表 2-5 和表 2-6。

表 2-5　水质控制点无机氮响应系数矩阵

控制点	响应系数			
	大辽河	双台子河	大凌河	小凌河
K1	0.25	0.01	0.00	0.00
K2	0.40	0.01	0.00	0.00
K3	0.01	1.00	0.02	0.00
K4	0.01	0.20	0.07	0.00
K5	0.00	0.05	0.12	0.01
K6	0.00	0.02	0.42	0.02
K7	0.00	0.00	0.02	0.28
K8	0.00	0.00	0.01	0.26

表 2-6　水质控制点活性磷酸盐响应系数矩阵

控制点	响应系数			
	大辽河	双台子河	大凌河	小凌河
K1	0.15	0.01	0.00	0.00
K2	0.10	0.01	0.00	0.00
K3	0.01	0.55	0.01	0.00
K4	0.01	0.10	0.02	0.00
K5	0.00	0.03	0.08	0.01
K6	0.00	0.02	0.24	0.01
K7	0.00	0.00	0.01	0.16
K8	0.00	0.00	0.01	0.14

（五）允许排放量

设大辽河、双台子河、大凌河、小凌河允许排放量分别为 Q_1、Q_2、Q_3、Q_4，利用线性规划模型计算 4 条河流在满足水质控制点第二类海水水质标准目标下的最大允许排放量。在模型中同时考虑 4 条河流排污量的非负约束。

根据核算的 2009 年辽东湾北部海域主要污染物的现状排放量，得到以 2009 年为基准年的削减量（余量），见表 2-7 和表 2-8。结果表明，辽东湾北部海域的无机氮污染较为严重。以 2009 年为基准年，为满足控制点水质目标要求，该海域需要削减 36 211t/a 的无机氮入海负荷。其中，大辽河流域无机氮需要削减 17 070t/a，削减率为 70%；双台子河流域需要削减 18 608t/a，削减率为 87%；小凌河流域需要削减1809t/a，削减率为21%；而大凌河有1276t/a的余量。

表 2-7　无机氮的允许排放量和削减量（余量）

河流	现状排放量（t/a）	允许排放量（t/a）	削减量（余量）*（t/a）	削减率（%）
大辽河	24 500	7 430	17 070	70
双台子河	21 400	2 792	18 608	87
大凌河	5 400	6 676	–1 276	—
小凌河	8 800	6 991	1 809	21
合计	60 100	23 889	36 211	60

*正值为削减量，负值为余量。“—”表示无需削减

表 2-8　活性磷酸盐的允许排放量和削减量（余量）

河流	现状排放量（t/a）	允许排放量（t/a）	削减量（余量）*（t/a）	削减率（%）
大辽河	2300	1969	331	14
双台子河	900	501	399	44
大凌河	200	1117	–917	—
小凌河	1200	1812	–612	—
合计	4600	5399	–799	—

*正值为削减量，负值为余量。“—”表示无需削减

辽东湾北部海域活性磷酸盐的污染压力较无机氮为轻。以2009年为基准年，在满足该海域水质控制目标的前提下，还有799t/a的活性磷酸盐排放余量。其中，大辽河需要削减331t/a，削减率为14%；双台子河需要削减399t/a，削减率为44%；而大凌河和小凌河分别有917t/a和612t/a的余量。

从上述计算结果可以看出，双台子河的允许排放量较其他三条河流为小，主要原因是双台子河口位于辽东湾最北部，水交换较弱，污染源造成的环境影响较大。从计算过程来看，双台子河水质控制点K3、K4的响应系数远大于其他河流对应控制点的响应系数，由此导致优化计算后该河流的允许排放量较小。

二、重金属环境容量评估

利用归并后的2009年监测资料进行了辽东湾北部海域Pb和Cd浓度的模拟，模拟1个月后，得到的平衡浓度场分别如图2-20和图2-21所示，可以看出，模拟得到的重金属Pb和Cd浓度场与实测浓度场吻合较好，因此可在此基础上进一步开展重金属污染物允许排放量的估算。

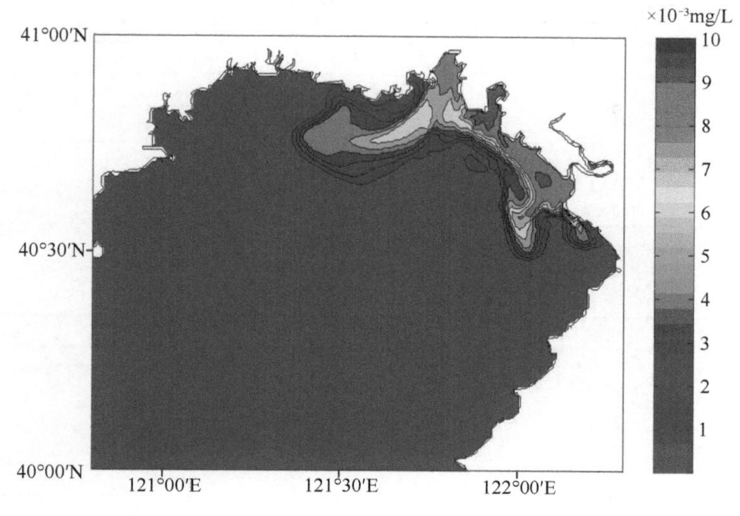

图 2-20　辽东湾北部海域 Pb 浓度分布（模拟）

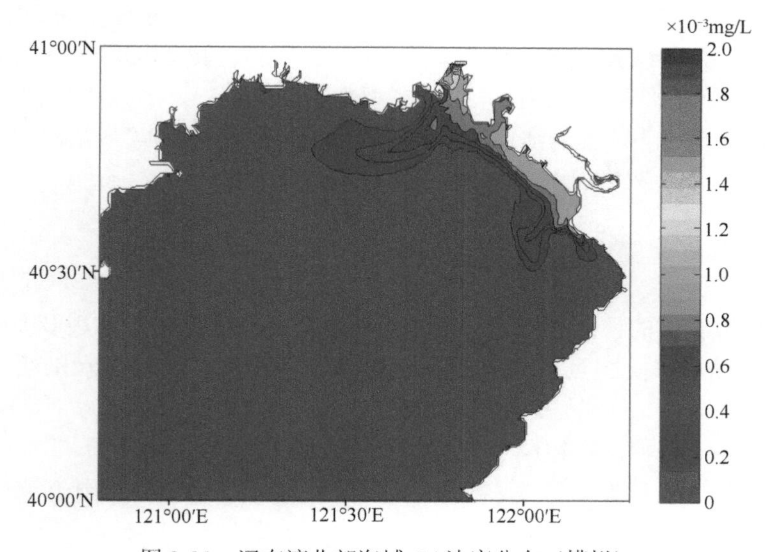

图 2-21　辽东湾北部海域 Cd 浓度分布（模拟）

设置水质控制点（图 2-19），确定控制点的执行标准为第二类海水水质标准，即 Pb≤0.005mg/L、Cd≤0.005mg/L。根据 4 条河流的响应系数场和污染物负荷，利用线性规划方法，可以计算出各河流 Pb 和 Cd 的最大允许排放量，结合现状排放量，进而给出污染物排放余量，具体结果分别见表 2-9 和表 2-10。

表 2-9　重金属 Pb 的允许排放量和削减量（余量）

河流	现状排放量（t/a）	允许排放量（t/a）	削减量（余量）*（t/a）	削减率（%）
大辽河	1390.52	675.34	715.18	51
双台子河	100.16	51.93	48.23	48
大凌河	2.84	2.45	0.39	14
小凌河	5.24	4.23	1.01	19
合计	1498.76	733.95	764.81	51

*正值为削减量，负值为余量

表 2-10　重金属 Cd 的允许排放量和削减量（余量）

河流	现状排放量（t/a）	允许排放量（t/a）	削减量（余量）*（t/a）	削减率（%）
大辽河	460.50	734.54	–274.04	—
双台子河	90.14	108.36	–18.22	—
大凌河	2.64	3.65	–1.01	—
小凌河	4.20	7.89	–3.69	—
合计	557.48	854.44	–296.96	—

*正值为削减量，负值为余量。“—”表示无需削减

从计算结果可以看出，辽东湾北部海域重金属 Pb 的排放量超标，需要削减。其中，大辽河需要削减 715.18t/a，双台子河需要削减 48.23t/a，大凌河需要削减 0.39t/a，小凌河需要削减 1.01t/a，合计需要削减 764.81t/a，削减率为 51%；而 Cd 还有一定的排放余量。上述结果与本章第三节 Cd 和 Pb 的环境质量现状分析结果是一致的。

三、石油烃环境容量评估

根据环境容量的计算原理，石油烃允许排放量的估算分以下几步进行。

（1）设置水质控制点，确定控制点的执行标准为第二类海水水质标准，即 ≤0.05mg/L。

（2）计算 4 条河流在控制点处的响应系数场。

（3）构建环境容量线形规划模型，计算出石油烃的最大允许排放量，并进一步求出削减量（余量）（表 2-11）。

表 2-11　石油烃的允许排放量和削减量（余量）

河流	现状排放量（t/a）	允许排放量（t/a）	削减量（余量）*（t/a）	削减率（%）
大辽河	324.54	413.50	–88.96	—
双台子河	70.31	108.20	–37.89	—
大凌河	8.00	13.40	–5.40	—
小凌河	12.10	15.90	–3.80	—
合计	414.95	551.00	–136.05	—

*正值为削减量，负值为余量。“—”表示无需削减

从表 2-11 可以看出，在利用 2009 年资料进行估算的前提下，在满足控制点水质目标要求的情况下，大辽河、双台子河、大凌河和小凌河的石油烃分别还有 88.96t/a、37.89t/a、5.40t/a 和 3.80t/a 的排放余量，合计余量为 136.05t/a。但该余量与允许排放量相比只占很小的比例。

第六节　污染物总量控制方案建议

辽东湾北部海域的入海河流主要包括双台子河、大辽河、大凌河和小凌河。其中双台子河流域污染物主要来源于城镇生活和农业非点源，而大辽河流经铁岭、沈阳、鞍山、辽阳、营口等众多工业城市，沿途接收了大量的工农业废水和生活污水（于格等，2012）。因此，研究海域入海污染物以城市生活污染、农业非点源污染和工业污染为主。根据辽东湾北部海域水文特征，辽东湾北部海域潮流较强而余流较弱，使得污染物入海后能够尽快与周边海水进行混合，但是由于余流较弱，研究海域污染物质长距离输运能力不强，不能与湾外干净水体进行及时交换，从而导致辽东湾北部海域污染堆积，污染物存量较大。根据上述情况，本节综合考虑了研究海域水动力特征、污染物来源特征和污染发生过程，针对污染发生过程中污染物的不同来源，从污染源的污染防治、加强污水处理和中水利用、纳污区的污染防治等方面提出总量控制建议。

一、污染源的污染防治

（一）传统农业污染防治

农业非点源污染主要是农业活动所引起的各种污染物在土壤圈内或由土壤圈向水圈，以低浓度、大范围的形式缓慢扩散。由于受降雨时间和径流的影响较大，且排放途径不确定，农业非点源污染具有随机性、时空差异性和排放途径不确定性等特点，主要来源于化肥、农药、水土流失和农业废弃物等。农业非点源污染问题在我国日益严重，已经成为水质恶化的主要原因之一（王学珍等，2011），因此加强农业非点源污染研究对辽东湾北部海域水污染防治具有重要意义。

辽东湾北部盘锦和营口的主要农业活动包括稻田种植和畜禽养殖，因此在农业生产过程中应秉持农牧结合、种养平衡的原则，根据土地承纳污染物的能力合理规划种养规模；对辽东湾北部城市农业非点源污染的控制应从科学养殖种植、科学使用农药、污染物能源化和再利用等方面入手，具体措施如下。

（1）在畜禽养殖过程中首先可以通过提高养殖水平和完善养殖方式减少污染物排放；其次通过养殖优良品种、合理供应饲料和营养配比、添加优势微生物、实行多阶段喂养来提高饲料利用率，减少营养过剩而造成的污染物排放；最后是选用合理蛋白质含量的饲料，从源头上减少含氮污染物的产生。

（2）在农业种植过程中，结合地区特点选择适合的种植方式，合理施肥，多使用清洁肥料，提倡以工程手段为辅、生态治理为主的方式进行治理。

（3）对畜禽养殖活动中的污染物处理主推干清粪方式，强化固体和液体、粪与尿、雨水和污水等不同类型污染物的分离，降低污水产生量和污水氨氮浓度。畜禽粪便通过建筑减排工程的方法进行干燥、堆肥和能源化，实现污染的过程控制。

（4）在污染物再利用过程中，农业废弃物要坚持资源化、减量化、无害化的原则。有机废弃物主要通过厌氧发酵的手段产生新能源，实现沼气、沼渣、沼液的综合利用；畜禽粪便以肥料化处理为主，从而进行综合利用；污水以能源化、无害化为主要手段进行综合利用与治理，建设配套的粪便污水处理和贮存设施，解决循环利用中的时空不平衡问题。

（二）渔业污染防治

由于缺乏科学有效的规划和管理，在养殖生产活动过程中会出现大规模围海造地、围垦建池、建造网箱、架设吊养台筏等情况，因此养殖密度远超过养殖区生态环境承受能力，由此引起水质恶化加剧，生态平衡受到破坏。辽东湾北部海域以海参、文蛤和沙蚕养殖为主，养殖过程中养殖动物的排泄物、渔业生产人员的生活排废以及饲料投喂过量产生的残渣碎屑等会使水体中氮、磷等营养盐积累过多，使水域环境恶化加剧。

针对上述问题，对养殖布局应进行合理规划，结合辽东湾水质状况和养殖区生态环境承受能力有计划地控制养殖密度，做到养殖规格整齐，数量适宜；在养殖品种结构调整上要把好引种关，引入优良、纯正，且符合当地养殖条件的物种，防止引进品种对当地品种及生态平衡造成威胁；规范海上养殖活动，推广健康养殖新技术，无机肥与有机肥结合使用，走生态渔业、绿色渔业之路。通过上述措施有效削减养殖污染物的排放量。

（三）工业污染防治

工业污染防治的首要手段是进行产业结构调整，并在此基础上开展行业总量控制。2013 年辽宁省三次产业贡献率之比为 4.5∶56.5∶39.0，第二产业比例偏高，且第二产业内也存在结构不合理的现象，采矿业、石化、钢铁、烟草业等高排污行业比例偏高。三次产业对生产总值的增长率之比为 0.4∶4.9∶3.4，第二产业中工业对生产总值的增长率的贡献高达 4.4。由此可以看出，辽宁省产业结构以第二产业为主，其中高排污的工业又是主要的产业类型。

为减少工业污染源、治理区域污染，应加快产业结构调整，大力发展运输、仓储、信息传输、计算机服务、软件业等第三产业；并在第二产业内部实施结构调整，在鼓励通信设备、计算机及其他电子设备制造业等高新技术产业发展的同时，限制重污染和耗水量大的企业发展，加大对石油加工、炼焦等行业的污染防治力度，逐步将产业结构向低能耗、高技术和高水平方向转变。为进一步优化产业结构，在生产过程中应禁止引进并逐步淘汰能源资源消耗高、效益差、排污量大的生产技术、工艺和产品，并鼓励发展能源资源消耗低、效益好、排污量小的产业和产品。

二、加强污水处理和中水利用

（一）提高污水处理能力

城市化进程的发展和城市人口的增加致使辽东湾北部城市生活区污水排放量逐年增加。为处理多余的污水，政府加快了污水处理厂的建设速度。但由于城市配套管网建设滞后和运行费用不足等问题，城市污水不能全部进入污水处理厂，相当数量的污水处理厂未能满负荷运行，因此部分污水在未经处理的情况下直接被排入辽东湾，对海域环境造成了严重污染。此外，污水处理技术装备水平和运行管理水平较为落后，污水处理厂出水水质的稳定性普遍不高，有相当一部分处理厂的出水平均水质不能达标（陈中颖等，2009）。

根据《第一次全国污染源普查-城镇生活源产排污系数手册》可知，盘锦属于一区二类城市，生活污水产生系数为 135L/（人·d），而营口属于一区四类城市，生活污水产生系数相对较小，为 115L/（人·d）。以 2010 年第六次全国人口普查中盘锦和营口的人口统计数据（盘锦 91.85 万人，营口 142.95 万人）为基准，以盘锦《2010 年第六次全国人口普查主要数据公报》中 1%的增长率作为每年的城镇人口增长率，计算 2015 年盘锦和营口的城镇人口数。根据排污手册中的排污系数法对盘锦和营口的城镇生活污水产生量进行计算，计算公式为

$$G_c = 3650 \times N \times F_c \tag{2-41}$$

式中，G_c代表城镇居民生活污水或污染物的年产生量和年排放量，其中污水量单位为 t/a，污染物量单位为 kg/a；N 代表城镇居民常住人口，单位为万人；F_c代表城镇居民生活污水或污染物产生系数和排放系数，其中污水系数单位为 L/（人·d），污染物系数单位为 g/（人·d）。

计算可得，盘锦城镇人口生活污水产出量为 13.032 万 t/d，营口城镇人口生活污水产出量为 17.278 万 t/d。盘锦市政污水处理厂现有盘锦第一、第二污水处理厂和第三污水处理及中水回用项目，日平均处理污水分别为 10 万 t、5.9 万 t 和 5 万 t；营口在西部、东部、南部和开发区共有 4 个污水处理厂，日平均处理污水分别为 7.9 万 t、5.8 万 t、0.72 万 t 和 1.87 万 t。比较两个城市城镇人口日产出污水量和平均日处理污水量，可知盘锦现存污水处理厂可满足城镇生活污水处理需求，而

营口每天尚有 0.988 万 t 待处理污水。

因此在辽东湾北部海域生活污水防治过程中，应针对城市配套管网建设滞后和运行费用不足等问题，强化大辽河和双台子河流域污水处理厂与城市配套管网的建设、管理及监督，集中处理污水，并针对主要污染物——氮、磷，逐步提升各污水处理厂的脱氮除磷工艺，削减研究海域污染负荷，从而达到控制氮、磷等主要污染物排放的目的。同时，为解决污染处理能力不足的问题，应对营口污水处理厂进行改造升级，以扩大其污水处理能力，实现污染物总量控制的目标。

（二）鼓励中水回用

中水是指废水或雨水经适当处理后，达到一定的水质指标，满足某种使用要求，可以进行有益使用的水，又称再生水。中水相较饮用水标准略低，且主要用于非接触人体的日常生活中。处理过后的污水可以用于园林绿化和家畜养殖，也可以作为工业冷却、消防、市政杂用和渔业等的用水。

城市生活污水由于具有排放量大、水质较稳定、来源可靠、开发成本低等特点，是一种潜在的水资源。城市生活污水可以经过治理再次运用到工农业生产中。在推广中水利用的过程中，可以降低中水的价格，实现污水资源化，还可以鼓励有条件的单位积极开展再生水利用，在国民经济和社会发展计划中纳入污水资源化处理，设计流域水资源开发利用总体规划，在节约水资源的同时，减少污染物排放总量。

三、纳污区的污染防治

对污染物纳污区的控制主要是对污染物排放之后造成的环境影响进行补救性修复，基本以污染防治生物工程即生态修复办法为主。孟文娜（2013）针对洱海北部入湖河口的污染产生机制，在河口处种植高效水生经济植物，从总氮、总磷、有机物去除率等方面探讨了其对低污染水的处理效果，证明建造生物工程对水体污染物具有良好的净化效果。辽东湾北岸滨海湿地的积水主要来源于过路水滞留和枯水期河流水量骤减造成的潮水补给，因此表现出滨海盐生湿地的特征。根据辽东湾北部海域的环境及资源条件，对其生态修复的策略和途径主要有：①积极修复湿地生境，增加盐生湿地植物——芦苇和翅碱蓬的分布面积与生物量，借助湿地植物对氮、磷的吸收和转化作用，降低其入海通量，从而达到削减进入河道和海洋污染物量的目的；②与翅碱蓬共栖的双齿围沙蚕及翅碱蓬根际微生物具有转化重金属和降解石油烃的能力，可将筛选出的转化/降解能力强的菌株定植到双齿围沙蚕的肠道中，从而利用沙蚕的生物扰动能力及微生物的转化/降解作用达到重金属和石油烃污染防治的目的（周一兵等，2020）；③在潮间带滩涂，通过增殖放流增大滤食性贝类（如文蛤）的分布区域和提高其生物量，不仅可促进辽东湾历史名产——文蛤的资源修复，还可以利用文蛤对水体中饵料生物的滤食等生理生态过程，达到修复海水环境质量的目的（详见第六章）。

主要参考文献

陈中颖, 刘爱萍, 刘永, 等. 2009. 中国城镇污水处理厂运行状况调查分析. 环境污染与防治, 31(9): 99-102.

崔保山, 贺强, 赵欣胜. 2008. 水盐环境梯度下翅碱蓬(*Suaeda salsa*)的生态阈值. 生态学报, 28(4): 1408-1418.

高亮, 邹立, 魏岩, 等. 2011. 辽河口芦苇沼泽对水体氮、磷的净化能力研究. 湿地科学, 9(3): 233-239.

关道明. 2011. 我国近岸典型海域环境质量评价和环境容量研究. 北京: 海洋出版社: 1-2.

郭良波. 2005. 渤海环境动力学数值模拟及环境容量研究. 中国海洋大学硕士学位论文.

国务院第一次全国污染源普查领导小组办公室. 2008. 第一次全国污染源普查城镇生活源产排污系数手册.

黄秀清, 王金辉, 蒋晓山, 等. 2008. 象山港海洋环境容量及污染物总量控制研究. 北京: 海洋出版社.

李适宇, 李耀初, 陈炳禄, 等. 1999. 分区达标控制法求解海域环境容量. 环境科学, 20(4): 96-99.

栗苏文, 李红艳, 夏建新. 2005. 基于 Delft3D 模型的大鹏湾水环境容量分析. 环境科学研究, 18(5): 91-95.

刘浩, 尹宝树. 2006. 辽东湾氮、磷和 COD 环境容量的数值计算. 海洋通报, 25(2): 46-54.

刘恒魁. 1990. 辽东湾近岸水域海流特征分析. 海洋科学, 2(14): 23-27.

孟文娜. 2013. 洱海北部河口人工经济植物湿地对低污染水的净化技术研究. 上海交通大学硕士学位论文: 39-45.

乔璐璐, 鲍献文, 吴德星. 2006. 渤海夏季实测潮流特征. 海洋工程, 24(3): 45-52.

乔璐璐, 刘容子, 鲍献文, 等. 2008. 经济增长下的渤海环境容量预测. 中国人口・资源与环境, 18(2): 76-81.

邵成, 陈中林, 董厚德. 1995. 辽河河口湿地芦苇的生长及生物量研究. 辽宁大学学报(自然科学版), 22(1): 89-94.

沈珍瑶, 牛军峰, 齐珺, 等. 2008. 长江中游典型段水体污染特征及生态风险. 北京: 中国环境科学出版社: 171-173.

宋微, 廖恩惠, 江毓武. 2011. 模糊线性优化在厦门湾水体总磷环境容量计算中的应用. 台湾海峡, 30(2): 175-180.

王长友. 2008. 东海 Cu、Pb、Zn、Cd 重金属环境生态效应评价及环境容量估算研究. 中国海洋大学博士学位论文.

王修林, 李克强. 2006. 渤海主要化学污染物海洋环境容量. 北京: 科学出版社: 143-182.

王学珍, 刘东玲, 李彩虹. 2011. 农业非点源污染的环境影响及生态工程措施. 中国人口・资源与环境, 21(3): 334-336.

王悦. 2005. 分潮潮流作用下渤海湾物理自净能力与环境容量的数值研究. 中国海洋大学硕士

学位论文.
吴冠, 王锡侯, 刘恒魁. 1991. 辽东湾顶浅海区海流分布特征. 海洋通报, 10(5): 8-13.
于格, 陈静, 张学庆, 等. 2012. 大辽河口水环境污染生态风险评估. 生态学报, 32(15): 4651-4660.
余静, 孙英兰, 张越美, 等. 2006. 宁波—舟山海域入海污染物环境容量研究. 环境污染与防治, 28(l): 21-24.
张存智, 韩康, 张砚峰, 等. 1998. 大连湾污染排放总量控制研究——海湾纳污能力计算模型. 海洋环境科学, 17(3): 1-5.
张学庆, 孙英兰. 2007. 胶州湾入海污染物总量控制研究. 海洋环境科学, 26(4): 347-350.
张学庆, 王鹏程, 石明珠, 等. 2012. 大辽河口存留时间和暴露时间数值模拟. 水科学进展, 23(5): 709-714.
赵骞, 陈超, 丁德文, 等. 2016. 基于海床基观测资料的辽东湾东部海流特征研究. 海洋工程, 34(4): 119-125.
赵骞, 王梦佳, 丁德文, 等. 2016. 基于长期观测的辽东湾口东部海域水动力特征研究. 海洋学报, 38(1): 20-30.
赵仕兰, 赵骞, 袁秀堂, 等. 2011. 2009 年辽东湾北部海域 Pb 和 Cd 的时空分布特征及其污染风险评价. 海洋环境科学, 30(6): 780-783.
郑洪波, 刘素玲, 陈郁, 等. 2010. 区域规划中纳污海域海洋环境容量计算方法研究. 海洋环境科学, 29(1): 145-164.
周一兵, 杨大佐, 赵欢. 2020. 沙蚕生物学——理论与实践. 北京: 科学出版社.
GESAMP. 1986. Environmental capacity: an approach to marine pollution prevention. GESAMP Reports & Studies, 30: 49.
Han H Y, Li K Q, Wang X L, et al. 2011. Environmental capacity of nitrogen and phosphorus pollutions in Jiaozhou Bay, China: modeling and assessing. Marine Pollution Bulletin, 63(5-12): 262-266.

第三章　辽东湾北部海域有毒有害污染物的现状、来源及生态风险

海湾和河口是海洋生态系统的重要组成部分，也是人类活动最为频繁的区域。受地形及洋流等因素影响，海湾和河口生态系统形成独特的环流模式，为海洋生物提供了良好的栖息地和索饵场（李纯厚等，2013）。同时，大量陆源营养盐的输入为浮游藻类、大型底栖藻类和海草等初级生产者提供了良好的生长条件（孙松等，2005）。因此，海湾及河口生态系统具有初级生产力高、生物群落结构复杂、受人为活动影响较大等特征。

随着海岸带快速城市化和经济发展，人类活动对海湾和河口生态系统的影响日益增加，主要表现在对海洋资源的过度开发、陆源污染物的大量输入及全球气候变化对海洋生物多样性的影响（Tallis et al.，2008）。其中，陆源污染对海洋生态系统造成的破坏在不断加剧，特别是河口区和海湾近岸海域的污染形势十分严峻（Islam and Tanaka，2004）。陆源工业、农业、采矿业、滩涂池塘养殖等人类活动导致了近海重金属和持久性有机污染物污染、富营养化和海水酸化等问题，从而改变了海水质量、海洋生物群落结构、海洋生物地球化学循环，并最终影响了海洋生态系统服务功能与健康（吕永龙等，2016）。

陆源污染物通过地表径流、大气沉降等方式进入水体，经过复杂的物理化学过程沉淀进入沉积物，对游泳和底栖生物产生急性或慢性毒害作用（安立会等，2010）；同时，吸附在沉积物中的污染物又通过不断的吸附解析过程，长期向水体释放污染物形成二次污染，进而影响海洋生物群落结构和组成，改变海洋系统的生态系统服务（李庆召等，2010）。因此，对海湾和河口生态系统中海水与沉积物中污染物的来源、分布水平及生态风险进行评价，分析和评价人类活动对海洋生态系统的影响并预测其发展和演变趋势，为海洋生物多样性保护和海岸带生态学的发展奠定基础，对海洋环境质量改善和海洋生态环境保护具有重要的现实意义。

辽东湾北部海域有多条入海河流，较大的河流有大辽河、双台子河、大凌河、小凌河等，还有许多季节性河流，这些河流挟带大量营养盐和污染物进入河口，海水浊度高，有机质丰富，海洋生物群落多样，是经济鱼虾、贝、蟹类产卵和索饵的优良场所。同时该区域油气资源丰富，中国第三大油田——辽河油田位于辽东湾北部的盘锦，其近岸海域也是我国重要的海上石油开采区。另外，辽东湾北部海域沿

岸分布着秦皇岛港、锦州港、鲅鱼圈港、仙人岛港、长兴岛港等重要港口。石油开发、港口航运和陆源输入均有可能造成重金属和有机污染物的输入。辽东湾为典型半封闭海湾，尤其是其北部海域，水体交换缓慢，自身净化能力有限，海域污染问题日益突出（王召会等，2016）。重金属、石油类及持久性有机污染物等在水体和沉积物中富集，对海洋生物及生态系统形成威胁（王焕松等，2011）。据报道，近年来辽东湾北部海域的渔业生物资源及其结构发生了明显变化，主要经济鱼虾类中大部分资源呈现显著衰退的趋势（刘修泽等，2015）。

本章比较系统地总结了辽东湾北部海域，尤其是双台子河口滩涂生境中的重金属与多环芳烃、多氯联苯、内分泌干扰物、有机氯杀虫剂等持久性有毒有害污染物的空间分布和水平、来源及潜在生态风险，并研究了辽东湾北部海域重要经济动物——文蛤和双齿围沙蚕早期发育对重金属或/和多环芳烃的生态响应，分析了当下有毒有害污染物浓度水平对文蛤和双齿围沙蚕幼虫补充及未来的种群动态的影响，以期为今后辽东湾北部海域生态系统的环境修复和资源管理提供理论基础。

第一节　辽东湾北部海域有毒有害污染物的水平及来源

作为最重要的海洋生态系统之一，近岸海域生态系统在维持生物多样性、渔业捕捞、休闲娱乐和科学研究方面起到不可替代的作用。然而，随着人类活动的增加和全球气候变化的影响，近岸海域生态系统受到严重威胁，特别是污染物过量排放已经成为影响生态系统健康的主要因素之一。

我们于 2009 年对辽东湾北部海域的表层水和沉积物中重金属与多环芳烃含量进行了周年调查（Zhang et al.，2016b，2017）。共设置了 5 个断面，共 15 个站位（图 3-1），分别于春季（4 月）、夏季（8 月）、秋季（11 月）和冬季（12 月）对调查海域进行了表层水样（0.5～1.0m）和表层沉积物（5cm）样品的采集，并分析了水体和沉积物中重金属（Cd、Pb、Hg、As[①]、Cu 和 Zn）和多环芳烃等污染物的含量，以探讨辽东湾北部近岸海域污染物的分布状况和特征及污染来源。

一、海水中的重金属和多环芳烃

（一）重金属

辽东湾北部海域表层水中重金属（Pb、Zn、As、Hg、Cd 和 Cu）含量的季节变化如图 3-2 所示。Pb、Zn、As、Hg、Cd 和 Cu 的含量变化在不同季节间差异显著。辽东湾北部在 2009 年 4 个季节的降雨量分别是 135mm（春季）、286mm（夏

① 砷虽然不是金属，但毒性和重金属相近，因此本书将其与重金属放在一起讨论。

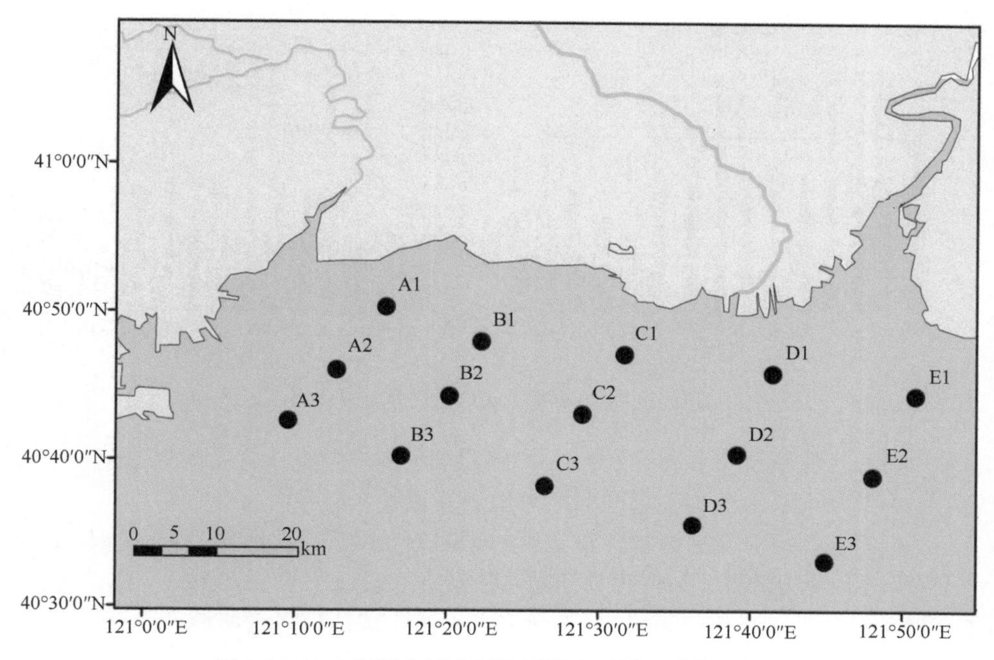

图 3-1　2009 年辽东湾北部海域调查区域及采样站位图

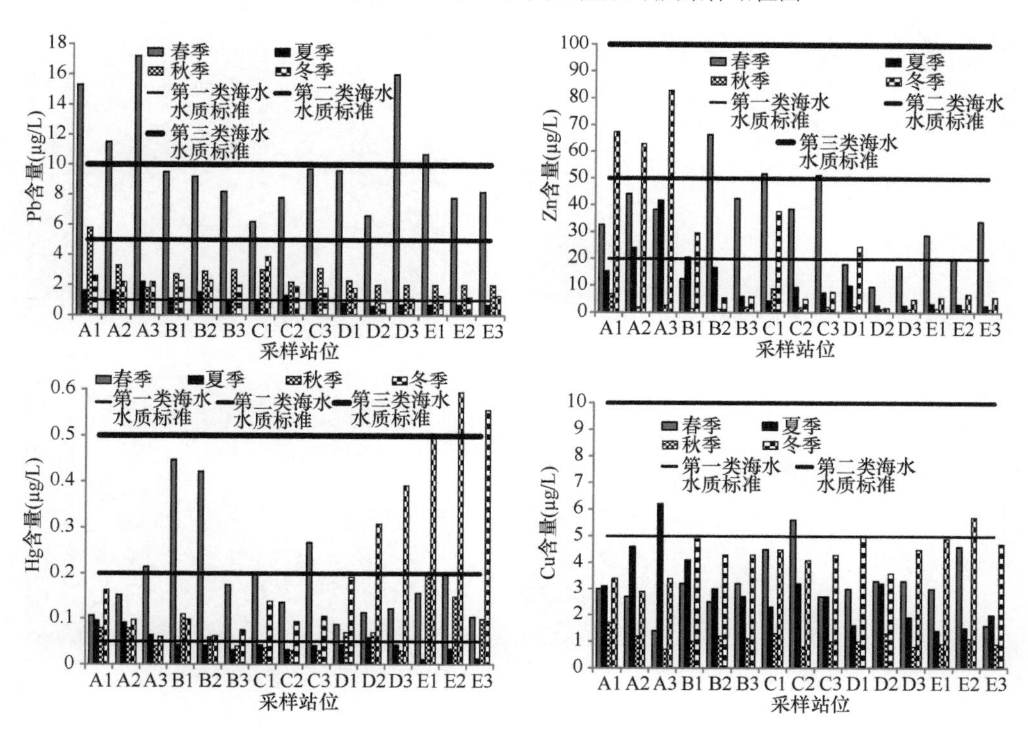

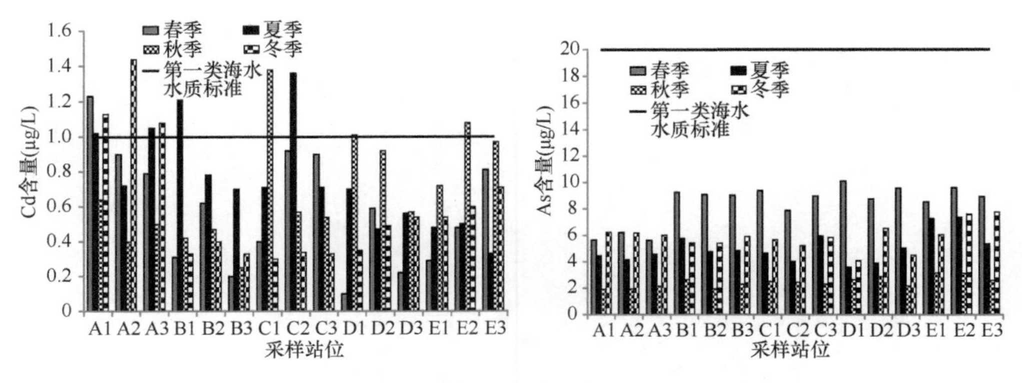

图 3-2 2009 年辽东湾北部海域表层水中重金属含量的季节变化（改自 Zhang et al.，2017）

季）、99mm（秋季）和 41mm（冬季）。因此，水体中重金属含量的季节差异可能是不同季节降雨量的差异引起的河流和地表径流输入所致。

辽东湾北部海域表层海水中重金属的空间分布如图 3-3 所示。As 和 Hg 在双台子河口东部海域的 E2 站位含量最高，分别为 6.92μg/L 和 0.24μg/L。Cu 在大凌河口西部海域含量最高，Pb 和 Cd 的最高含量在小凌河口附近海域，而 Zn 的最高

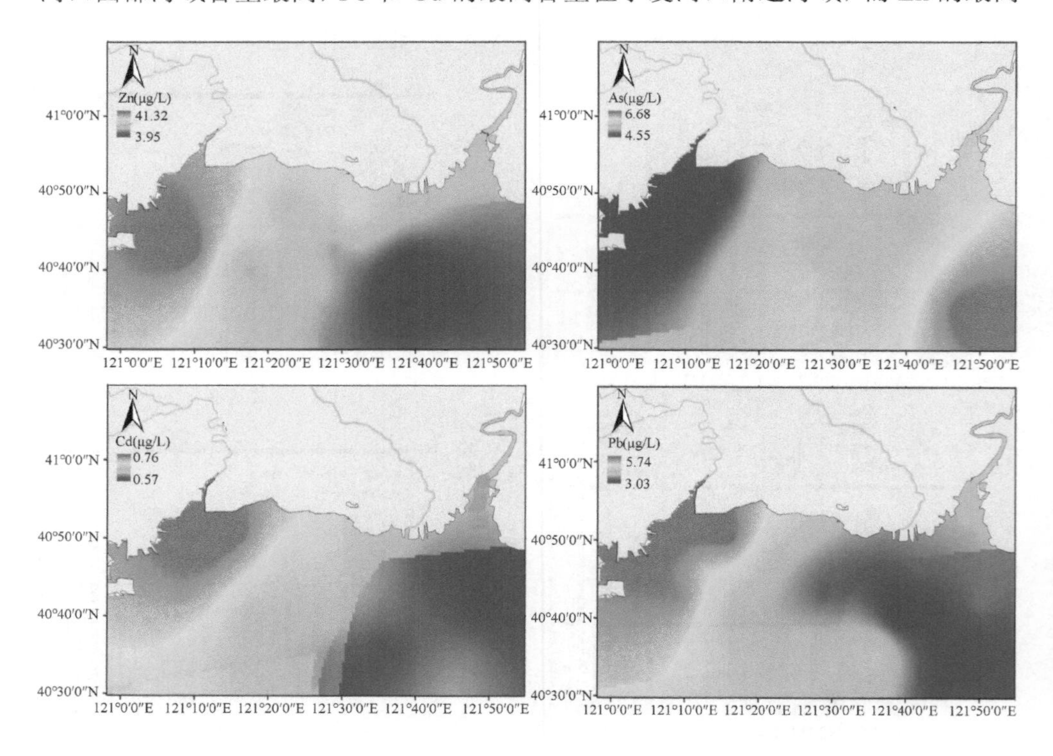

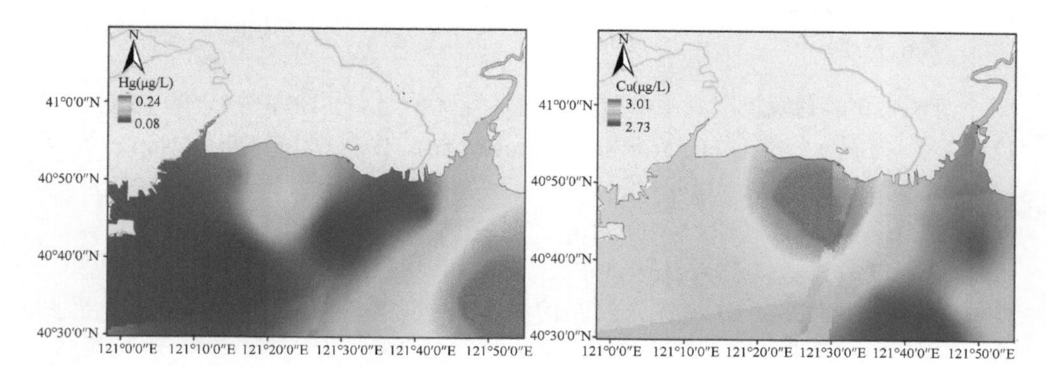

图 3-3　2009 年辽东湾北部海域表层水中重金属的空间分布（改自 Zhang et al.，2017）

含量位于锦州港。表层海水中重金属的平均含量大小顺序为：Zn＞As＞Pb＞Cu＞Cd＞Hg。据报道，渤海具有较多重污染区，如锦州湾、渤海湾、莱州湾等，经由这些湾口的污染物占据渤海容纳污染物的大部分（陈江麟等，2004）。将辽东湾北部海域表层海水的重金属污染水平同全球其他污染重度海域比较（表 3-1），结果表明，研究区域的 Hg 和 As 含量均高于其他海湾，Pb 的含量高于绝大多数其他海湾。Hg、As 和 Pb 是辽东湾北部海域主要的重金属污染物。

表 3-1　辽东湾北部海域及全球其他重度污染海域表层海水中重金属含量

监测地点	采样年份	Zn 含量（μg/L）	As 含量（μg/L）	Pb 含量（μg/L）	Cu 含量（μg/L）	Cd 含量（μg/L）	Hg 含量（μg/L）	参考文献
辽东湾北部海域	2009（均值）	17.76	5.46	3.98	2.86	0.66	0.14	Zhang et al.，2017
	2009（范围）	1.20～82.80	1.92～10.10	0.60～17.20	0.70～6.20	0.10～1.40	0.01～0.59	
辽东湾	2001～2005	31.54	NA	3.21	4.34	0.995	NA	Li et al.，2008b
锦州湾	2006	30.46	NA	1.16	2.89	1.98	NA	Li et al.，2008a
锦州湾	2009	11.87	2.19	0.61	3.06	0.92	0.03	Wang et al.，2012a
渤海湾	1996～2005	43.92	NA	4.43	3.22	0.20	0.05	Mao et al.，2009
渤海湾	2007～2012	17.30～90.00	0.25～4.02	0.17～9.55	0.16～7.17	0.02～0.68	0.003～0.36	Peng，2015
莱州湾	2010	NA	1.40	0.88	15.88	0.28	0.056	Lü et al.，2015
黄河口	2009	NA	0.92	0.51	2.65	0.68	0.013	Tang et al.，2010
鹿岛	2010～2011	5.88	1.02	0.72	4.16	0.45	0.03	Zhao et al.，2013
萨罗尼科斯湾	2000～2001	4.21	NA	2.85	2.80	0.32	NA	Ladakis et al.，2007
第勒尼安海和亚得里亚海近岸	2005	9.32	NA	0.26	2.76	0.13	NA	Manfra and Accornero，2005
地中海	2008	NA	NA	3.14	1.55	0.03	NA	Rossi and Jamet，2008
地中海	2015	0.013	0.30	0.006	NA	NA	NA	El-Sorogy and Attiah，2015
孟加拉湾	2010～2011	0.10～3.55	NA	1.39	NA	0.01～0.30	NA	Srichandan et al.，2016

注：NA 表示无数据

（二）多环芳烃

辽东湾北部海域表层海水中美国国家环境保护局（USEPA）指定的16种优先控制的多环芳烃（polycyclic aromatic hydrocarbons，PAHs），包括萘（Nap）、苊烯（Acy）、苊（Ace）、芴（Fl）、菲（Phe）、蒽（Ant）、荧蒽（Flu）、芘（Pyr）、苯并[a]蒽（B[a]A）、䓛（Chr）、苯并[b]荧蒽（B[b]F）、苯并[k]荧蒽（B[k]F）、苯并[a]芘（B[a]P）、茚并[1,2,3-cd]芘（InP）、二苯并[a,h]蒽（DbA）和苯并[g,h,i]苝（二萘嵌苯）（B[ghi]P）。16种优先控制的PAHs平均含量在四个季节间差异极显著，含量由大到小的顺序为秋季［(551.91±160.19) ng/L］＞冬季［(399.59±106.44) ng/L］＞春季［(309.83±124.63) ng/L］＞夏季［(237.65±68.64) ng/L］（图3-4）。以往的研究结果表明，冬季海水中PAHs的含量高于夏季（Reddy et al.，2005）。这一变化规律可能同海水中微生物和浮游藻类在不同季节的丰度与活性有关。海水中PAHs主要依靠海水中的微生物和浮游植物降解，水温较高时，生物降解率和光合降解率增加，PAHs的降解速度加快，从而使表层海水中的PAHs含量降低。同时，夏季较高的水温能够加速PAHs的蒸发，此外，春夏季降雨量和地表径流的增加稀释了水体中的PAHs。多种因素的综合效应导致春夏季表层海水中的PAHs含量较低。

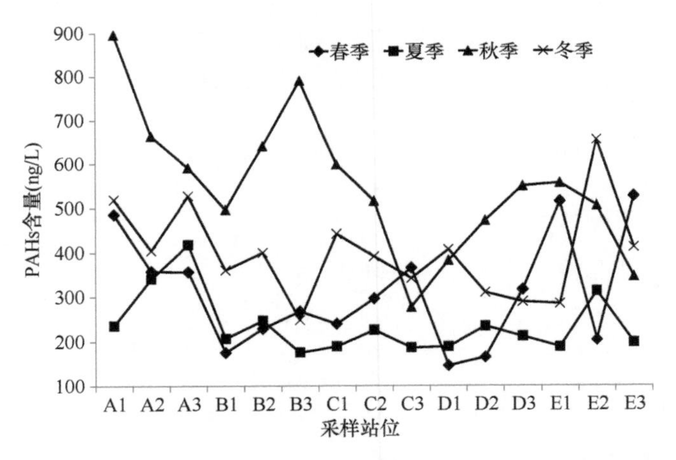

图3-4 2009年辽东湾北部海域表层海水中PAHs含量的季节变化（改自Zhang et al.，2016b）

辽东湾北部海域表层海水中PAHs的空间分布如图3-5所示。小凌河口的PAHs含量显著高于其他区域，表明该海域的PAHs富集可能是小凌河挟带的陆源污染物注入辽东湾北部海域所致。锦州是东北重要的重工业基地，位于小凌河的上游。锦州的工业废水和城市污水可能是辽东湾北部海域PAHs的主要来源之一。同世

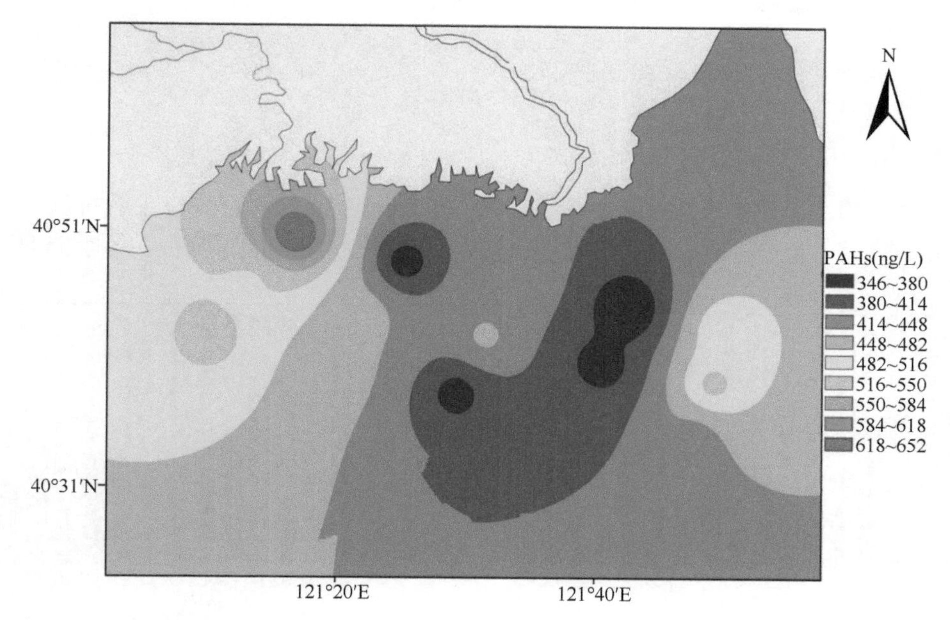

图 3-5　2009 年辽东湾北部海域表层海水中 PAHs 的空间分布（改自 Zhang et al.，2016b）

界其他海湾相比，辽东湾北部海域表层海水中 PAHs 含量低于渤海近岸、海口湾、伊兹米特湾（İzmit Körfezi）、埃莱夫西纳（Elefsina）海峡等污染较为严重的海区，但高于里耶卡（Rijeka）港口、日本海西北部海域、霍尔木兹（Hormuz）海峡、波斯湾北部海域、台湾海峡西部海域和大连近岸海域等污染较轻的海区（表 3-2）。总体来看，辽东湾北部海域表层海水中 PAHs 的含量处于中等水平。

表 3-2　辽东湾北部海域表层海水 PAHs 的含量与全球其他海域比较

监测地点	采样年份	PAHs 组分数	含量范围（ng/L）	平均含量（ng/L）	参考文献
辽东湾北部海域	2009	16	146.0～896.6	374.8	Zhang et al.，2016b
渤海近岸	2012	16	NA	3 504	Wang et al.，2013
台湾海峡西部海域	2009	16	12.3～58.0	19.8	Wu et al.，2011
伊兹米特湾	1999	16	1 160～13 680	5 570	Telli-Karakoç et al.，2002
里耶卡港口	2006	10	195～305	220	Bihari et al.，2007
埃莱夫西纳海峡	2005～2006	17	425～459	442	Valavanidis et al.，2008
波斯湾北部海域	2009	14	1.6～3.6	2.6	Mirza et al.，2012
日本海西北部海域	2010	13	4.8～6.5	5.6	Chizhova et al.，2013
霍尔木兹海峡	2011	16	3.1～5.9	4.4	Bastami et al.，2013
地中海西北部海域	2011～2012	17	4.7～151	25.9	Guigue et al.，2014
海口湾	2013～2014	14	420.2～2 539.1	1 016.3	Li et al.，2015b
大连近岸海域	2010	21	30.1～746	169	Hong et al.，2016

注：NA 表示无数据

二、沉积物中的重金属和多环芳烃

（一）重金属

辽东湾北部海域表层沉积物中重金属 Cd、Hg 和 Cu 的含量变化在不同季节间差异不显著，但 Pb、Zn 和 As 具有显著的季节变化（图 3-6）。其中，冬季的 Pb、

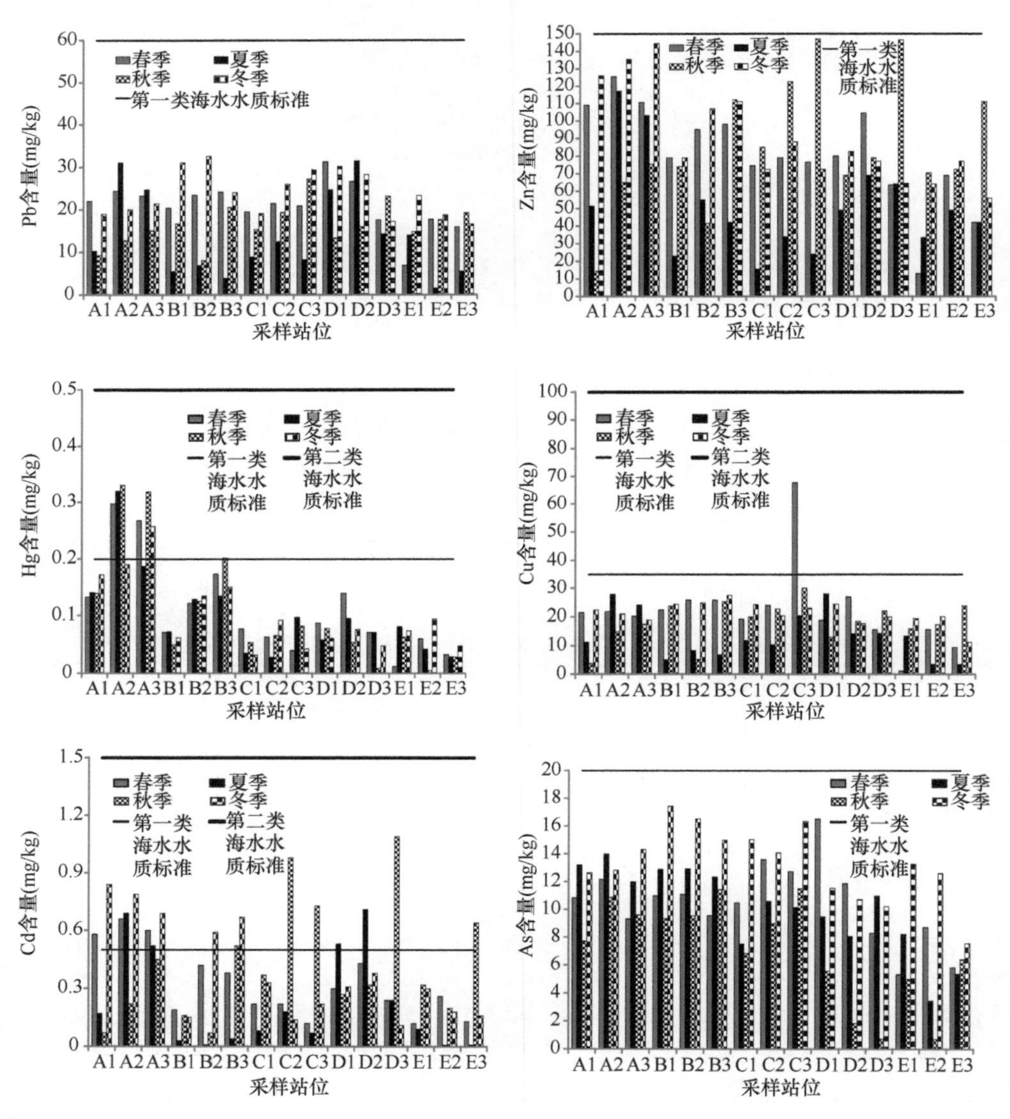

图 3-6 2009 年辽东湾北部海域表层沉积物中重金属含量的季节变化（改自 Zhang et al.，2017）

Zn 和 As 平均含量最高，春季 Cu 和 Hg 平均含量最高，而秋季 Cd 的平均含量最高。沉积物中重金属的含量差异同水体中的变化不一致，表明沉积物和表层海水对重金属的富集途径不同。

辽东湾北部海域沉积物中重金属的空间分布如图 3-7 所示。Hg、Cd 和 Zn 的分布模式相似：最高值位于海域西部的小凌河口附近，并由西向东逐渐降低。而 As 在大凌河口和小凌河口均检测到较高含量。这一分布结果表明，Hg、Cd、Zn 和 As 的分布模式可能主要同人为污水的排放有关。据相关报道，1995～2007 年，每年约有 938.6t 的含 As 污染物经由大凌河排入渤海（王焕松等，2011）。较高含量的 Pb 主要在大凌河口和双台子河口之间的辽河油田附近检测到，分析认为石油

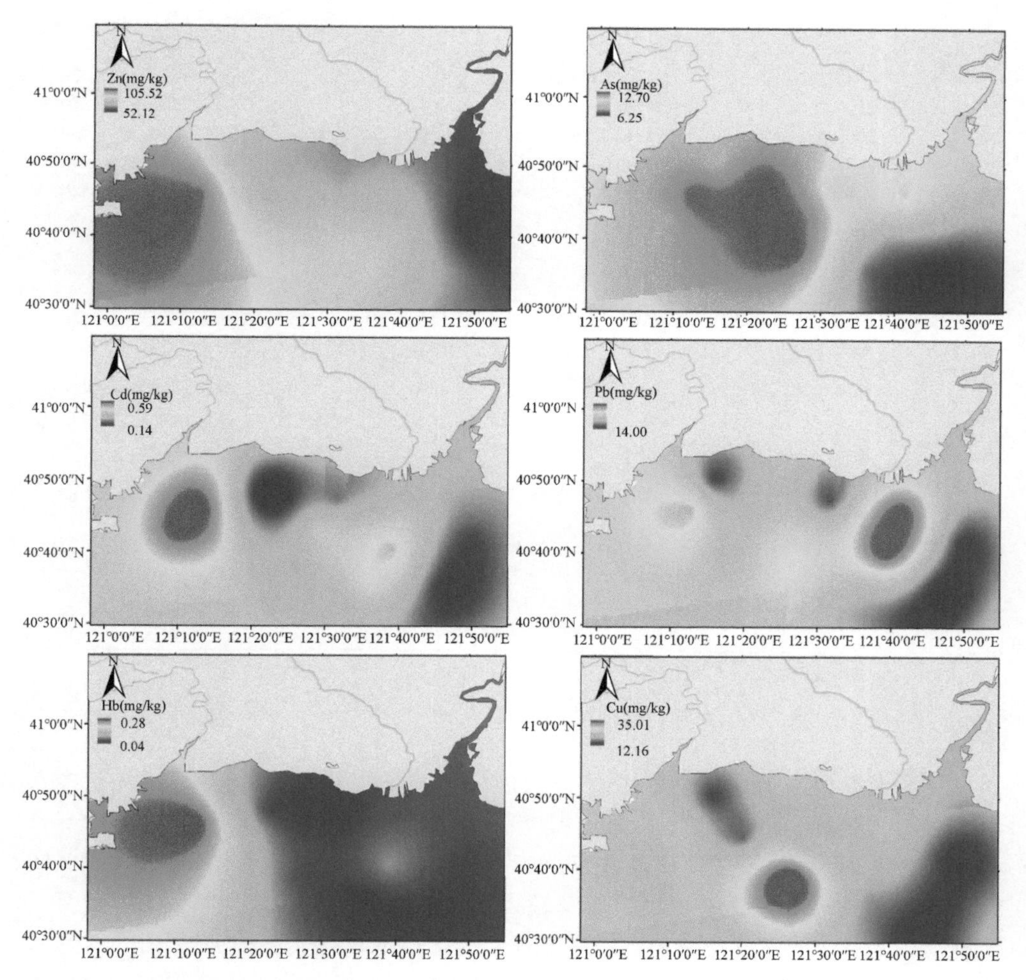

图 3-7　2009 年辽东湾北部海域沉积物中重金属的空间分布（改自 Zhang et al.，2017）

开采可能是造成辽东湾北部 Pb 含量升高的重要原因。

将辽东湾北部海域沉积物中重金属污染水平同全球其他海区进行比较（表 3-3）。结果表明，研究区域的 Pb 和 Cu 含量低于大部分其他海区，但是 Cd 和 Hg 的含量高于绝大多数其他海区。这说明 Cd 和 Hg 是辽东湾北部海域主要的重金属污染物，这一结果与对双台子河口滩涂沉积物的研究结果一致（Yang et al.，2015）。

表 3-3　2009 年辽东湾北部海域沉积物中重金属含量与全球其他海区比较

监测站位	采样年份	Zn 含量（mg/kg）	As 含量（mg/kg）	Pb 含量（mg/kg）	Cu 含量（mg/kg）	Cd 含量（mg/kg）	Hg 含量（mg/kg）	参考文献
辽东湾北部海域	2009（均值）	77.22	10.24	18.77	18.90	0.34	0.10	Zhang et al.，2017
	2009	13.0～147.0	0.7～17.45	1.6～32.6	1.2～67.7	0.01～1.09	0.01～0.33	
辽东湾南部海域	2008	71.7	8.3	31.8	19.4	NA	0.04	Hu et al.，2013b
锦州湾	2001	180～10 447	NA	29.8～1 650	27～619	2.6～488.2	14.6～41.1	范文宏等，2006
锦州湾	2006	6 419	396.5	753.2	417	NA	NA	张玉凤等，2008
渤海湾	2003	69～393	6.5～13.0	16.6～34.9	11～27	0.1～1.0	0.02～0.85	Meng et al.，2008
渤海湾	1997～2007	102.5	NA	21.2	28	0.2	0.05	Zhan et al.，2010
渤海湾	2008	73	NA	25.6	24	0.12	NA	Gao and Li，2012
渤海湾南部海域	2009	71.7	NA	21.7	22.7	0.14	NA	Hu et al.，2013a
莱州湾	2013	50.63	7.1	13.37	10.99	0.19	0.039	Zhang and Gao，2015
莱州湾	2010	NA	9.42	16.9	13.6	0.33	0.031	Lü et al.，2015
黄河口	2005	31	9.0	13.0	19.0	0.1	0.04	吴晓燕等，2007
双台子河口	2014	58.65	NA	6.89	6.50	0.50	0.01	Li et al.，2015a
长江口	2002～2009	46～159	3.0～19	16～40	7.4～57	NA	NA	Cao et al.，2015
黄渤海	2012	65.97	9.92	23.33	20.3	0.2	0.02	Xu et al.，2016
伊兹米特湾	2002	754	22.2	94.9	89.4	6.3	NA	Pekey，2006
韩国南部沿海	2010～2011	218.3	NA	48.4	53.3	0.66	109.1	Lim et al.，2013
图皮纳姆巴斯生态站	2015	9.78	2.98	3.01	1.20	NA	0.02	Hoff et al.，2015

注：NA 表示无数据

（二）多环芳烃

辽东湾北部海域沉积物中 16 种 PAHs 周年调查结果如图 3-8 所示。不同季节沉积物中 PAHs 的平均含量为 191.99～624.44ng/g dw。最高值出现在春季（1302.83ng/g dw），最低值出现在夏季（150.44 ng/g dw）。与表层海水中的 PAHs 含量变化不同，沉积物中 PAHs 含量较为稳定，四个季节间差异不显著。此外，沉积物中 PAHs 的含量与表层海水中 PAHs 的含量不具有显著相关性（$P>0.05$）。沉积物中 PAHs 含量的最高值位于最西侧的锦州湾附近，并且由西向东 PAHs 含量逐渐降低（图 3-9）。

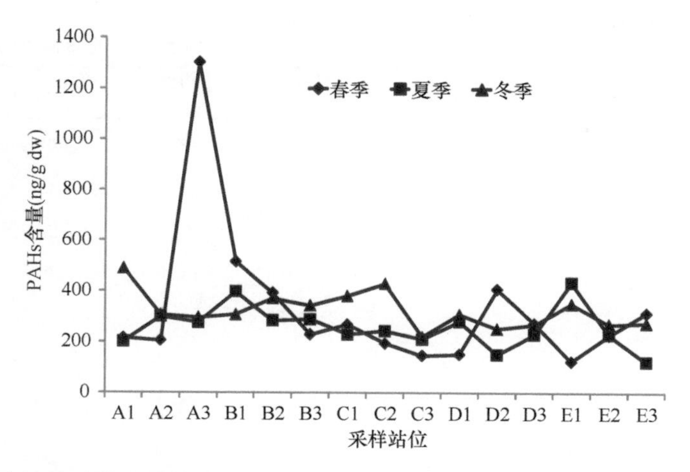

图 3-8　2009 年辽东湾北部海域沉积物中 PAHs 含量的季节变化（改自 Zhang et al.，2016b）

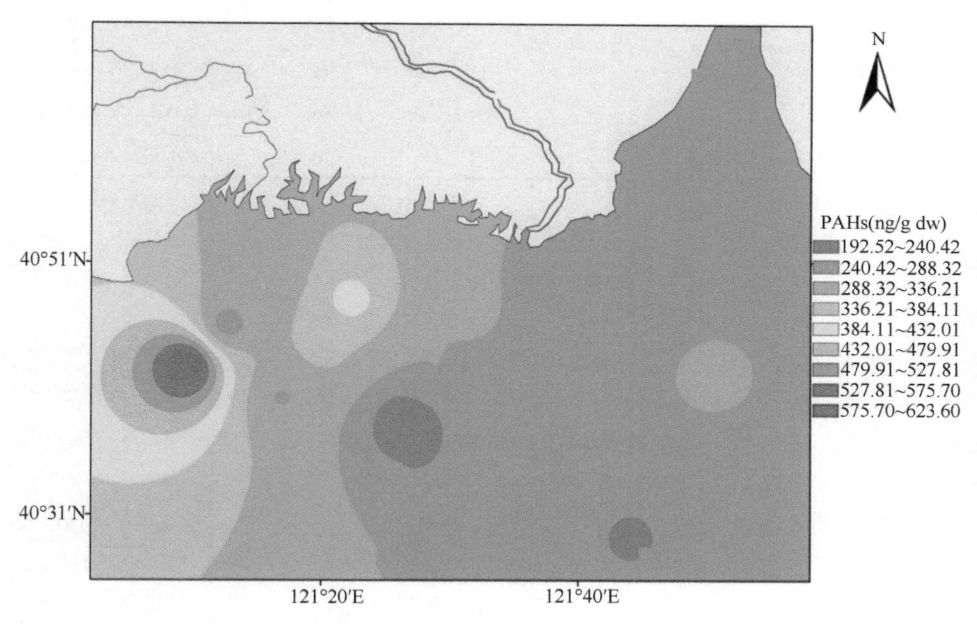

图 3-9　2009 年辽东湾北部海域沉积物中 PAHs 的空间分布（改自 Zhang et al.，2016b）

与全球其他海区相比，辽东湾北部海域沉积物中 PAHs 含量显著高于锦州湾、渤海湾和莱州湾等污染较轻的海区，但要比韩国西部海域、地中海、巴哈布兰卡（Bahia Blanca）河口、基达（Kedah）河口及巴生（Klang）河口的 PAHs 含量低（表 3-4）。一般将沉积物中 PAHs 的含量分为 4 个等级，即 0～<100ng/g dw（低）、100～<1000ng/g dw（中等）、1000～<5000ng/g dw（高）、≥5000ng/g dw（极高）。2009 年辽东湾北部海域沉积物中 PAHs 的含量处于中等水平。

表 3-4 辽东湾北部海域沉积物中 PAHs 的含量与全球其他海区比较

监测站位	采样年份	PAHs 组分数	含量范围（ng/g dw）	平均含量（ng/g dw）	参考文献
辽东湾北部海域	2009	16	192.0～624.4	304.1	Zhang et al.，2016b
辽东湾南部海域	2007	16	144.5～291.7	184.7	Hu et al.，2011a
锦州湾	2009	16	133.4～593.9	262.2	徐绍箐等，2011
渤海湾	2007	16	140.6～300.7	188.0	Hu et al.，2010
渤海湾	2010	16	12～415	140.0	黄国培等，2011
莱州湾	2006	16	23.3～292.7	134.3	Liu et al.，2009
莱州湾	2007	16	97.2～204.8	148.4	Hu et al.，2011b
黄河口	2007	16	111.3～204.8	115.8	胡宁静等，2010
韩国西部海域	2004	16	69.8～1 175.2	394.4	Cho et al.，2009
巴哈布兰卡河口	2004～2005	16	15～10 261	1024	Arias et al.，2010
地中海	2011	16	3.51～14 100	786	Barakat et al.，2011
地中海东部海域	2005～2008	16	108～26 633	NA	Botsou and Hatzianestis，2012
基达河口及巴生河口	2013	16	357.1～6 257.1	NA	Keshavarzifard et al.，2016

注：NA 表示无数据

（三）污染物来源分析

陆源排放的污染物（如持久性有机污染物和重金属）通过地表径流、大气沉降、污水排放和海水养殖活动进入海洋环境，在沉积物和生物体中富集，破坏海洋生态系统，直接危害其他生物和人类的健康。水体中的污染物受海流、降水量、浮游生物、大型藻类和水生被子植物吸附作用的影响，其含量波动较大，海水样本检测出来的污染物含量并不能客观反映海域的污染状况（Esslemont，2000）。海洋沉积物是污染物质的主要富集媒介和重要的生物栖息场所，其污染物分布特征比上覆水层更稳定，能够更加准确地指示区域环境的质量状态和趋势，因此成为评价海域环境状况的重要监测要素（李庆召等，2015）。

根据沉积物中重金属的含量分布特征，可以判断辽东湾北部海域重金属的来源。Hg、Zn 和 As 在锦州湾的含量最高，由西向东逐渐降低，表明这 3 种重金属主要来源于锦州湾的污水排放。锦州是东北重要的重工业基地，同时也是中国重要的港口之一，多年排放的工业和船舶废水在锦州湾富集，成为该区域重金属的主要来源（Wang et al.，2010）。小凌河是影响锦州市区生态环境的重要因素，承担着城市泄洪、地下水补给、沿岸农田的灌溉等重要功能，同时小凌河也接纳了锦州市城市区域的全部工业废水和生活污水。Cd 是我国近海污染较为严重的重金属之一，在小凌河口含量较高，可以推测 Cd 主要来源于锦州市区的市政污水。Pb 在双台子河口、小凌河口和大凌河口含量均比较高，特别是双台子河口含量高于其他海域。自然环境中的 Pb 主要来源于汽油、煤炭燃烧和工业过程释放。辽东湾北部海域沉积物中 Pb 分布广泛，几乎遍及整个海域，可能同生物化石燃料的燃烧有关，同时双台子河口挟带的大量污水也是该海域 Pb 的重要来源。Cu 在近岸海域含量较低，主要集中在离岸较远的海域，表明 Cu 可能来源于早期的富集。

将沉积物中 PAHs 组分中的 Ant/(Ant + Phe)、Fl/(Fl + Pyr)、Phe/Ant 和 Flu/Pyr 作为标准，判定辽东湾北部近岸海域 PAHs 的来源。当 Ant/（Ant + Phe）、Fl/（Fl + Pyr）、Phe/Ant 和 Flu/Pyr 分别＞0.1、＞0.4、＜10 和＞1 时，表明 PAHs 主要来源于热解作用，而其比值分别＜0.1、＜0.4、＞10 和＜1 时，表明其来源可能是成岩作用。辽东湾北部海域沉积物中的 Ant/（Ant + Phe）、Fl/（Fl + Pyr）、Phe/Ant 和 Flu/Pyr 分别为 0.15～0.39、0.49～0.60、2.49～5.49 和 1.01～1.48，表明研究区域的 PAHs 主要来源于热解作用。但有个别站位的 PAHs 可能来源于成岩作用，例如，靠近锦州港的 A3 站位及临近辽河油田的 C2、D2 和 E3 站位，受到行船过程汽油和柴油的排放及辽河油田开采石油过程中的原油泄漏等行为的影响，PAHs 分布特征可能是成岩作用和热解作用的综合作用形成的。整体来看，辽东湾北部海域的 PAHs 主要来源于煤炭燃烧、油田及机动船只油气泄漏。此外，辽东湾北部沿岸具有亚洲最大的芦苇湿地保护区，每年秋季有大量秸秆需经过焚烧处理，焚烧过程中也会释放出大量的 PAHs 组分并通过大气沉降和地表径流的方式富集在沉积物中。

第二节　双台子河口滩涂生境有毒有害污染物的水平及来源

辽东湾北部海域是诸多河流的入海口，因此，河口生态系统是其中最典型的生态系统。双台子河口是辽河三角洲的核心地带，具有亚洲第一大芦苇场和国家级自然保护区——双台子河口自然保护区。同时该区域也是我国重要的石油开发和著名的商品粮基地，我国第三大油田——辽河油田也分布于此，石油烃类污染物在石油勘探、开采、炼制、加工和运输过程中会以含油废水、落地原油、含油废弃泥浆等形式进入水体，对河口水体、沉积环境造成污染（罗先香等，2010）。另外，在双台子河口周围有 4 条主要入海河流，分别为双台子河、大辽河、大凌河和小凌河，每年有约 12 258t 的污染物经由这 4 条河流排放入海（刘宝林等，2010）。河流汇集处经过多年淤积形成面积约为 67 000hm^2 的双台子河口滩涂。双台子河口滩涂孕育了辽东湾北部海域重要的经济生物，如文蛤、四角蛤蜊、泥螺、双齿围沙蚕等（Zhang et al.，2016a；王金叶等，2016），因此，分析其生境中污染物的空间分布及污染水平具有重要的意义。

根据双台子河口的滩涂分布情况，分别在蛤蜊岗和盘山滩涂以垂直于水流的方向设置了 9 个和 4 个断面（图 3-10），共采集 60 个表层 5cm 沉积物样本，分析沉积物中重金属、多环芳烃、多氯联苯、内分泌干扰物及有机氯杀虫剂等污染物的含量，探讨了滩涂沉积物陆源污染物的分布状况和特征。

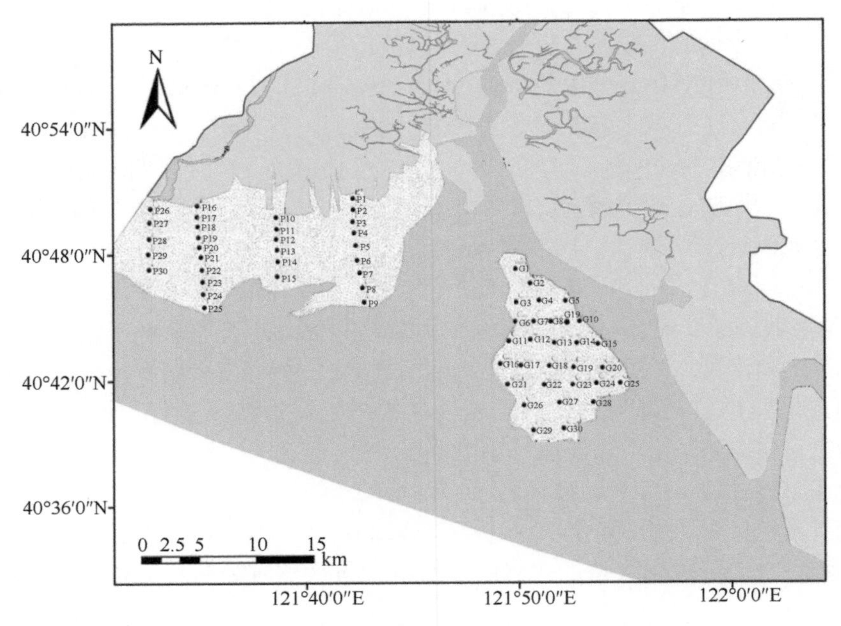

图 3-10　2009 年双台子河口滩涂调查站位（改自 Yang et al.，2015）

一、沉积物的理化特征

双台子河口滩涂表层 5cm 沉积物主要为粉砂、砂质粉砂、粉砂质砂和砂四种类型（张安国等，2014）。不同断面底质中各粒组体积分数表现出一定的差异，其中蛤蜊岗的沉积物主要类型为粉砂质砂，而盘山滩涂不同区域表现出不同的底质类型：近河口区以砂质粉砂为主，近海沿线则以粉砂质砂为主。从高潮带向低潮带方向的滩涂沉积物中砂的含量逐渐升高，而粉砂及黏土的含量逐渐降低。从高潮带向低潮带方向滩涂底质平均粒径（Mz）总体上表现为逐渐减小的趋势，平均粒径范围为 2.88～5.62phi①（图 3-11）。从高潮带向低潮带方向沉积物中有机质（organic matter，OM）含量总体上表现为降低趋势，变化范围为 1.03%～3.27%。有机质含量的分布趋势与平均粒径分布相似，沉积物有机质含量最高的站位位于

① phi=$\log_2 D$，其中 D 为沉积物的颗粒直径，单位为 mm。

靠近大凌河入海口的 P26（3.28%），并且由高潮位向低潮位逐渐降低（图 3-12）。

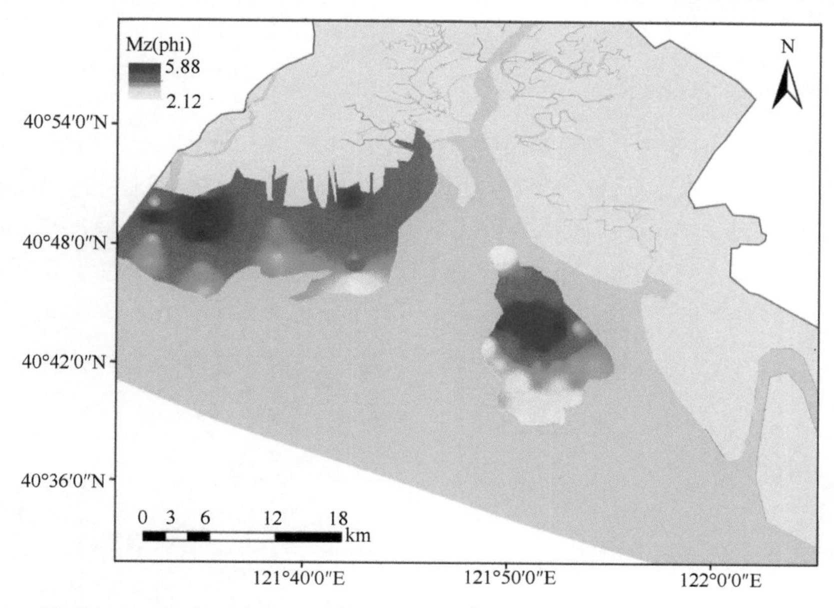

图 3-11　2009 年双台子河口滩涂平均粒径分布（改自 Yang et al.，2015）

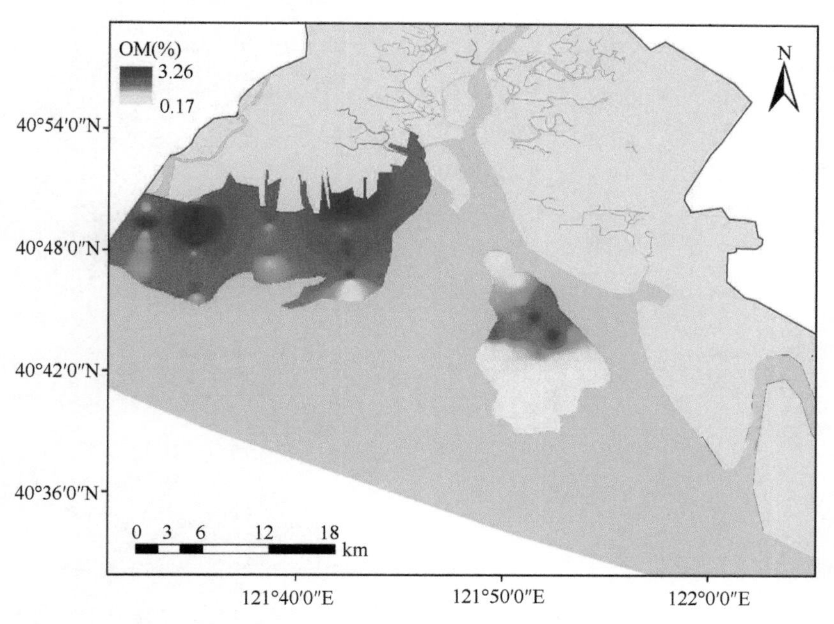

图 3-12　2009 年双台子河口滩涂有机质含量分布（改自 Yang et al.，2015）

二、沉积物中的重金属

（一）空间分布及现状水平

双台子河口滩涂表层沉积物中重金属 Cr、Co、Ni、Cu、Zn、Cd、Ti、Pb、Hg、Mn、Fe 和 Al 的平均含量分别为 30.55mg/kg、7.15mg/kg、25.20mg/kg、9.00mg/kg、55.01mg/kg、0.32mg/kg、0.70mg/kg、20.78mg/kg、0.02mg/kg、498.08mg/kg、14 359.65mg/kg 和 47 164.10mg/kg，具有明显的区域性空间分布特征（图 3-13）。重金属元素 Cu、Cd、Hg 和微量金属元素 Fe、Mn 表现出相似的分

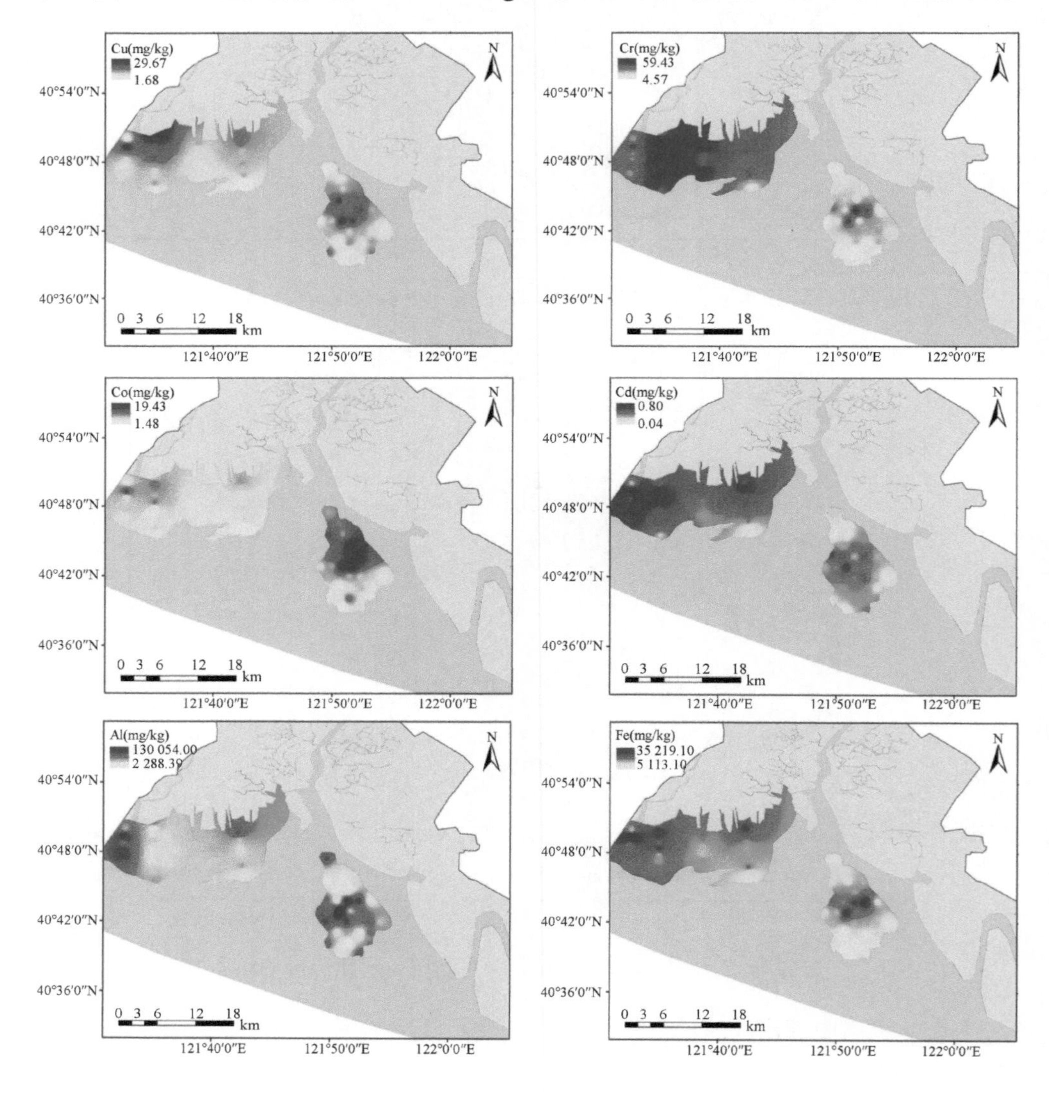

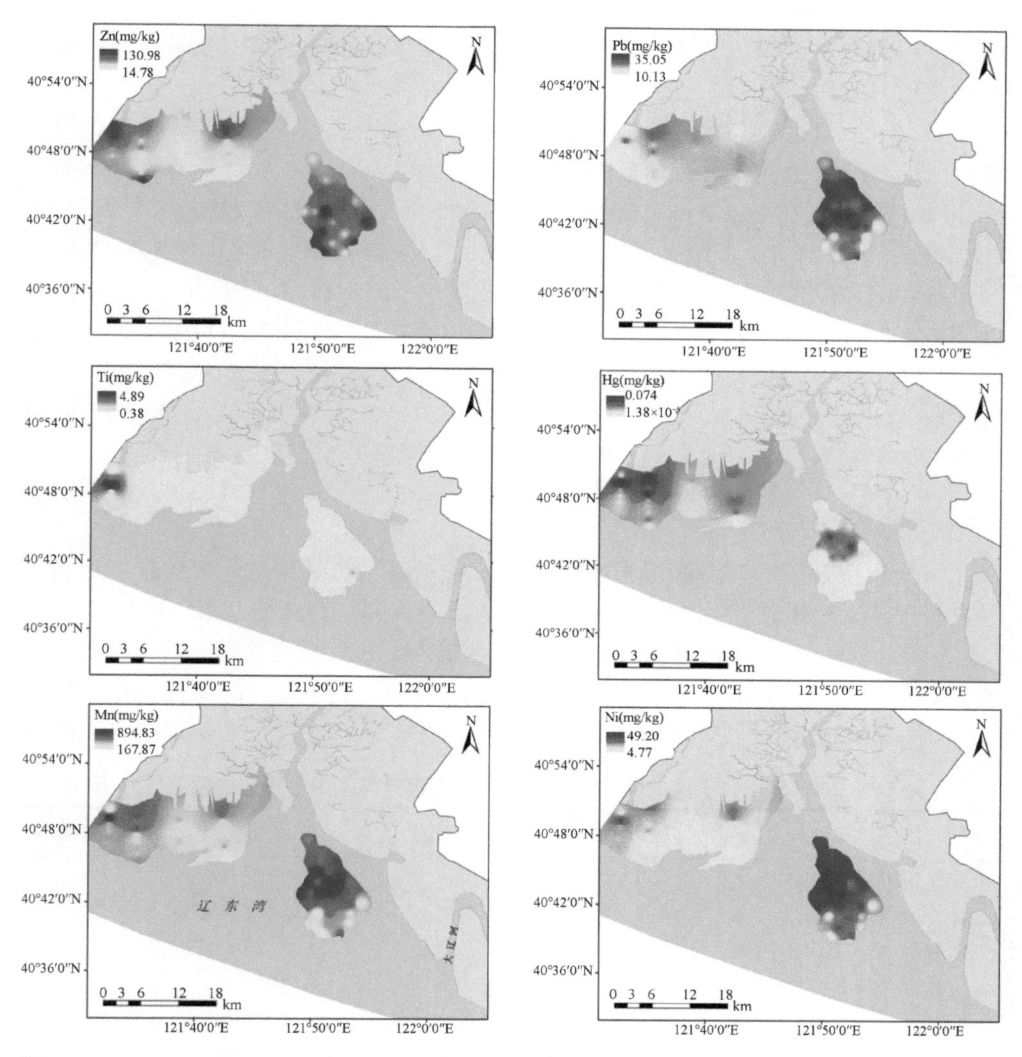

图 3-13 2009 年双台子河口滩涂表层沉积物中重金属的空间分布图（改自 Yang et al.，2015）

布特征：在盘山滩涂西部靠近大凌河入海口和蛤蜊岗北部靠近双台子河入海口的沉积物中含量较高，表明这 5 种金属元素的分布状况同陆源排放相关。Co 和 Ni 在蛤蜊岗的分布水平较盘山滩涂高，含量高值主要分布在蛤蜊岗的中部区域（高潮带），并向低潮区方向逐渐降低。Co 和 Ni 是典型的氧化还原敏感性元素，其分布模式同沉积环境特征密切相关。与 Co 和 Ni 相似，Pb 和 Zn 在蛤蜊岗的平均含量均约为盘山滩涂的 2 倍。Cd、Zn 和 Pb 是中国北方海域污染较为严重的重金属元素（李淑媛等，1995），但在双台子河口区域，Pb 的分布范围比较集中，主要分布在蛤蜊岗中部高潮区。与其他污染物的分布模式不同，Zn 在双台子河口滩涂的含量高值主要分布在低潮带，表明 Zn 的污染来源和对沉积环境条件的响应可能与其他元素相异。

双台子河口盐生湿地区域（盘山以东 10km、蛤蜊岗以西 12km 的双台子河入海口通道）沉积物重金属的分布特征已有相关报道。2013 年双台子河口沉积物中 Pb 和 Cu 的含量（Yang et al.，2015）高于 2003 年（周秀艳等，2004）和 2010 年（文梅等，2011）的调查结果，表明 Pb 和 Cu 在近 20 年中仍有不同程度的富集。与全球各河口的重金属含量对比结果显示，双台子河口滩涂沉积物中的 Cu、Hg、Pb 和 Zn 含量低于昌化江口（中国）、长江口（中国）、珠江口（中国）、Guadiana 河口（西班牙）和 Gironde 河口（法国），Cr 的含量显著低于昌化江口、长江口、珠江口、Guadiana 河口，但高于 Gironde 河口，Cd 的含量显著高于除 Gironde 河口以外的其他河口，表明 Cd 污染仍然是双台子河口的主要重金属污染。

（二）来源分析

为分析双台子河口滩涂沉积物中重金属的来源，采用 SPSS 19.0 对重金属含量进行 Pearson 相关性分析，同时分析了重金属含量、OM 含量和 Mz 的相关性（表 3-5）。结果表明，Mn 和 Ti 含量与沉积物的 Mz 具有很强的相关性，而与沉积物的 OM 含量相关性较弱，表明这两种元素的分布特征主要受沉积物自身特性限制。颗粒直径较细且 OM 含量较高的沉积物通常对重金属元素有较强的吸附或

表 3-5　2009 年双台子河口滩涂沉积物中重金属含量与沉积物特征的相关性分析

	Al 含量	Cr 含量	Mn 含量	Fe 含量	Co 含量	Ni 含量	Cu 含量	Zn 含量	Cd 含量	Ti 含量	Pb 含量	Hg 含量	OM 含量	Mz 含量
Al 含量	1.00													
Cr 含量	0.25	1.00												
Mn 含量	0.40	0.17	1.00											
Fe 含量	0.54*	0.70**	0.62*	1.00										
Co 含量	0.14	0.13	0.76**	0.56*	1.00									
Ni 含量	0.23	0.30	0.80**	0.21	0.73**	1.00								
Cu 含量	0.25	0.33	0.60*	0.65*	0.55*	0.39	1.00							
Zn 含量	0.34	0.10	0.20	0.26	0.20	0.24	0.34	1.00						
Cd 含量	0.40	0.56*	0.40	0.77**	0.33	0.09	0.51*	0.12	1.00					
Ti 含量	0.18	0.04	0.04	0.17	0.01	0.03	0.15	0.09	0.18	1.00				
Pb 含量	0.02	0.12	0.71**	0.16	0.69**	0.80**	0.39	0.01	0.06	0.07	1.00			
Hg 含量	0.15	0.58*	0.55*	0.83**	0.51*	0.13	0.60*	0.15	0.67*	0.11	0.20	1.00		
OM 含量	0.01	0.65*	0.31	0.74**	0.42*	0.05	0.46*	0.04	0.63*	0.03	0.03	0.83**	1.00	
Mz 含量	0.08	0.57*	0.58*	0.80**	0.66*	0.29	0.65*	0.24	0.58*	0.59*	0.33	0.88**	0.79**	1.00

*表示在 0.05 水平上相关性显著；**表示在 0.01 水平上相关性显著

络合能力。本研究中，Hg 含量与 OM 含量和 Mz 相关性极显著，Cr、Co 和 Cu 含量与 OM 含量和 Mz 具有显著相关性，表明上述重金属主要是由人类活动造成的。Zn 含量与 OM 含量和 Mz 均不具有显著相关性，表明 Zn 的来源和富集途径不同于 Hg、Cu 等重金属。河口海岸区的 Zn 富集主要来源于造船工业及喷绘，而双台子河口是中国北方最重要的渔业港口之一，大量渔船的建造和维护可能是造成该区域 Zn 富集的主要原因。

主成分分析（principal component analysis）被认为是探明环境中污染来源的有效方式之一。采用主成分分析对双台子河口滩涂沉积物中的重金属、微量金属元素及沉积物特性（Mz 和 OM 含量）进行分析，Kaiser-Meyer-Olkin 和 Bartlett 检验值分别为 0.812 和 876.62（df=105，P<0.01），表明主成分分析能有效地检测该区域的重金属来源（图 3-14）。主成分分析共提取 3 组主成分，对变量的解释率之和为 75.3%。其中第 1 主成分的变量解释率为 46.8%，变量贡献主要来源于 Cd、Co、Cu、Hg、OM 和 Mz。这些重金属元素含量显著高于当地的背景值，因此可以断定上述重金属主要是人为来源，特别是工业废水和城市污水排放所致。双台子河和大凌河上游分布多个重工业城市，其排放的富含重金属的污水由河流挟带至河口，并在盘山滩涂沉积物中沉积富集，形成当前的污染现状。第 2 主成分的变量解释率为 17.9%，变量贡献主要包括 Ni 和 Pb。图 3-13 表明，双台子

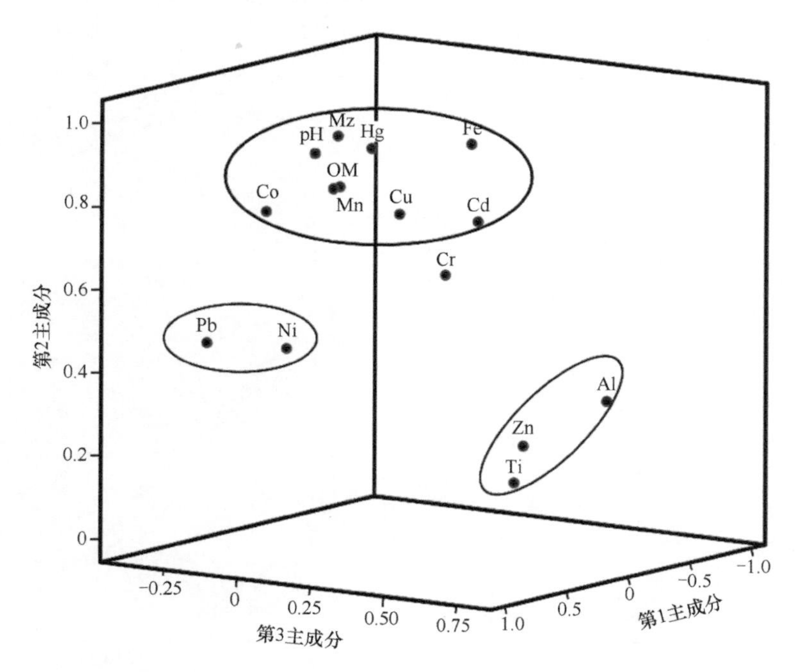

图 3-14　2009 年双台子河口重金属与沉积环境因子的主成分分析三维图（改自 Yang et al., 2015）

河口滩涂沉积物中 Pb 和 Ni 含量较低，主要分布在入海口处，受到双台子河和大辽河的共同影响。同时，双台子河口是海上石油平台分布密集区，石油采集过程中的泄漏和污染可能是造成该区域 Pb 污染较为严重的主要原因。第 3 主成分的变量解释率为 10.6%，变量贡献主要来源于 Al 和 Ti，Zn 也对第 3 主成分具有较小的贡献率。Al 和 Ti 是地质矿物质的主要金属元素，其含量及分布特征受人为活动影响较小，主要来源于地质矿物质材料的释放和沉积。Zn 受河流排放的影响较小，主要为河口区船体建造及维护过程产生，已在上文详细分析。

三、沉积物中的 PAHs

（一）空间分布及现状水平

除 InP 和 DbA 外，大多数 PAHs 在双台子河口滩涂表层沉积物的监测站位均被检测到。60 个监测站位的 PAHs 检出率高达 98.9%。

由图 3-15 可以看出，蛤蜊岗表层沉积物中 PAHs 含量的最高值出现在靠近双台子河入海口的 G2 站位；盘山滩涂表层沉积物中 PAHs 含量的最高值出现在 P16 站位，该站位靠近大凌河入海口，且周围大量分布油井、采油器械及排污口等设施。两个区域 PAHs 含量的分布特征均是从陆源河流入海口向外海逐渐降低，表明陆源排污和石油采集及泄漏可能是造成双台子河口滩涂 PAHs 分布的主要原因。

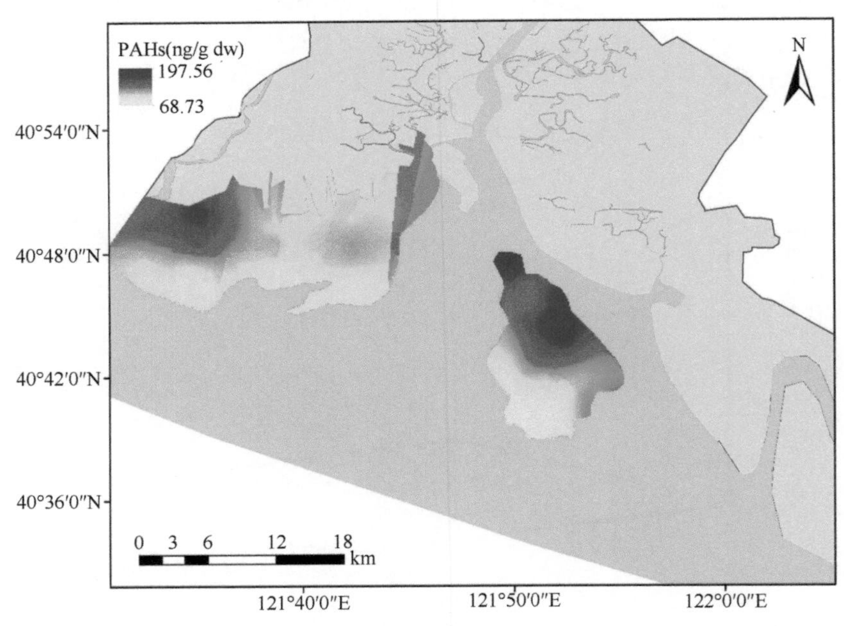

图 3-15 2009 年双台子河口滩涂表层沉积物中 PAHs 的空间分布图（改自 Yuan et al.，2017）

与国内外其他河口地区相比，双台子河口滩涂表层沉积物中的 PAHs 含量分布范围为 28.79～281.97ng/g dw，平均含量为 115.92ng/g dw，属于低—中等水平。与全球比较典型的河口和海湾相比，双台子河口滩涂表层沉积物的 PAHs 含量与墨西哥的托多斯桑托斯（Todos Santos）海湾（96ng/g dw）相近，但是却远低于部分工业化和城市化较发达的河口和海湾地区，如大辽河口（743.03ng/g dw）、珠江口（362ng/g dw）、胡格利（Hugli）河口（270.5ng/g dw）和 Gironde 河口（1400ng/g dw）等。此外，将 2013 年双台子河口滩涂的结果与同年监测的双台子河口湿地区域（盘山滩涂以东约 10km）沉积物的结果（Li et al.，2014）对比发现，湿地沉积物的 PAHs 含量显著高于滩涂沉积物，表明滨海湿地的沉积物接纳和蓄积污染物的能力更强。

（二）来源分析

有机物的不完全燃烧及成岩作用是形成 PAHs 的主要途径，PAHs 形成后通过大气沉降、直接排放和石油开采的形式释放到自然环境中（Soclo et al.，2000）。Ant/（Ant+Phe）、Flu/（Flu+Pyr）、B[a]A/（B[a]A+Chr）和 InP/（InP+B[ghi]P）可作为化石燃料燃烧类型判识指标，并能通过比值大小和分布来判别 PAHs 不同组分的来源。当 Ant/（Ant+Phe）、Flu/（Flu+Pyr）、B[a]A/（B[a]A+Chr）和 InP/（InP+B[ghi]P）分别高于 0.1、0.5、0.35 和 0.5 时，表明 PAHs 主要来源于生物体和煤炭的热解，当上述比值分别低于 0.1、0.4、0.2 和 0.2 时，则表明 PAHs 主要来源于石油泄漏。此外，当 Flu/（Flu+Pyr）、B[a]A/（B[a]A+Chr）和 InP/（InP+B[ghi]P）分别为 0.4～0.5、0.2～0.35 和 0.2～0.5 时，表明 PAHs 来源于石油燃烧。在双台子河口，Ant/（Ant + Phe）绝大多数接近 0.1，但 Flu/（Flu + Pyr）高于 0.4，表明该地区 PAHs 主要来源于石油泄漏及化石燃料热解（图 3-16a）。此外，B[ghi]P 来源于石油泄漏和化石燃料热解，而 B[a]A 主要来源于石油燃烧（图 3-16b）。

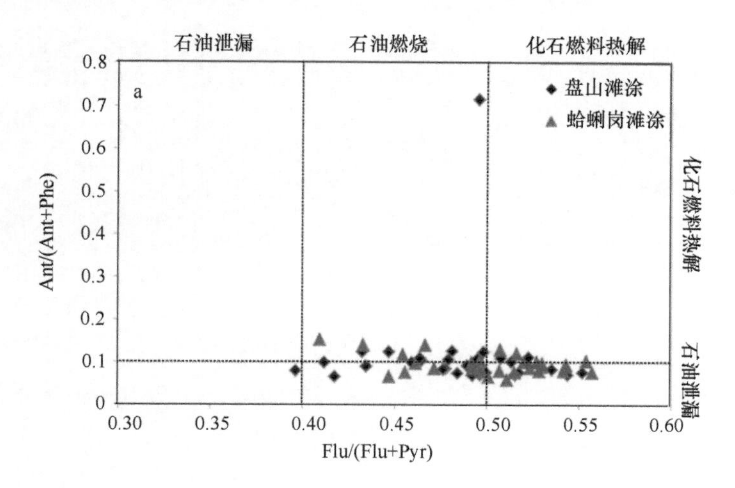

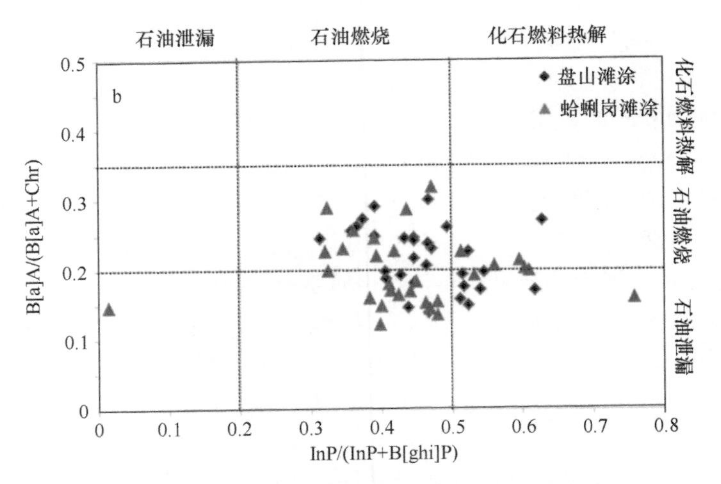

图 3-16 2009 年双台子河口滩涂沉积物中 PAHs 的来源分析（改自 Yuan et al.，2017）

PAHs 环数相对丰度也可以反映其是来自热解还是石油类污染，通常高分子量的 4 环及以上 PAHs 主要来源于化石燃料高温燃烧，低分子量（2 环和 3 环）来源于石油类污染。图 3-17 显示了沉积物中 2 环和 3 环、4 环及以上的 PAHs 化合物的分布。结果表明，低分子量组分和 4 环组分是双台子河口滩涂沉积物 PAHs 的主要构成组分，主要来源于生物和矿岩的热解过程。

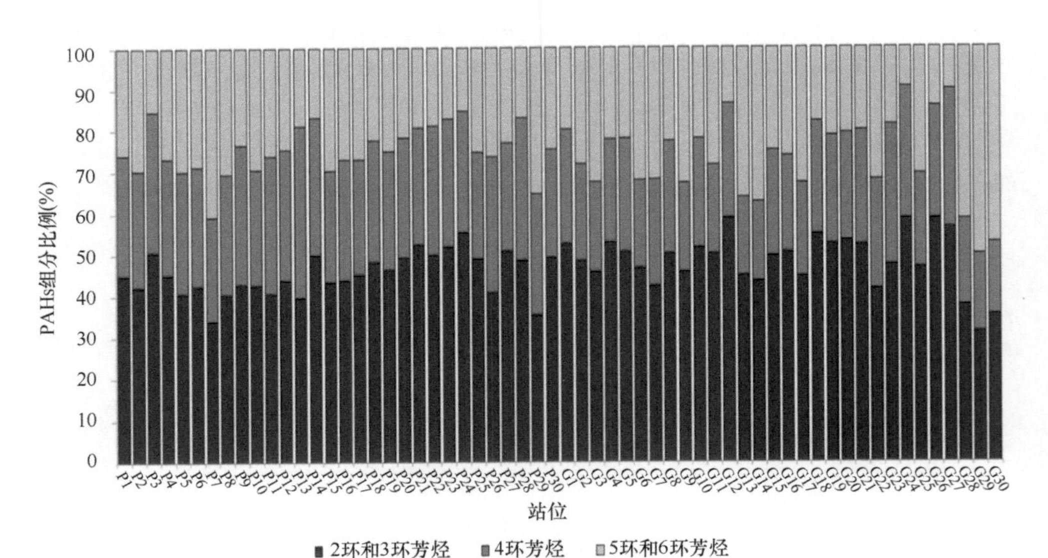

图 3-17 2009 年双台子河口滩涂沉积物中 PAHs 的组分比例（改自 Yuan et al.，2017）

四、沉积物中的多氯联苯

（一）空间分布及现状水平

双台子河口滩涂表层沉积物中 28 种多氯联苯（polychlorinated biphenyls，PCBs），包括 CB8、CB18、CB28、CB44、CB52、CB66、CB77、CB81、CB101、CB105、CB114、CB118、CB123、CB126、CB128、CB138、CB153、CB156、CB157、CB167、CB169、CB170、CB180、CB187、CB189、CB195、CB206 和 CB209 均被检测到。PCBs 含量范围为 1.83～36.68ng/g dw，平均含量为 9.59ng/g dw。总体来讲，分布在高潮带的调查站位沉积物中的 PCBs 含量较高，特别是靠近双台子河和大凌河入海口的站位，PCBs 含量要远远高于其他站位样品中的含量（图 3-18）。PCBs 由于具有难降解性、难挥发性和脂溶性等特性，易吸附在有机碳含量较高的微型颗粒上。双台子河口滩涂沉积物中 PCBs 的总量与总有机碳含量呈相似的变化趋势，暗示 PCBs 这类疏水有机物主要存在于沉积物的有机质中。

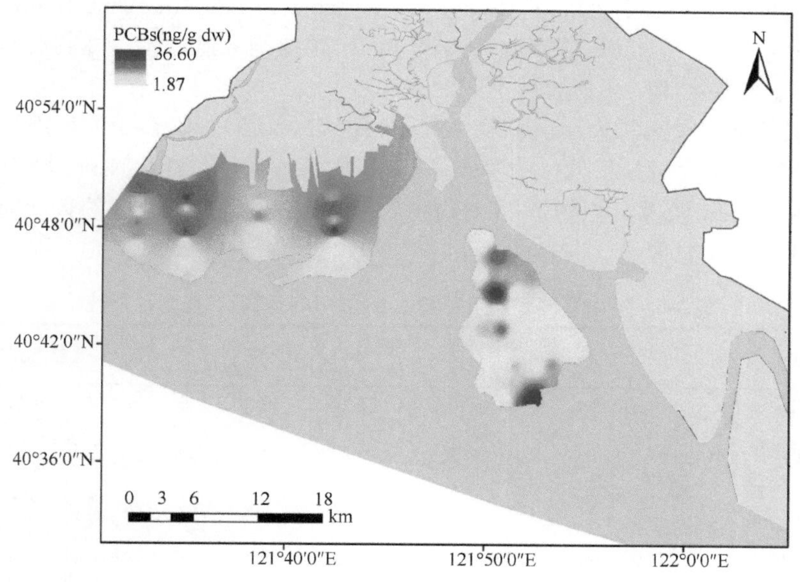

图 3-18　2009 年双台子河口滩涂表层沉积物中 PCBs 的空间分布图（改自 Yuan et al.，2015）

PCBs 是一种半疏水持久性有机污染物，PCBs 组分的溶解度和挥发性随着氯原子含量的增加而降低。因此低氯的 PCBs 同系物更易挥发到大气中，并随着大气沉降富集至沉积物中，导致沉积物中低氯的 PCBs 同系物含量增加。双台子河口滩涂沉积物中 PCBs 的组成成分如图 3-19 所示，低氯同系物（如二氯联苯和三氯联苯）是盘山滩涂和蛤蜊岗沉积物的主要 PCBs 成分，这一结果与其他区域相

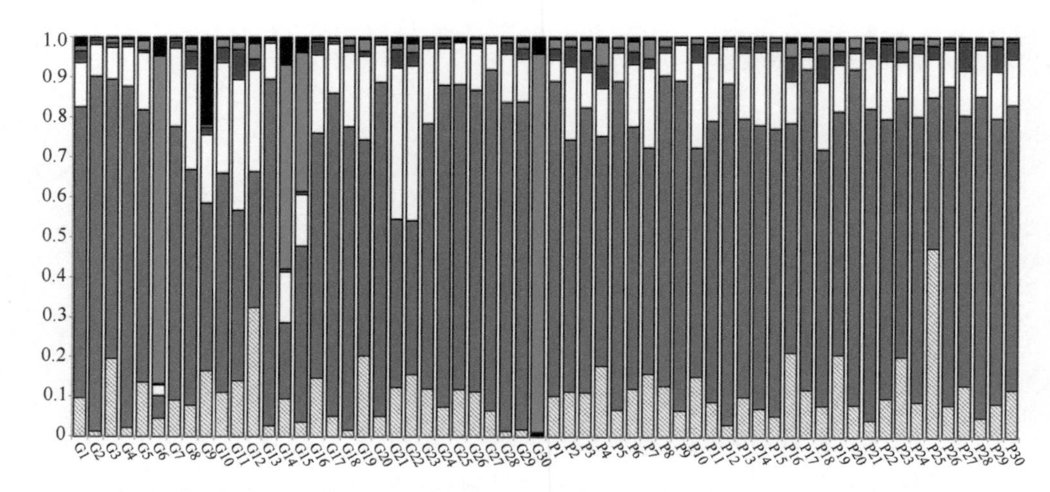

图 3-19　2009 年双台子河口滩涂表层沉积物中 PCBs 的成分组成（改自 Yuan et al.，2015）

关研究成果类似，如默西河口、海河河口（Zhao et al.，2010；Vane et al.，2007）。与大部分站位不同，G6、G14 和 G30 的 PCBs 主要是七氯联苯，表明这些站位的 PCBs 污染来源可能与其他区域不同。

与其他河口及海湾表层沉积物中的 PCBs 含量比较，双台子河口滩涂表层沉积物中的 PCBs 含量处于低—中等水平，其平均含量低于长江口、Ebro 河口、Rhone 三角洲和 Casco 海湾沉积物中 PCBs 的含量，但是显著高于邻近的大辽河口底层沉积物中 PCBs 的含量（表 3-6）。

表 3-6　不同区域表层沉积物中 PCBs 和有机氯农药含量比较

地点	采样年份	PCBs 含量（ng/g dw）	DDTs 含量（ng/g dw）	HCHs 含量（ng/g dw）	参考文献
双台子河口滩涂	2013	1.83～36.68	0.02～0.47	0.07～7.25	Yuan et al.，2015
大辽河口	2007、2005	0.83～7.29	0.5～2.81	1.86～21.48	Men et al.，2014 Wang et al.，2007
长江口	2010～2011、2007	1.86～148.2	n.d.～0.57	0.9～30.4	Gao et al.，2013 Liu et al.，2008
Ebro 河口	1995～1996	5.3～1772	0.4～52	0.001～0.038	Fernandez et al.，1999
Rhone 三角洲	1990	38～230	73～704	NA	Tolosa et al.，1995
Casco 海湾	1991	0.4～485	0.2～20	0.07～0.48	Kennicutt et al.，1994

注：n.d.表示未检出；NA 表示无数据

（二）来源分析

环境中的 PCBs 主要来自以下 3 个途径：①增塑剂中的 PCBs 挥发；②废弃物焚烧时 PCBs 蒸发；③含 PCBs 的工业液体的渗漏。我国主要生产的 PCBs 以三氯联苯与五氯联苯为主，其中三氯联苯主要用于电力电容器的浸渍剂，而五氯联苯则用作油漆、绝缘材料等工业产品的原材料（聂海峰等，2012）。此外，还有部分 PCBs 来自国外进口产品，如进口变压器油中有含量较高的 PCBs（Zhao et al.，2010）。同时由于人为因素，PCBs 泄漏现象时有发生。理论上讲，持久性有机污染物（POPs）同沉积物的物化特征［如粒度、总有机碳（TOC）、粉沙和黏土总含量（Mud）等］具有显著相关性。因此，相关性分析是探究 POPs 来源的有效工具之一。双台子河口滩涂表层沉积物中的 PCBs 同 Mz、Mud 和 TOC 不具有显著相关性（$P>0.05$），表明 PCBs 可能更多来自大气沉降，而非地表径流。由于 PCBs 具有较高的分配系数和挥发性，低氯联苯更易挥发至空气中，并吸附在悬浮颗粒物上随其沉降并富集在沉积物中。本研究同时采用主成分分析探究 PCBs 的来源，Kaiser-Meyer-Olkin 和 Bartlett 检验值分别为 0.62 和 221.37（df=105，$P<0.01$），表明主成分分析结果可信。第 1 主成分和第 2 主成分分别代表非点源沉降和点源沉降，变量解释率分别是 39.33%和 24.44%（图 3-20）。第 1 主成分主要包含二氯联苯、三氯联苯和四氯联苯等低氯联苯，低氯联苯具有较高的蒸气压，更易挥发至空气中。因此可以断定低氯联苯主要来源于增塑剂中 PCBs 的挥发及废弃物焚烧时 PCBs 的蒸发，并随着大气干湿沉降重回地表沉积物中。第 2 主成分主要包括七氯联苯、八氯联苯和九氯联苯等高氯联苯。高氯联苯的挥发性较差，主要通过地表径流等方式排入河口并富集于河口沉积物中。双台子河口滩涂沉积物中低氯联苯的含量远高于高氯联苯，因此该区域的 PCBs 主要由大气沉降所致。

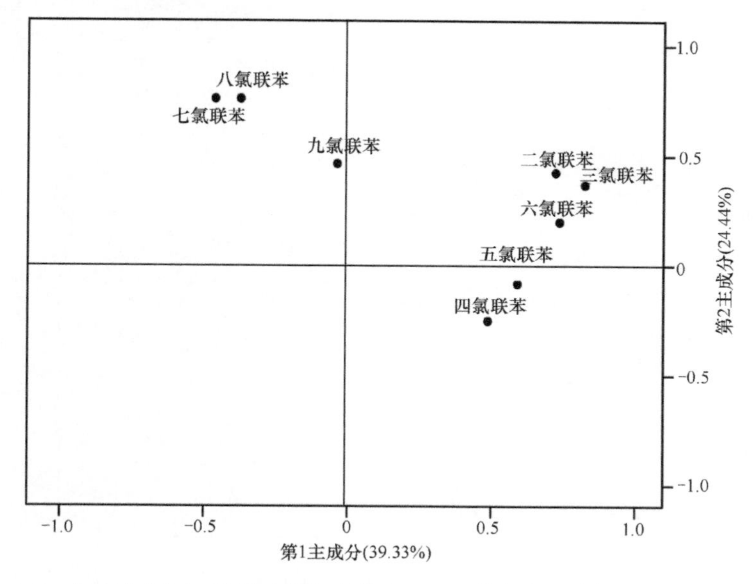

图 3-20　2009 年双台子河口滩涂表层沉积物中 PCBs 的主成分分析（Yuan et al.，2015）

五、沉积物中的内分泌干扰物

（一）空间分布及现状水平

内分泌干扰物（endocrine disrupting chemicals，EDCs）由于具有较弱的水溶性和较高的正辛醇—水分配系数，易于吸附在颗粒物中，并沉降到沉积物中。此外，它们一方面可通过沉积物的解吸、再悬浮作用重新进入水体，另一方面可通过水生生物体的富集和食物链的传递作用，在较低的浓度下对动物和人类的生殖系统造成有害影响，其污染状况引起了国际社会的广泛关注（Chen et al.，2006）。所以研究这一类化合物在沉积物中的污染水平和分布特征，对于评价其在环境中的迁移转化、归趋及生物有效性和生态环境效应等都具有重要的意义。我们对 6 种常见 EDCs[双酚 A（BPA）、辛基酚（OP）、壬基酚（NP）、对叔丁基苯酚（4-*t*-BP）、对特辛基苯酚（4-*t*-OP）及 2,4-二氯苯酚（2,4-DCP）] 在双台子河口滩涂表层沉积物中的分布特征和污染状况进行了调查。

6 种典型内分泌干扰物在双台子河口滩涂表层沉积物中的分布如图 3-21 所示。与 PAHs 和大部分重金属的分布状况不同，较高含量水平的 EDCs 主要分布于盘山滩涂东侧及蛤蜊岗南部靠近大辽河口的潮下带位置（G21、G22、G26 和 G29 站位）。整体来看，蛤蜊岗的 EDCs 含量较盘山滩涂高，但最高含量出现在盘山滩涂的 P1 站位，其含量值（126.72ng/g dw）约是最低含量值的 370 倍。

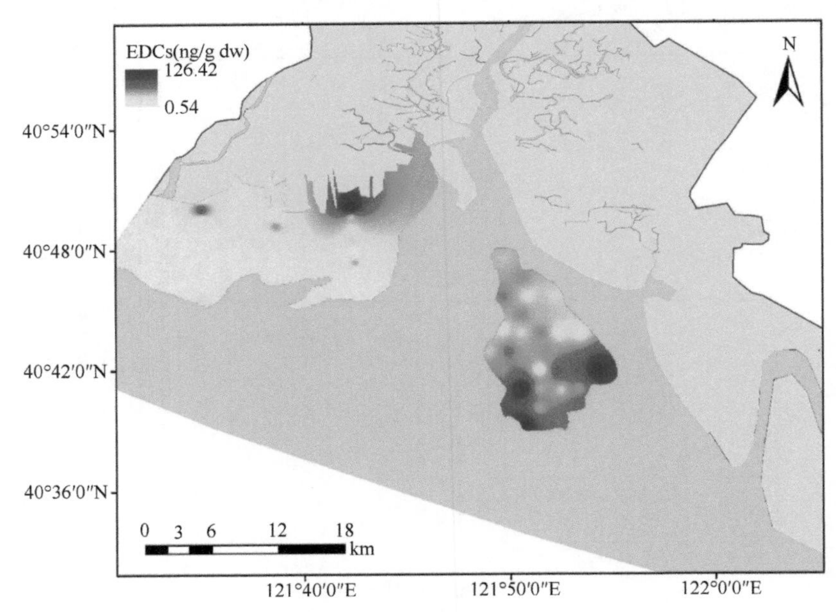

图 3-21　2009 年双台子河口滩涂表层沉积物中 EDCs 的空间分布图（改自 Yuan et al.，2015）

双台子河口滩涂表层沉积物中 EDCs 的组成成分如图 3-22 所示，BPA、4-*t*-BP 和 4-*t*-OP 作为主要组成成分，分别占检测样品含量的 30.6%、18.6%和 16.1%，其中 BPA 在各样品中的含量波动较大，其范围为 0～68.17ng/g dw（平均值为 16.66ng/g dw）。与世界其他区域沉积物中的 BPA 含量比较，双台子河口滩涂表层沉积物中 BPA 的含量略高于韩国 Masan 湾及邻近双台子河口的大辽河口。而另外两种烷基酚 NP 和 OP 在调查区域的含量较低，分别是 0～1.21ng/g dw 和 0～0.98ng/g dw，这一结果低于日本 Tokyo 湾和美国 Jamaica 湾的调查结果。

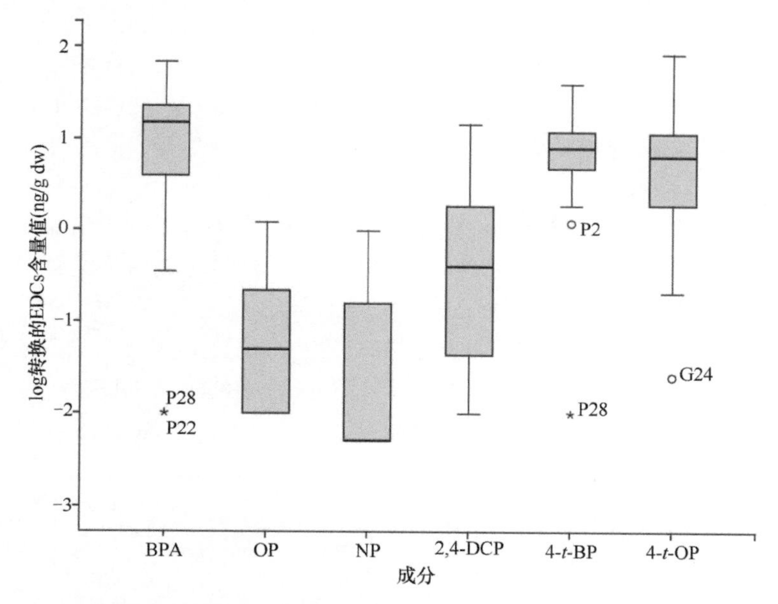

图 3-22　2009 年双台子河口滩涂表层沉积物中 EDCs 的成分组成（Yuan et al.，2015）

“*” 和 “○” 均为异常值，其中，“*” 表示超出 1/4 位数 1.5 倍的异常值；“○” 表示超出 1/4 位数 3 倍的异常值

（二）来源分析

EDCs 水溶性普遍较差（K_{ow}>4），更易吸附在沉积物中，不易被海水搬运至更远的海区，因此 EDCs 在近岸的含量要高于远海，并且更能直观显示出 EDCs 的来源。双台子河口表层沉积物中的 EDCs 主要分布在双台子河入海口和靠近大辽河入海口的滩涂区域，表明河流输入是该区域 EDCs 的主要来源。相关分析结果表明，EDCs 与 Mz、Mud 和 TOC 均不具有显著相关性（P>0.05）。在 EDCs 组分中，2,4-DCP 是杀虫剂的主要成分之一，其半衰期较短，易于降解，因此含量较低，这一结果也表明近年来 2,4-DCP 的排放在减少。高含量的 2,4-DCP 主要位于盘山滩涂以东的 P1 站位，该站位临近水产养殖区和农耕区，海参及河蟹养殖和水稻种植过程中喷洒的农药可能是 2,4-DCP 富集的重要来源之一。在有氧条件

下，NP 和 OP 比 4-*t*-OP 和 4-*t*-BP 更易被生物降解，这一特性导致 4-*t*-OP 和 4-*t*-BP 的含量显著高于 NP 和 OP。BPA 通常被作为生产聚碳酸酯产品的辅助剂，较高含量的 BPA、4-*t*-OP 和 4-*t*-BP 主要来源于双台子河上游塑料加工厂的污水排放。

六、沉积物中的有机氯农药

（一）空间分布及现状水平

我们对双台子河口滩涂表层沉积物中 18 种有机氯农药（organochlorine pesticides，OCPs）[4 种六氯环己烷（α-HCH、β-HCH、γ-HCH 和 δ-HCH）、滴滴涕（*p,p'*-DDT 和 *o,p'*-DDT）及其代谢产物（*p,p'*-DDD 和 *p,p'*-DDE）、艾氏剂、狄氏剂、异狄氏剂、七氯、环氧七氯、异狄氏剂醛、α 氯丹、γ 氯丹、硫丹 I 和硫丹 II] 进行了分析。

双台子河口滩涂表层沉积物中的 OCPs 含量范围为 0.02～14.57ng/g dw，平均含量为 7.69ng/g dw。总体来看，盘山滩涂的 OCPs 含量明显高于蛤蜊岗，最高含量出现在盘山滩涂低潮带西部的 P25 站位，而最低含量出现于蛤蜊岗的 G30 站位（图 3-23）。七氯和环氧七氯是检测样品中 OCPs 的主要成分，占 OCPs 总成分的 41.5%，在 60 个沉积物样品中均有检出（图 3-24）。HCHs 和 DDTs 也是该滩涂的主要 OCPs 成分，分别占总成分的 12.4%和 11.7%。由于 β-HCH 难以被微生物降

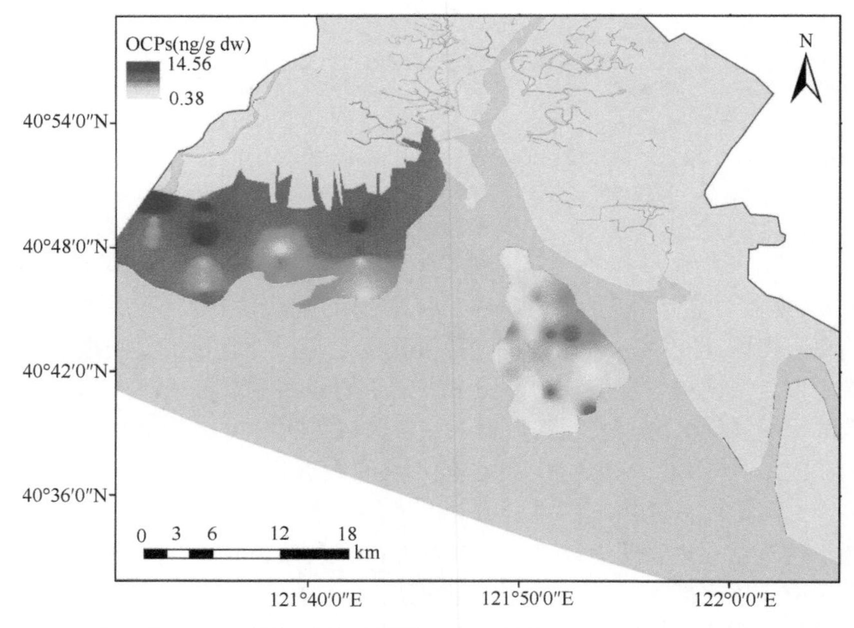

图 3-23　2009 年双台子河口滩涂表层沉积物中 OCPs 的空间分布图（改自 Yuan et al.，2015）

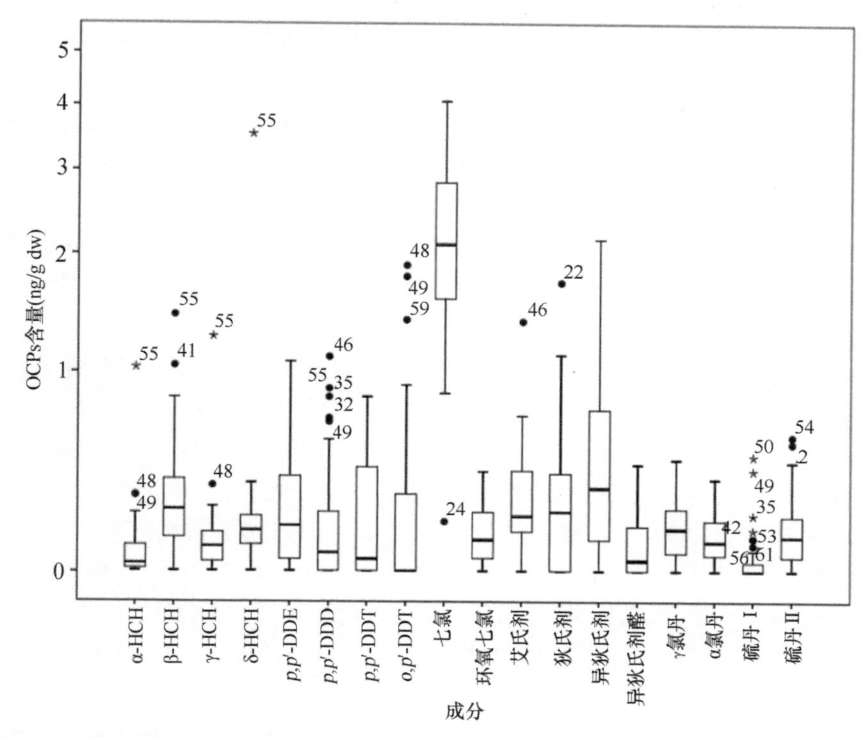

图 3-24　2009 年双台子河口滩涂表层沉积物中 OCPs 的成分组成（Yuan et al.，2015）

"*"和"●"均为异常值，其中，"*"表示超出 1/4 位数 1.5 倍的异常值；"●"表示超出 1/4 位数 3 倍的异常值

解，因此 β-HCH 的含量显著高于其他 HCHs 的含量。据报道，在 1983 年被禁止使用之前，我国生产并投入使用的六氯环己烷约有 11 400t（Li et al.，2001）。DDT 是农业生产过程中主要使用的一种农药，在自然环境中易分解成多种代谢物。双台子河口滩涂表层沉积物中的 DDTs 主要成分为 *p,p′*-DDE，其次是 *p,p′*-DDT 和 *o,p′*-DDT。其中 *p,p′*-DDT 和 *o,p′*-DDT 在蛤蜊岗均未被检出，而在盘山滩涂其含量较高，污染可能主要来源于大凌河的排放。由表 3-6 可知，双台子河口滩涂表层沉积物中 HCHs 位于中等水平，其含量低于长江口和大辽河口，高于 Ebro 河口和 Casco 海湾。

（二）来源分析

沉积物中的 OCPs 主要来源于陆源输入，农耕过程中施用的 OCPs 在土壤风化侵蚀后，随着地表径流排放至河口和近海环境中。OCPs 的两组主要成分 HCHs 和 DDTs 在双台子河口滩涂表层沉积物中均被检测到。

环境中残留的 HCHs 异构体主要有两种来源，工业品 HCHs 的制剂以 α-HCH 为主（60%～70%），同时含有少量的 β-HCH（5%～12%）、γ-HCH（10%～12%）

和 δ-HCH（3%～4%）；而农药林丹的 99%成分为 γ-HCH（Iwata et al.，1993）。由于 4 种组分异构体空间构型之间存在差异，其稳定性由大到小的顺序为 β-HCH＞δ-HCH＞α-HCH＞γ-HCH（Wu et al.，1997）。根据不同组分的比值可能探究 HCHs 的来源。本研究中，我们采用 α-HCH/γ-HCH 判定双台子河口 HCHs 各同分异构体的来源及输运途径。工业品 HCHs 的 α-HCH/γ-HCH 为 4～7，但双台子河口滩涂表层沉积物中的 α-HCH/γ-HCH 为 0.01～2.8，表明该区域的 HCHs 残留主要来源于近期林丹的使用。水产养殖是双台子河口区重要的产业之一，为保证养殖动物的正常生长，养殖过程中不可避免会使用林丹等杀虫剂。

DDTs 包括 DDT 及其衍生产物 DDD 和 DDE 等。一般在有氧条件下，DDT 会脱氯氧化形成 DDE，在厌氧条件下则脱氯还原成 DDD。相较于 DDT，其代谢产物 DDE 及 DDD 更易在环境中残留和富集。因此随着 DDT 在沉积物中残留时间的增加，DDT 的含量会减少，DDE 和 DDD 的含量会增加。一般采用（DDE+DDD）/DDT 的大小判断 DDT 在介质中的存留时间。比值小于 0.5 表明为 DDT 的近期输入，比值大于 0.5 表明为 DDT 的历史残留（Guo et al.，2009）。双台子河口滩涂大部分站位的表层沉积物样品中比值＞0.5，表明该区域的 DDT 以历史残留为主。但在盘山滩涂中潮带的 7 个站位样品比值＜0.5，暗示仍有新的 DDTs 输入。虽然在 1983 年，我国即禁止 DDTs 在农业生产中使用，但仍有部分地区在不当使用（Wong et al.，2005）。七氯及其代谢物环氧七氯是双台子河口滩涂表层沉积物中 OCPs 的主要成分。七氯是桡足类杀虫剂的主要成分，在水产养殖中广为使用，七氯在养殖生产过程中广泛滥用并由河流及雨水等地表径流挟带排放至河口，因此七氯和环氧七氯是该区域的主要 OCPs 成分。

第三节　辽东湾北部海域有毒有害污染物的生态风险评价

重金属和持久性有机污染物（persistent organic pollutants，POPs）能够通过各种环境介质（大气、水、生物体等）长距离迁移并长期存在于环境中，其由于具有长期残留性、生物蓄积性、半挥发性和高毒性等特征，对环境、生态系统和人类健康具有严重危害。根据《关于持久性有机污染物的斯德哥尔摩公约》，POPs 可分为杀虫剂、工业化学品和生产中的副产品三类，包含 PCBs、PAHs、EDCs、OCPs 等多种可能危害生物并威胁生态系统健康运行的新型污染物。重金属和 POPs 可以通过干扰生物的酶系统而妨碍生物尤其是生物幼体和胚胎的生长发育，从而影响生态系统结构，直至危害人体健康（Guardiola et al.，2015；Noreña-Barroso et al.，1999）。通过食物链的富集作用，顶级捕食性生物对重金属和 POPs 的富集甚至可达环境中的数百万倍。因此，对重金属和 POPs 的生态危害评价具有重要的现实意义。本节采用潜在生态危害指数法（Hakanson，1980）、中国国家标准及沉积物质量基准法（sediment quality guidelines，SQGs）等多种方法对辽东湾北部海域表层海水、沉积物及滩涂沉积物中的重金属和 POPs 进行潜在生态风险评价。

一、辽东湾北部海域重金属

Zhang 等（2017）依据《海水水质标准》（GB 3097—1997）评价了辽东湾北部海域表层海水的重金属潜在生态风险。结果显示，As、Cu、Cd 和 Zn 含量分别有 100%、95%、82%和 67%的站位符合第一类海水水质标准。Pb 和 Hg 含量分别有 87%和 72%的站位超过第一类海水水质标准，表明辽东湾北部海域水体中主要的重金属污染为 Pb 和 Hg 污染。

Di Toro 等（1991）采用沉积物质量基准法评价了辽东湾北部海域沉积物中重金属对水生生态系统的毒害水平（表 3-7）。结果显示，Zn、Pb 和 Cd 的含量有不低于 90%的站位低于 TEL，而大部分站位的 As 和 Cu 介于 TEL 和 PEL 之间。所有样品的 Zn、Pb、Cd 和 Cu 含量均低于 ERL，但是有 18%的站位 Hg 含量和 77%的站位 As 含量超过了 ERL，可能会对底栖生物造成不良影响。

表 3-7　基于沉积物质量基准的 2009 年辽东湾北部海域沉积物重金属生态风险评价

重金属	含量（mg/kg）				样品数百分比（%）					
	TEL	PEL	ERL	ERM	<TEL	TEL～PEL	>PEL	<ERL	ERL～ERM	>ERM
Zn	124	271	150	410	90	10	0	100	0	0
As	7.2	41.6	8.2	70	17	83	0	23	77	0
Pb	30.2	112.2	46.7	218	93	7	0	100	0	0
Cu	18.7	108.2	34	270	42	58	0	100	0	0
Cd	0.7	4.2	1.2	9.6	90	10	0	100	0	0
Hg	0.13	0.70	0.15	0.71	73	27	0	82	18	0

注：TEL 表示低限效应值；PEL 表示可能效应值；ERL 表示效应范围低值；ERM 表示效应范围中值

采用潜在生态危害指数法对双台子河口滩涂沉积物中的重金属进行生态风险评价，潜在生态危害指数的计算公式为

$$C_f^i = C^i / C_n^i\text{，}\ \mathrm{Er}^i = \mathrm{Tr}^i \cdot C_f^i\text{，}\ \mathrm{RI} = \sum_{i=1}^{m} \mathrm{Er}^i$$

式中，C_f^i、Tr^i 和 Er^i 分别表示第 i 种重金属的污染系数、毒性响应系数和潜在生态危害系数；C^i 是重金属的实测值；C_n^i 是第 i 种重金属的背景值；RI 是重金属生态风险指数。本研究的背景值根据《中国土壤元素背景值》选取，毒性响应系数采用 Hakanson（1980）的研究结果，见表 3-8。根据 Liu 等（2014）的研究结果，将重金属的潜在生态风险划分为五个等级：低风险、中等风险、较高风险、高风险和极高风险（表 3-9）。双台子河口滩涂沉积物中 10 种重金属的潜在生态危

害系数计算结果（表3-10）表明，Cr、Mn、Co、Ni、Cu、Zn、Ti和Pb的系数均小于40，属于相对较低的风险。大部分站位Hg的系数低于40，但是有个别站位系数值为40～80，属于中等风险。据周秀艳等（2004）和Sun（2007）的研究报道，重金属Cd是双台子河口滩涂沉积物中的主要污染物之一。在双台子河口滩涂，大部分站位Cd的系数已经达到较高或中等风险水平，而P26和P2站位中Cd的系数更是达到高风险水平。RI的计算结果（图3-25）表明，10个站位已经达到较高生态风险水平，这些站位大部分位于临近双台子河口或者大凌河口的高潮带区。

表3-8　2009年重金属的背景值（C_n^i）及毒性响应系数（T_r^i）

	Cu	Pb	Cd	Zn	Hg	Mn	Ni	Ti	Co	Cr
C_n^i（mg/kg）	17.82	19.8	0.1	55.9	0.03	530	24.5	0.4	15.3	53.7
T_r^i	5	5	30	1	40	1	5	1	5	2

表3-9　2009年潜在生态风险评价系数

Er^i	单一因子潜在生态风险等级	RI	潜在生态风险累积等级
$Er^i<40$	低风险	RI<95	低风险
$40\leq Er^i<80$	中等风险	95≤RI<190	中等风险
$80\leq Er^i<160$	较高风险	190≤RI<380	高风险
$160\leq Er^i<320$	高风险	RI≥380	极高风险
$Er^i\geq 320$	极高风险		

表3-10　2009年双台子河口滩涂沉积物中10种重金属的潜在生态危害系数

重金属	潜在生态危害系数		站位数			
	均值	范围	潜在生态危害系数<40	40≤潜在生态危害系数<80	80≤潜在生态危害系数<160	160≤潜在生态危害系数<320
Cr	1.14	0.17～2.22	60	0	0	0
Mn	0.94	0.32～1.70	60	0	0	0
Co	2.34	0.48～6.38	60	0	0	0
Ni	5.14	0.97～10.04	60	0	0	0
Cu	2.53	0.47～8.58	60	0	0	0
Zn	0.98	0.26～2.34	60	0	0	0
Cd	97.00	12.00～240.00	7	11	40	2
Ti	1.74	0.95～12.23	60	0	0	0
Pb	5.24	2.56～8.87	60	0	0	0
Hg	24.60	4.00～146.67	53	5	2	0

注：表中第1、2行为潜在生态危害系数，第3～6行为站位数

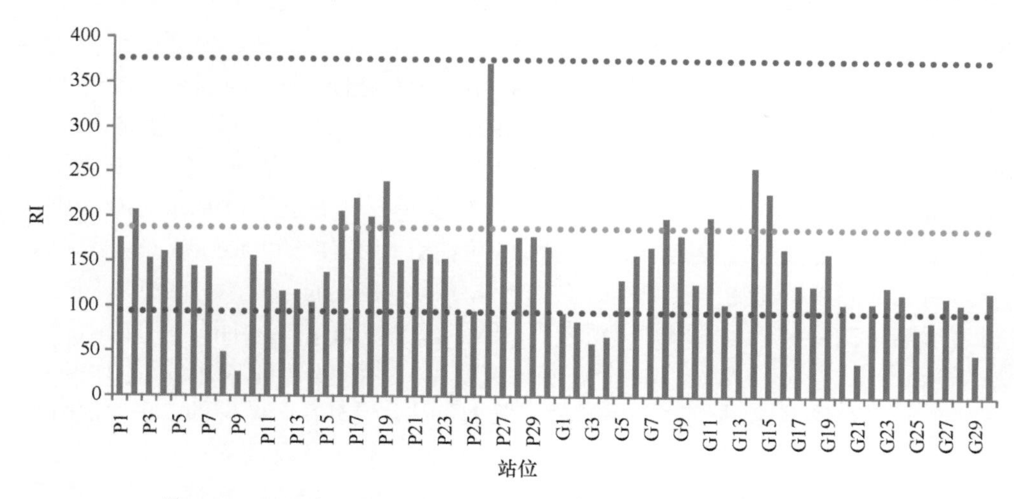

图 3-25　2009 年双台子河口滩涂沉积物重金属生态风险指数（RI）

综上所述，结合周秀艳等（2004）、Sun（2007）和 Li 等（2015a）所报道的结果，辽东湾北部海域环境的重金属含量总体处于中—低污染水平，其中 Pb、Hg 和 Cd 是辽东湾北部海域的主要重金属污染物。但有个别区域由于受到地表径流、水动力环境及地形的影响，重金属污染较为严重。Cd 污染在双台子河口近岸的滩涂区较为严重，这可能是由于悬浮颗粒和沉积物对 Cd 的吸附能力较强，迁移距离较短，因此 Cd 主要富集在河流入海口，而沉积物对 Hg 和 Pb 的吸附能力较弱，因此其迁移距离较长，在整个辽东湾北部海域的水体和沉积物中均有一定程度的富集。双台子河口东部以 Cd 污染为主，大量挟带 Cd 的生活污水和工业废水经由大辽河和双台子河排放至辽东湾，在水动力的作用下主要富集在辽东湾北部偏东海域的沉积物中，Hg 和 Pb 由于迁移能力较强，主要分布于辽东湾北部偏西海域的海水和沉积物中。其他重金属由于含量偏低，尚未对生物和整个生态系统造成严重威胁。

二、辽东湾北部海域 POPs

沉积物是污染物的源和汇。POPs 首先吸附于水体和大气中的悬浮颗粒，随着悬浮颗粒物的沉降富集在沉积物中，在合适条件下会再次从沉积物中释放进入自然环境中，导致二次危害。因此沉积物中 POPs 的含量能反映该区域的 POPs 污染状况。本研究采用加拿大和美国佛罗里达州的海洋与河口沉积物质量基准法，对辽东湾北部海域沉积物和滩涂沉积物中的 POPs 进行生态危害评价。其中，效应范围低值（ERL）定义为某一（类）化合物对生物极少产生负效应的含量指标，效应范围中值（ERM）定义为某一（类）化合物对生物经常产生负效应的含量指标，介于两者之间则表示对生物可能产生负效应。

对辽东湾北部海域沉积物和滩涂沉积物中 PAHs 的评价结果显示，双台子河口滩涂沉积物中 PAHs 的总含量低于 ERL，表明不会对生物体产生有害效应（表 3-11）。除 Fl 外，辽东湾北部海域沉积物的 PAHs 组分均低于 ERL，极少对生物产生负效应（表 3-12）。只有 A3 站位的 Fl 含量介于 ERL 和 ERM 之间，其余 14 个站位均低于 ERL，表明 A3 站位的 Fl 可能会对生物产生负效应。整体来看，辽东湾北部海域沉积物中的 PAHs 对生态系统的危害较弱，极少对底栖生物产生有害影响。在双台子河口滩涂沉积物中，除 Ace 和 Flu 外，大部分 PAHs 的组分含量低于 ERL。对于 Ace，其含量在临近双台子河入海口的 G1 站位处高于 ERL，但是低于 ERM，其余站位的 Ace 含量均低于 ERL。但有 5 个站位的 Flu 含量高于 ERL，表明 Flu 可能会对该海域的生物产生负效应。较高含量的 Flu 主要分布在大凌河口的 P16、P19 和 P26 站位及双台子河入海口的 G1 和 G11 站位，进一步佐证了 PAHs 主要源于地表径流的结论。整体来看，除个别组分外，辽东湾北部海域的 PAHs 含量较低，尚不能对生物和生态系统造成较大影响。但沿海人口不断密集化及油田开发的常规化，可能会造成更多 PAHs 的输入和富集，因此有必要加强对近岸 PAHs 的监测、管理和控制。

表 3-11　2009 年沉积物质量基准和双台子河口滩涂沉积物中 PAHs 的含量

PAHs	沉积物质量基准（mg/kg）		双台子河口滩涂沉积物中 PAHs 含量（mg/kg）		站位数	
	ERL	ERM	范围	平均值	＞ERL	＞ERM
Nap	160	2 100	0.27～28.19	2.04	0	0
Acy	16	500	0.63～4.85	1.92	0	0
Ace	44	640	0.98～44.96	6.11	1	0
Fl	600	5 100	2.26～38.47	13.34	0	0
Phe	240	1 500	4.44～83.25	30.95	0	0
Ant	853	1 100	1.15～11.19	3.29	0	0
Flu	19	540	2.80～25.03	9.97	5	0
Pyr	665	2 600	2.62～25.44	9.92	0	0
B[a]A	261	1 600	0.22～7.79	1.75	0	0
Chr	384	2 800	1.15～18.15	6.39	0	0
B[b]F	320	1 880	1.09～31.91	8.84	0	0
B[k]F	280	1 620	0.66～9.78	3.61	0	0
B[a]P	430	1 600	0.43～7.93	2.10	0	0
InP	/	/	0～7.70	3.05	0	0
DbA	63.4	260	0～25.81	8.73	0	0
B[ghi]P	430	1 600	0.17～12.85	3.91	0	0
∑PAHs	4 022	44 792	104.8～1857	434.70	0	0

注："/" 表示该组分无对应的 ERL 值和 ERM 值

表 3-12　2009 年沉积物质量基准和辽东湾北部海域沉积物中 PAHs 的含量

PAHs	辽东湾北部海域沉积物中 PAHs 含量（mg/kg）		沉积物质量基准（mg/kg）		站位		
	范围	平均值	ERL	ERM	<ERL	ERL～ERM	>ERM
Nap	50.45～94.43	68.78	160	2100	所有站位	/	/
Ace	1.21～2.63	1.82	44	640	所有站位	/	/
Acy	3.61～7.09	4.61	16	500	所有站位	/	/
Fl	7.91～324.35	31.72	19	540	A1、A2、B1、B2、B3、C1、C2、C3、D1、D2、D3、E1、E2、E3	A3	/
Phe	20.99～36.20	28.31	240	1500	所有站位	/	/
Ant	4.18～63.92	13.24	853	1100	所有站位	/	/
Flu	22.82～59.95	36.16	600	5100	所有站位	/	/
Pyr	17.56～40.40	27.62	665	2600	所有站位	/	/
B[a]A	7.47～21.00	12.19	261	1600	所有站位	/	/
Chr	6.89～22.67	14.00	384	2800	所有站位	/	/
B[b]F	17.25～38.59	25.18	320	1800	所有站位	/	/
B[k]F	4.74～12.58	8.65	280	1620	所有站位	/	/
B[a]P	6.32～17.77	9.57	430	1600	所有站位	/	/
InP	6.74～23.24	11.52	/	/	—	/	/
DbA	0.86～3.96	1.80	63.40	260	所有站位	/	/
B[ghi]P	4.81～14.84	8.94	430	1600	所有站位	/	/

注："/" 表示该组分无对应的 ERL 值和 ERM 值；"—" 表示没有站位在此区间

对双台子河口滩涂沉积物中 PCBs 和 OCPs 的评价结果见表 3-13。*p,p'*-DDE、*p,p'*-DDD 和 *p,p'*-DDT 的含量均低于 ERL 和 TEL，仅有 2 个站位的 PCBs 含量高于 TEL，其余站位的 PCBs 含量均低于 ERL 和 TEL，表明极少对生物产生负效应。但位于盘山滩涂高潮带的 7 个站位的总 DDTs 含量要高于 ERL，但低于 ERM，表明总 DDTs 可能会对生物造成生态危害。在这些有机污染物中，氯丹（CHLs）的污染程度最高，有 12 个站位的 CHLs 含量高于 ERL，表明 CHLs 可能会对该海域的生物造成危害，应予以重点关注。

表 3-13　2009 年沉积物质量基准和双台子河口滩涂沉积物中 PCBs 和 OCPs 的含量

组分	沉积物质量基准（mg/kg）				双台子河口滩涂沉积物中 PCBs 和 OCPs 含量（mg/kg）	站位数			
	ERL	ERM	TEL	PEL		<ERL	ERL～ERM	<TEL	TEL～PEL
∑PCBs	50	400	21.5	189	1.83～36.7	60	0	58	2
∑DDTs	1.58	46.1	3.89	51.7	0.02～2.38	53	7	60	0
p,p'-DDE	2.2	27	2.07	374	n.d.～1.08	60	0	60	0
p,p'-DDD	2	20	1.22	7.81	n.d.～1.11	60	0	60	0
p,p'-DDT	1	7	1.19	4.77	n.d.～0.84	60	0	60	0
CHLs	0.5	6	2.26	4.79	0.01～0.86	48	12	60	0

注：n.d.表示未检出

目前尚没有专门的沉积物质量基准法针对 EDCs 进行生态风险评价，我们采用风险熵（risk quotient，RQ）对 NP、4-*t*-OP 和 BPA 的生态风险进行定量化表征。风险熵的计算方法定义为：预测环境浓度（PEC）与预测无效应浓度（PNEC）的比值（Stasinakis et al.，2008）。对于水体中的污染物，当 0.1≤RQ＜1.0 时，需要引起注意；当 RQ≥1.0 时，需要采取相应的风险削减措施。对于沉积物中的污染物，如污染物满足 $3 \leq \log K_{ow} < 5$（K_{ow} 为正辛醇-水分配系数），RQ 与 1 进行比较；$\log K_{ow} \geq 5$ 的物质，RQ 与 10 进行比较，这是由于 $\log K_{ow} \geq 5$ 的物质被沉积物吸附的作用较强，对生物的危害降低，因此可适当放宽其评价标准。而 $\log K_{ow} \leq 3$ 的物质不易吸附于沉积物中，因此可不予考虑。在本研究中，PEC 是沉积物中 EDCs 组分的实测浓度，而 PNEC 根据已报道的急性或慢性毒理实验获得；NP、4-*t*-OP 和 BPA 的 PNEC 分别取 39.0ng/g、7.40ng/g 和 46ng/g。结果显示，NP 在各站位的 RQ 均＜0.1，对生物的危害风险低；有 73%的站位沉积物中 4-*t*-OP 的 RQ＞0.1，甚至有 48%的站位沉积物中 4-*t*-OP 的 RQ＞1，说明已存在较大的生态风险；BPA 在 95%的站位中 RQ＞0.1，5%的站位甚至超过 1，说明已存在潜在生态风险。综合来看，辽东湾北部海域的沉积物中 EDCs 处于中等风险水平，可能会对当地的生物产生危害，需采取河道治理、生活生产污水减排等风险削减措施。

第四节　辽东湾北部海域重金属和多环芳烃对文蛤及双齿围沙蚕早期发育的影响

辽东湾北部海域拥有我国北方最典型的河口生态系统，孕育着如文蛤、双齿围沙蚕等重要经济生物。由于埋栖性贝类和多毛类迁移能力较弱，其群体的补充只能靠幼虫的扩散完成。因此，任何对其幼虫干扰的环境污染都能对某一区域的种群动态产生长期的影响。环境中的有毒有害物质对埋栖性海洋生物的幼虫补充和种群动态的影响不能忽视。在某些河口区，污染物浓度过高可能会造成幼虫的大量死亡；而在大部分海域，污染物浓度通常达不到幼虫的致死浓度，但却会影响幼虫的生长，从而延迟其发育过程，幼虫成活率的微小变化可能对种群的补充产生巨大的影响（Calabrese et al.，1973）。当前辽东湾北部海域，特别是与幼虫发育和生长密切相关的海水介质中，有毒有害污染物如重金属和多环芳烃的污染是否对这些重要经济动物的早期发育产生影响，继而影响幼虫的补充和群体动态变化？是一个值得我们特别关注的区域生态学问题。因此，评价辽东湾北部海域环境中重金属和多环芳烃等有毒有害污染物对该海域重要经济生物——文蛤和双齿围沙蚕的幼虫补充及种群动态的潜在影响，具有现实的意义。

一、重金属和多环芳烃对文蛤早期发育的影响

（一）重金属对文蛤早期发育的影响

Wang 等（2009）选择 Pb、Cd 及 Hg 作为重金属污染的代表，研究了这 3 种重金属对文蛤早期发育的影响。3 种重金属 Pb、Cd 及 Hg 对文蛤胚胎发育、幼虫存活、生长和附着变态的半效应浓度（EC_{50}）与半致死浓度（LC_{50}）见表 3-14。Hg^{2+}、Cd^{2+}和 Pb^{2+}对文蛤胚胎发育的 EC_{50} 分别为 5.4μg/L、1014μg/L 和 297μg/L。根据 EC_{50}，Hg^{2+}对文蛤胚胎发育的毒性是 Pb^{2+}的 55 倍，约是 Cd^{2+}的 188 倍。因此 3 种重金属对文蛤胚胎发育的毒性从大到小的顺序为 Hg^{2+}＞Pb^{2+}＞Cd^{2+}。Hg^{2+}、Cd^{2+}和 Pb^{2+}对文蛤幼虫 96h 的 LC_{50} 分别为 14.0μg/L、68μg/L 和 353μg/L。根据 LC_{50}，Hg^{2+}对文蛤幼虫的致死毒性大概是 Cd^{2+}的 4.9 倍，是 Pb^{2+}的 25 倍。Hg^{2+}、Cd^{2+}和 Pb^{2+}对文蛤幼虫生长的 EC_{50} 分别为 13.3μg/L、84μg/L 和 199μg/L。与胚胎期的毒性相似，Hg^{2+}对文蛤幼虫的生长抑制作用最强，高于 Pb^{2+}和 Cd^{2+}。Hg^{2+}、Cd^{2+}和 Pb^{2+}对文蛤壳顶幼虫附着变态的 EC_{50} 分别为 234.6μg/L、131μg/L 和 7160μg/L 以上。

表 3-14　2009 年 Hg^{2+}、Cd^{2+}和 Pb^{2+}对文蛤胚胎发育及幼虫的存活、生长和附着变态的 EC_{50} 和 LC_{50}（Wang et al.，2009）　（单位：μg/L）

	胚胎发育 EC_{50}	幼虫 96h LC_{50}	幼虫生长 EC_{50}	壳顶幼虫附着变态 EC_{50}
Hg^{2+}	5.4	14.0	13.3	234.6
Cd^{2+}	1014	68	84	131
Pb^{2+}	297	353	199	＞7160

综合上述研究结果，对 3 种重金属而言，Hg^{2+}对文蛤早期发育的毒性最强，Pb^{2+}次之，Cd^{2+}的毒性作用最弱。从整个发育阶段看，除 Cd^{2+}外，文蛤胚胎明显对重金属污染最敏感，幼虫次之，其死亡和生长较为敏感，而附着变态期对重金属污染最不敏感。

（二）多环芳烃对文蛤早期发育的影响

Wang 等（2012b）选择已在生态毒理学领域被广泛研究的 B[a]P 作为多环芳烃的代表，研究了 B[a]P 对文蛤胚胎发育及幼虫的存活、生长和附着变态等的影响，其 EC_{50}、LC_{50} 见表 3-15。研究结果表明，B[a]P 对文蛤的胚胎发育和幼虫生长具有较低的毒性，二者的 EC_{50} 均超过 596μg/L。从实验结果来看，B[a]P 对文蛤胚胎发育的毒性小于对幼虫生长的毒性。不过，B[a]P 对文蛤 D 形幼虫的存活和附着变态的毒性较强，D 形幼虫 96h LC_{50} 为 156μg/L，而附着变态的 EC_{50} 为 20μg/L。可见，在所有检测终点中，文蛤 D 形幼虫的附着变态对 B[a]P 胁迫最为

敏感，因而附着变态也最适合用于评估 B[a]P 对文蛤整个幼虫阶段（不包括担轮幼虫期）的毒性影响。

表 3-15　2009 年 B[a]P 对文蛤胚胎发育及幼虫的存活、生长和附着变态的 EC_{50} 和 LC_{50}
（Wang et al.，2012b）　　（单位：μg/L）

	胚胎发育 EC_{50}	幼虫 96h LC_{50}	幼虫生长 EC_{50}	D 形幼虫附着变态 EC_{50}
B[a]P	＞596	156	＞596	20

二、重金属和多环芳烃复合污染对双齿围沙蚕早期发育的影响

双齿围沙蚕在幼体发育过程中，膜内 3 刚节幼虫破膜后称为 3 刚节疣足幼虫，3 刚节疣足幼虫虽然仍以卵黄油球为营养，但消化道已隐约可见（杨德渐和孙瑞平，1988）。此期是由内源营养转化为外源营养、由浮游生活向底栖匍匐生活过渡的关键时期之一，而营底栖生活的海洋生物的附着变态期可能最适用于评估有毒有害污染物对几乎整个幼虫阶段的毒性（Wang et al.，2012b）。另外，当下国内外对多毛类的生态毒理学效应研究中，以重金属或多环芳烃单一污染胁迫下的研究居多，而二者复合污染胁迫下多毛类生态毒理效应的报道较少（宋莹莹等，2011）。在现实的海洋环境中，各种污染物都是以复合形式存在的，而复合污染的毒性大小和作用机理远比单一污染复杂，因此复合污染对重要海洋经济生物早期发育的影响更值得关注。

我们以镉（Cd^{2+}）和 B[a]P 分别作为重金属和多环芳烃的代表污染物，进行了二者单一及复合污染对双齿围沙蚕 3 刚节疣足幼虫发育影响的 72h 急性毒性试验，分析了 Cd^{2+}和 B[a]P 单一及复合污染对双齿围沙蚕 3 刚节疣足幼虫发育的影响（图 3-26）（宋莹莹等，2011），可为评估我国海湾和河口区域多环芳烃与重金属污染对海洋底栖多毛类早期发育和幼虫补充的影响提供基础资料。研究结果表明，单一污染胁迫下，Cd^{2+}对双齿围沙蚕 3 刚节疣足幼虫的毒性作用不显著，而 B[a]P 对双齿围沙蚕 3 刚节疣足幼虫的毒性作用显著，致畸效应明显；双齿围沙蚕 3 刚节疣足幼虫非正常发育的 Cd^{2+}和 B[a]P 72h EC_{50} 分别为 125.03μg/L 和 13.3g/L。复合污染胁迫下，幼虫发育受低浓度 B[a]P+Cd^{2+}组［（0.5+5）μg/L、（0.5+50）μg/L、（5+5）μg/L、（5+50）μg/L］的影响较小，复合毒性以拮抗作用为主；但受高浓度 Cd^{2+}+B[a]P 组［（50+500）μg/L、（50+2000）μg/L、（500+500）μg/L、（500+2000）μg/L］的影响显著增大，复合毒性表现为协同作用（表 3-16）。

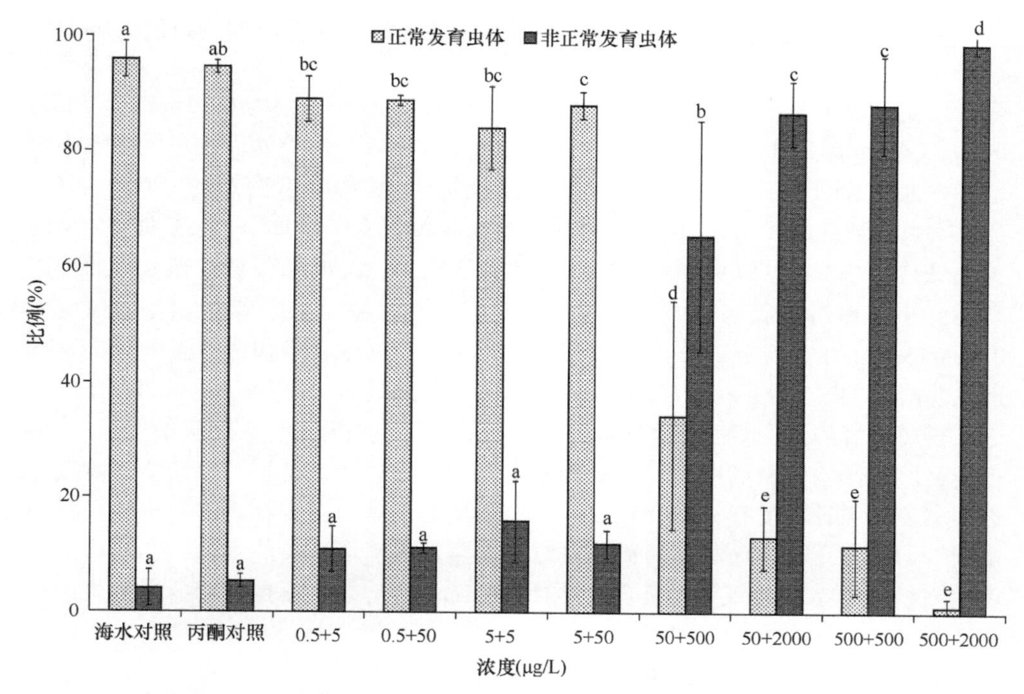

图 3-26　2009 年 B[a]P 与 Cd^{2+}复合污染毒性对双齿围沙蚕 3 刚节疣足幼虫发育的影响（宋莹莹等，2011）

浓度组合数据均为 B[a]P 浓度+Cd^{2+}浓度

表 3-16　2009 年单一及复合污染条件下 B[a]P、Cd^{2+}对双齿围沙蚕 3 刚节疣足幼虫发育影响的比较（宋莹莹等，2011）

B[a]P		Cd^{2+}		B[a]P+Cd^{2+}		复合毒性作用
浓度（μg/L）	非正常发育率（%）	浓度（μg/L）	非正常发育率（%）	浓度（μg/L）	非正常发育率（%）	
0.5	14.3	5	11.2	0.5+5	10.9	拮抗
0.5	14.3	50	13.0	0.5+50	11.1	拮抗
5	16.0	5	11.2	5+5	15.8	独立
5	16.0	50	13.0	5+50	11.9	拮抗
50	36.4	500	13.3	50+500	65.6	协同
50	36.4	2000	17.7	50+2000	86.9	协同
500	69.3	500	13.3	500+500	88.4	协同
500	69.3	2000	17.7	500+2000	99.0	协同

三、辽东湾北部海域重金属和多环芳烃对文蛤和双齿围沙蚕早期发育的影响评价

辽东湾北部海域海水中重金属 Pb、Cd 和 Hg 的水平分别为 0.60～17.20μg/L、0.10～1.40μg/L 和 0.01～0.59μg/L（Zhang et al.，2017），仍处于生态风险较小的范围，也远低于文蛤胚胎发育及幼虫的存活、生长和附着变态的 EC_{50}、LC_{50}（表 3-14）（Wang et al.，2009），双齿围沙蚕早期发育关键环节——3 刚节疣足幼虫的 EC_{50}（宋莹莹等，2011），表明文蛤和双齿围沙蚕的幼虫补充和未来的种群动态受重金属污染影响较低。同样，辽东湾北部海域海水中苯并[a]芘的浓度为 0.26～18.22ng/L（Zhang et al.，2016b），也不会对文蛤及双齿围沙蚕的早期发育产生明显影响（Wang et al.，2012b；宋莹莹等，2011）。

需要注意的是：①相对较低浓度的重金属（在某些污染严重地区的实际浓度）可能会严重影响幼虫的生长，生长的延迟会使幼虫浮游期延长，从而会影响双壳贝类和多毛类种群的补充；②当前研究主要聚焦于单一污染物对文蛤早期发育的影响，但现实环境中面临的污染都是复合污染，而复合污染的毒性大小和作用机理远比单一污染复杂，因此复合污染对重要海洋经济生物早期发育的影响更值得关注（宋莹莹等，2011）。具体对辽东湾北部海域埋栖性贝类和多毛类而言，尽管当前重金属和多环芳烃的污染水平没有超过其早期发育的安全浓度，对该区域幼虫补充和种群动态没有明显的影响，但未来的研究一定要更多关注多种污染物的复合污染对文蛤和双齿围沙蚕早期发育及幼虫补充的影响，从而更客观地评价辽东湾北部海域有毒有害污染物对经济动物种群动态的影响。

主要参考文献

安立会, 郑丙辉, 张雷, 等. 2010. 渤海湾河口沉积物重金属污染及潜在生态风险评价. 中国环境科学, 30(5): 666-670.

陈江麟, 刘文新, 刘书臻, 等. 2004. 渤海表层沉积物重金属污染评价. 海洋科学, 28(12): 16-21.

范文宏, 张博, 陈静生, 等. 2006. 锦州湾沉积物中重金属污染的潜在生物毒性风险评价. 环境科学学报, 26(6): 1000-1005.

胡宁静, 石学法, 刘季花, 等. 2010. 黄河口及邻近海域表层沉积物中多环芳烃的分布特征及来源. 矿物岩石地球化学通报, 29(2): 157-163.

黄国培, 陈颖军, 林田, 等. 2011. 渤海湾潮间带表层沉积物中多环芳烃的含量分布和生态风险. 中国环境科学, 31(11): 1856-1863.

李纯厚, 林琳, 徐姗楠, 等. 2013. 海湾生态系统健康评价方法构建及在大亚湾的应用. 生态学报, 33(6): 1798-1810.

李庆召, 李国新, 罗专溪, 等. 2015. 厦门湾海域表层沉积物重金属和多环芳烃污染特征及生态风险评价. 环境化学, (6): 93-99.

李淑媛, 苗丰民, 刘国贤, 等. 1995. 渤海底质重金属环境背景值初步研究. 海洋学报(中文版),

(2): 78-85.
刘宝林, 胡克, 徐秀丽, 等. 2010. 双台子河口重金属污染的沉积记录. 海洋科学, 34(4): 84-88.
刘修泽, 李玉龙, 王文波, 等. 2015. 辽东湾北部海域鱼类群落结构及多样性. 水产学报, 39(8): 1155-1165.
罗先香, 张秋艳, 杨建强, 等. 2010. 双台子河口湿地环境石油烃污染特征分析. 环境科学研究, (4): 437-444.
吕永龙, 苑晶晶, 李奇锋, 等. 2016. 陆源人类活动对近海生态系统的影响. 生态学报, 36(5): 1183-1191.
聂海峰, 赵传冬, 刘应汉, 等. 2012. 松花江流域河流沉积物中多氯联苯的分布、来源及风险评价. 环境科学, 33(10): 3434-3442.
宋莹莹, 袁秀堂, 张升利, 等. 2011. 苯并(a)芘、镉单一及复合污染对双齿围沙蚕 3 刚节疣足幼体发育的影响. 海洋环境科学, 30(3): 333-336.
孙松, 张永山, 吴玉霖, 等. 2005. 胶州湾初级生产力周年变化. 海洋与湖沼, 36(6): 481-486.
孙涛, 杨志峰. 2004. 河口生态系统恢复评价指标体系研究及其应用. 中国环境科学, 24(3): 381-384.
王焕松, 雷坤, 李子成, 等. 2011. 辽东湾北岸主要入海河流污染物入海通量及其影响因素分析. 海洋学报, 33(6): 110-116.
王金叶, 张安国, 李晓东, 等. 2016. 蛤蜊岗滩涂贝类分布及其与环境因子的关系. 海洋科学, 40(4): 32-39.
王召会, 吴金浩, 胡超魁, 等. 2016. 辽东湾水体中石油类的时空分布特征和污染状况. 渔业科学进展, 37(3): 20-27.
文梅, 鞠莲, 易柏林, 等. 2011. 双台子河口沉积环境质量综合评价. 中国海洋大学学报(自然科学版), (S1): 391-397.
吴晓燕, 刘汝海, 秦洁, 等. 2007. 黄河口沉积物重金属含量变化特征研究. 海洋湖沼通报, (B12): 69-74.
徐绍箐, 马启敏, 李泽利, 等. 2011. 锦州湾表层沉积物中多环芳烃测定与生态风险评价. 环境化学, 30(11): 1900-1905.
杨德渐, 孙瑞平. 1988. 中国近海多毛环节动物. 北京: 农业出版社.
张安国, 袁秀堂, 侯文久, 等. 2014. 文蛤的生物沉积和呼吸排泄过程及其在双台子河口水层-底栖系统中的耦合作用. 生态学报, 34(22): 6573-6582.
张玉凤, 王立军, 霍传林, 等. 2008. 锦州湾表层沉积物重金属污染状况评价. 海洋环境科学, 27(3): 258-260.
中国环境监测总站. 1990. 中国土壤元素背景值. 北京: 中国环境科学出版社.
周秀艳, 王恩德, 朱恩静. 2004. 辽东湾河口底泥中重金属的污染评价. 环境化学, 23(3): 321-325.
Arias A H, Vazquez-Botello A, Tombesi N, et al. 2010. Presence, distribution, and origins of polycyclic aromatic hydrocarbons (PAHs) in sediments from Bahía Blanca estuary, Argentina. Environmental Monitoring and Assessment, 160(1-4): 301.
Barakat A O, Mostafa A, Wade T L, et al. 2011. Distribution and characteristics of PAHs in sediments from the Mediterranean coastal environment of Egypt. Marine Pollution Bulletin, 62(9): 1969-1978.
Bastami K D, Afkhami M, Ehsanpour M, et al. 2013. Polycyclic aromatic hydrocarbons in the coastal

water, surface sediment and mullet *Liza klunzingeri* from northern part of Hormuz strait (Persian Gulf). Marine Pollution Bulletin, 76(1): 411-416.

Bihari N, Fafanđel M, Piškur V. 2007. Polycyclic aromatic hydrocarbons and ecotoxicological characterization of seawater, sediment, and mussel *Mytilus galloprovincialis* from the Gulf of Rijeka, the Adriatic Sea, Croatia. Archives of Environmental Contamination and Toxicology, 52(3): 379-387.

Botsou F, Hatzianestis I. 2012. Polycyclic aromatic hydrocarbons (PAHs) in marine sediments of the Hellenic coastal zone, eastern Mediterranean: levels, sources and toxicological significance. Journal of Soils and Sediments, 12(2): 265-277.

Calabrese A, Collier R S, Nelson D A, et al. 1973. The toxicity of heavy metals to embryos of the American oyster Crassostrea virginica. Marine Biology, 18(3): 162-166.

Cao L, Hong G H, Liu S. 2015. Metal elements in the bottom sediments of the Changjiang Estuary and its adjacent continental shelf of the East China Sea. Marine Pollution Bulletin, 95(1): 458-468.

Chen B, Duan J C, Mai B, et al. 2006. Distribution of alkylphenols in the Pearl River Delta and adjacent northern South China Sea, China. Chemosphere, 63(4): 652-661.

Chizhova T, Hayakawa K, Tishchenko P, et al. 2013. Distribution of PAHs in the northwestern part of the Japan Sea. Deep Sea Research Part Ⅱ: Topical Studies in Oceanography, 86: 19-24.

Cho J Y, Son J G, Park B J, et al. 2009. Distribution and pollution sources of polycyclic aromatic hydrocarbons (PAHs) in reclaimed tidelands and tidelands of the western sea coast of South Korea. Environmental Monitoring and Assessment, 149(1): 385-393.

Di Toro D M, Zarba C S, Hansen D J, et al. 1991. Technical basis for establishing sediment quality criteria for nonionic organic chemicals using equilibrium partitioning. Environmental Toxicology and Chemistry, 10(12): 1541-1583.

El-Sorogy A S, Attiah A. 2015. Assessment of metal contamination in coastal sediments, seawaters and bivalves of the Mediterranean Sea coast, Egypt. Marine Pollution Bulletin, 101(2): 867-871.

Esslemont G. 2000. Heavy metals in seawater, marine sediments and corals from the Townsville section, Great Barrier Reef Marine Park, Queensland. Marine Chemistry, 71(3): 215-231.

Fernandez M A, Alonso C, González M J, et al. 1999. Occurrence of organochlorine insecticides, PCBs and PCB congeners in waters and sediments of the Ebro River (Spain). Chemosphere, 38(1): 33-43.

Fu J, Ding Y H, Li L, et al. 2011. Polycyclic aromatic hydrocarbons and ecotoxicological characterization of sediments from the Huaihe River, China. Journal of Environmental Monitoring, 13(3): 597-604.

Gao S H, Chen J, Shen Z Y, et al. 2013. Seasonal and spatial distributions and possible sources of polychlorinated biphenyls in surface sediments of Yangtze Estuary, China. Chemosphere, 91(6): 809-816.

Gao X L, Li P M. 2012. Concentration and fractionation of trace metals in surface sediments of intertidal Bohai Bay, China. Marine Pollution Bulletin, 64(8): 1529-1536.

Guardiola F A, Dioguardi M, Parisi M G, et al. 2015. Evaluation of waterborne exposure to heavy metals in innate immune defences present on skin mucus of gilthead seabream (*Sparus aurata*). Fish & Shellfish Immunology, 45(1): 112-123.

Guigue C, Tedetti M, Ferretto N, et al. 2014. Spatial and seasonal variabilities of dissolved hydrocarbons in surface waters from the Northwestern Mediterranean Sea: results from one year intensive sampling. Science of the Total Environment, 466: 650-662.

Guo Y, Yu H Y, Zeng E Y. 2009. Occurrence, source diagnosis, and biological effect assessment of

DDT and its metabolites in various environmental compartments of the Pearl River Delta, South China: a review. Environmental Pollution, 157(6): 1753-1763.

Hakanson L. 1980. An ecological risk index for aquatic pollution control. A sedimentological approach. Water Research, 14(8): 975-1001.

Hoff N T, Figueira R C L, Abessa D M S. 2015. Levels of metals, arsenic and phosphorus in sediments from two sectors of a Brazilian Marine Protected Area (Tupinambás Ecological Station). Marine Pollution Bulletin, 91(2): 403-409.

Hong W J, Jia H, Li Y F, et al. 2016. Polycyclic aromatic hydrocarbons (PAHs) and alkylated PAHs in the coastal seawater, surface sediment and oyster from Dalian, Northeast China. Ecotoxicology and Environmental Safety, 128: 11-20.

Hu B Q, Li G G, Li J, et al. 2013a. Spatial distribution and ecotoxicological risk assessment of heavy metals in surface sediments of the southern Bohai Bay, China. Environmental Science and Pollution Research, 20(6): 4099-4110.

Hu B Q, Li J, Zhao J T, et al. 2013b. Heavy metal in surface sediments of the Liaodong Bay, Bohai Sea: distribution, contamination, and sources. Environmental Monitoring and Assessment, 185(6): 5071-5083.

Hu N J, Shi X F, Huang P, et al. 2011a. Polycyclic aromatic hydrocarbons (PAHs) in surface sediments of Liaodong Bay, Bohai Sea, China. Environmental Science and Pollution Research, 18(2): 163-172.

Hu N J, Shi X F, Huang P, et al. 2011b. Polycyclic aromatic hydrocarbons in surface sediments of Laizhou Bay, Bohai Sea, China. Environmental Earth Sciences, 63(1): 121-133.

Hu N J, Shi X F, Liu J H, et al. 2010. Concentrations and possible sources of PAHs in sediments from Bohai Bay and adjacent shelf. Environmental Earth Sciences, 60(8): 1771-1782.

Islam M S, Tanaka M. 2004. Impacts of pollution on coastal and marine ecosystems including coastal and marine fisheries and approach for management: a review and synthesis. Marine Pollution Bulletin, 48(7): 624-649.

Iwata H, Tanabe S, Sakai N, et al. 1993. Distribution of persistent organochlorines in the oceanic air and surface seawater and the role of ocean on their global transport and fate. Environmental Science & Technology, 27(6): 1080-1098.

Kennicutt M C, Wade T L, Presley B J, et al. 1994. Sediment contaminants in Casco Bay, Maine: inventories, sources, and potential for biological impact. Environmental Science & Technology, 28(1): 1-15.

Keshavarzifard M, Zakaria M P, Hwai T S. 2016. Bioavailability of polycyclic aromatic hydrocarbons (PAHs) to short-neck clam (*Paphia undulata*) from sediment matrices in mudflat ecosystem of the west coast of Peninsular Malaysia. Environmental Geochemistry and Health, 39(3): 591-610.

Ladakis M, Dassenakis M, Scoullos M, et al. 2007. The chemical behaviour of trace metals in a small, enclosed and shallow bay on the coast of Attika, Greece. Desalination, 213(1-3): 29-37.

Li C, Song C W, Yin Y Y, et al. 2015a. Spatial distribution and risk assessment of heavy metals in sediments of Shuangtaizi Estuary, China. Marine Pollution Bulletin, 98(1): 358-364.

Li G L, Lang Y H, Yang W, et al. 2014. Source contributions of PAHs and toxicity in reed wetland soils of Liaohe Estuary using a CMB-TEQ method. Science of the Total Environment, 490: 199-204.

Li W, Wang N B, Li Q B, et al. 2008a. Distribution of dissolved metals in seawater of Jinzhou Bay, China. Environmental Toxicology and Chemistry, 27(1): 43-48.

Li W, Wang N B, Li Q B, et al. 2008b. Estival distribution of dissolved metal concentrations in

Liaodong Bay. Bulletin of Environmental Contamination and Toxicology, 80(4): 311-314.

Li Y F, Cai D J, Shan Z J, et al. 2001. Gridded usage inventories of technical hexachlorocyclohexane and lindane for China with 1/6 latitude by 1/4 longitude resolution. Archives of Environmental Contamination and Toxicology, 41(3): 261-266.

Li Y H, Li P, Ma W D, et al. 2015b. Spatial and temporal distribution and risk assessment of polycyclic aromatic hydrocarbons in surface seawater from the Haikou Bay, China. Marine Pollution Bulletin, 92(1): 244-251.

Lim D, Choi J W, Shin H H, et al. 2013. Toxicological impact assessment of heavy metal contamination on macrobenthic communities in southern coastal sediments of Korea. Marine Pollution Bulletin, 73(1): 362-368.

Liu A X, Lang Y H, Xue L D, et al. 2009. Ecological risk analysis of polycyclic aromatic hydrocarbons (PAHs) in surface sediments from Laizhou Bay. Environmental Monitoring and Assessment, 159(1): 429-436.

Liu M, Cheng S, Ou D, et al. 2008. Organochlorine pesticides in surface sediments and suspended particulate matters from the Yangtze Estuary, China. Environmental Pollution, 156(1): 168-173.

Lü D W, Zheng B, Fang Y, et al. 2015. Distribution and pollution assessment of trace metals in seawater and sediment in Laizhou Bay. Chinese Journal of Oceanology and Limnology, 33(4): 1053-1061.

Manfra L, Accornero A. 2005. Trace metal concentrations in coastal marine waters of the central Mediterranean. Marine Pollution Bulletin, 50(6): 686-692.

Mao T Y, Dai M X, Peng S T, et al. 2009. Temporal-spatial variation trend analysis of heavy metals (Cu, Zn, Pb, Cd, Hg) in Bohai Bay in 10 years. Journal of Tianjin University, 42(9): 817-825.

Men B, He M C, Tan L, et al. 2009. Distributions of polycyclic aromatic hydrocarbons in the Daliao River Estuary of Liaodong Bay, Bohai Sea (China). Marine Pollution Bulletin, 58(6): 818-826.

Meng W, Qin Y W, Zheng B H, et al. 2008. Heavy metal pollution in Tianjin Bohai Bay, China. Journal of Environmental Sciences, 20(7): 814-819.

Mirza R, Mohammadi M, Sohrab A D, et al. 2012. Polycyclic aromatic hydrocarbons in seawater, sediment, and rock oyster *Saccostrea cucullata* from the northern part of the Persian Gulf (Bushehr Province). Water, Air & Soil Pollution, 223(1): 189-198.

Noreña-Barroso E, Gold-Bouchot G, Sericano J L. 1999. Polynuclear aromatic hydrocarbons in American oysters *Crassostrea virginica* from the Terminos Lagoon, Campeche, Mexico. Marine Pollution Bulletin, 38(8): 637-645.

Palumbi S R, Sandifer P A, Allan J D, et al. 2009. Managing for ocean biodiversity to sustain marine ecosystem services. Frontiers in Ecology and the Environment, 7(4): 204-211.

Pekey H. 2006. Heavy metal pollution assessment in sediments of the İzmit Bay, Turkey. Environmental Monitoring and Assessment, 123(1): 219-231.

Peng S T. 2015. The nutrient, total petroleum hydrocarbon and heavy metal contents in the seawater of Bohai Bay, China: temporal-spatial variations, sources, pollution statuses, and ecological risks. Marine Pollution Bulletin, 95(1): 445-451.

Popova E E, Fasham M J R, Osipov A V, et al. 1997. Chaotic behaviour of an ocean ecosystem model under seasonal external forcing. Journal of Plankton Research, 19(10): 1495-1515.

Reddy M S, Basha S, Joshi H V, et al. 2005. Seasonal distribution and contamination levels of total PHCs, PAHs and heavy metals in coastal waters of the Alang-Sosiya ship scrapping yard, Gulf of Cambay, India. Chemosphere, 61(11): 1587-1593.

Rossi N, Jamet J L. 2008. In situ heavy metals (copper, lead and cadmium) in different plankton compartments and suspended particulate matter in two coupled Mediterranean coastal ecosystems (Toulon Bay, France). Marine Pollution Bulletin, 56(11): 1862-1870.

Soclo H H, Garrigues P H, Ewald M. 2000. Origin of polycyclic aromatic hydrocarbons (PAHs) in coastal marine sediments: case studies in Cotonou (Benin) and Aquitaine (France) areas. Marine Pollution Bulletin, 40(5): 387-396.

Srichandan S, Panigrahy R C, Baliarsingh S K, et al. 2016. Distribution of trace metals in surface seawater and zooplankton of the Bay of Bengal, off Rushikulya Estuary, East Coast of India. Marine Pollution Bulletin, 111(1): 468-475.

Stasinakis A S, Gatidou G, Mamais D, et al. 2008. Occurrence and fate of endocrine disrupters in Greek sewage treatment plants. Water Research, 42(6): 1796-1804.

Sun S H, Wang D Y, Hu K, et al. 2007. Evaluation on pollution of heavy metal in the water and its analysis of ecological effect in Shuangtaizi Estuary district. Global Geology, 26(1): 75-79.

Tallis H, Ferdana Z, Gray E. 2008. Linking terrestrial and marine conservation planning and threats analysis. Conservation Biology, 22(1): 120-130.

Tang A K, Liu R H, Ling M, et al. 2010. Distribution characteristics and controlling factors of soluble heavy metals in the Yellow River Estuary and Adjacent Sea. Procedia Environmental Sciences, 2: 1193-1198.

Telli-Karakoç F, Tolun L, Henkelmann B, et al. 2002. Polycyclic aromatic hydrocarbons (PAHs) and polychlorinated biphenyls (PCBs) distributions in the Bay of Marmara sea: İzmit Bay. Environmental Pollution, 119(3): 383-397.

Tolosa I, Bayona J M, Albaiges J. 1995. Spatial and temporal distribution, fluxes, and budgets of organochlorinated compounds in Northwest Mediterranean sediments. Environmental Science & Technology, 29(10): 2519-2527.

Valavanidis A, Vlachogianni T, Triantafillaki S, et al. 2008. Polycyclic aromatic hydrocarbons in surface seawater and in indigenous mussels (*Mytilus galloprovincialis*) from coastal areas of the Saronikos Gulf (Greece). Estuarine, Coastal and Shelf Science, 79(4): 733-739.

Vane C H, Harrison I, Kim A W. 2007. Polycyclic aromatic hydrocarbons (PAHs) and polychlorinated biphenyls (PCBs) in sediments from the Mersey Estuary, UK. Science of the Total Environment, 374(1): 112-126.

Wang H G, He M C, Lin C Y, et al. 2007. Monitoring and assessment of persistent organochlorine residues in sediments from the Daliaohe River watershed, northeast of China. Environmental Monitoring and Assessment, 133(1): 231-242.

Wang J, Liu R H, Yu P, et al. 2012a. Study on the pollution characteristics of heavy metals in seawater of Jinzhou Bay. Procedia Environmental Sciences, 13: 1507-1516.

Wang Q, Liu B Z, Yang H S, et al. 2009. Toxicity of lead, cadmium and mercury on embryogenesis, survival, growth and metamorphosis of *Meretrix meretrix* larvae. Ecotoxicology, 18(7): 829-837.

Wang Q, Yang H S, Liu B Z, et al. 2012b. Toxic effects of benzo [a] pyrene (Bap) and Aroclor1254 on embryogenesis, larval growth, survival and metamorphosis of the bivalve *Meretrix meretrix*. Ecotoxicology, 21(6): 1617-1624.

Wang S F, Jia Y F, Wang S Y, et al. 2010. Fractionation of heavy metals in shallow marine sediments from Jinzhou Bay, China. Journal of Environmental Sciences, 22(1): 23-31.

Wang Z, Wang Y, Ma X D, et al. 2013. Probabilistic ecological risk assessment of typical PAHs in coastal water of Bohai Sea. Polycyclic Aromatic Compounds, 33(4): 367-379.

Wong M H, Leung A O W, Chan J K Y, et al. 2005. A review on the usage of POP pesticides in China, with emphasis on DDT loadings in human milk. Chemosphere, 60(6): 740-752.

Worm B, Barbier E B, Beaumont N, et al. 2006. Impacts of biodiversity loss on ocean ecosystem services. Science, 314(5800): 787-790.

Wu W Z, Xu Y, Schramm K W, et al. 1997. Study of sorption, biodegradation and isomerization of HCH in stimulated sediment/water system. Chemosphere, 35(9): 1887-1894.

Wu Y L, Wang X H, Li Y Y, et al. 2011. Occurrence of polycyclic aromatic hydrocarbons (PAHs) in seawater from the Western Taiwan Strait, China. Marine Pollution Bulletin, 63(5): 459-463.

Xu X D, Cao Z M, Zhang Z X, et al. 2016. Spatial distribution and pollution assessment of heavy metals in the surface sediments of the Bohai and Yellow Seas. Marine Pollution Bulletin, 110(1): 596-602.

Yang X L, Yuan X T, Zhang A G, et al. 2015. Spatial distribution and sources of heavy metals and petroleum hydrocarbon in the sand flats of Shuangtaizi Estuary, Bohai Sea of China. Marine Pollution Bulletin, 95(1): 503-512.

Yuan X T, Yang X L, Na G S, et al. 2015. Polychlorinated biphenyls and organochlorine pesticides in surface sediments from the sand flats of Shuangtaizi Estuary, China: levels, distribution, and possible sources. Environmental Science and Pollution Research, 22(18): 14337-14348.

Yuan X T, Yang X L, Zhang A G, et al. 2017. Distribution, potential sources and ecological risks of two persistent organic pollutants in the intertidal sediment at the Shuangtaizi Estuary, Bohai Sea of China. Marine Pollution Bulletin, 114(1): 419-427.

Zhan S F, Peng S T, Liu C G, et al. 2010. Spatial and temporal variations of heavy metals in surface sediments in Bohai Bay, North China. Bulletin Of Environmental Contamination and Toxicology, 84(4): 482-487.

Zhang A G, Wang L L, Zhao S L, et al. 2017. Heavy metals in seawater and sediments from the northen Liaodong Bay of China: levels, distribution and potential risks. Regional Studies in Marine Science, 11: 32-42.

Zhang A G, Yuan X T, Yang X L, et al. 2016a. Temporal and spatial distributions of intertidal macrobenthos in the sand flats of the Shuangtaizi Estuary, Bohai Sea in China. Acta Ecologica Sinica, 36(3): 172-179.

Zhang A G, Zhao S L, Wang L L, et al. 2016b. Polycyclic aromatic hydrocarbons (PAHs) in seawater and sediments from the northern Liaodong Bay, China. Marine Pollution Bulletin, 113(1): 592-599.

Zhang J F, Gao X L. 2015. Heavy metals in surface sediments of the intertidal Laizhou Bay, Bohai Sea, China: distributions, sources and contamination assessment. Marine Pollution Bulletin, 98(1): 320-327.

Zhao L, Hou H, Zhou Y Y, et al. 2010. Distribution and ecological risk of polychlorinated biphenyls and organochlorine pesticides in surficial sediments from Haihe River and Haihe Estuary Area, China. Chemosphere, 78(10): 1285-1293.

Zhao L Q, Yang F, Wang Y, et al. 2013. Seasonal variation of metals in seawater, sediment, and Manila clam *Ruditapes philippinarum* from China. Biological Trace Element Research, 152(3): 358-366.

第四章　双台子河口文蛤资源修复关键技术及工程示范

文蛤（*Meretrix meretrix*）隶属于软体动物门（Mollusca）双壳纲（Bivalvia）帘蛤目（Veneroida）帘蛤科（Veneridae）文蛤属（*Meretrix*）（庄启谦，2001），是栖息于潮间带及浅海区砂质海底的广温、广盐性滩涂埋栖性双壳贝类，地理分布广，在中国、朝鲜、日本沿海的内湾和河口附近均有分布（王如才等，1993）。在我国辽宁、山东、江苏、广西和台湾等沿海区域均有文蛤分布，尤以河口滩涂的潮间带及潮下带丰度较高，如辽宁双台子河口和大辽河口、山东黄河口、江苏长江口、广西北海湾等（张安国等，2014；张万隆，1993）。

河口作为陆地和海洋的过渡带，是咸淡水交汇混合区域，入海河流挟带大量营养物质经由河口入海（Kostecki et al.，2012；陈小燕，2011），其良好的营养条件导致该区域饵料资源丰富，为文蛤等贝类提供了优良的繁殖和生存环境。在辽宁省，文蛤资源主要分布于双台子河口、大辽河口、庄河近海、鸭绿江口及六股河口等区域（赫崇波和陈洪大，1997）。双台子河口是我国纬度最高的河口，滩涂面积广阔，蛤蜊岗及盘山滩涂的潮间带和潮下带文蛤资源丰富，曾是优势种之一，也是历史名产，素有“天下第一鲜”的美誉（张万隆，1993）。然而，由于酷采乱捕、疾病频发、海域使用不当（如围海养殖）及受环境污染等因素的影响，双台子河口的文蛤自然资源及其栖息生境遭到破坏，繁殖群体锐减、幼体补充不足，自然资源面积缩小，其资源的衰退非常明显，已无法单纯依靠资源的自然恢复挽救文蛤种群的衰落，亟待修复（张安国等，2015）。

人工增殖放流是修复渔业资源、优化水生生物群落结构、提高渔业生产力的有效手段，通过人工方式向天然水域投放鱼、虾、蟹、贝类等渔业生物的苗种来修复或增加渔业资源种群数量和资源量（王晓梅等，2010；刘莉莉等，2008）。实践表明，人工增殖放流是修复文蛤资源的有效手段，而与之配套的重要设施和关键技术是保证增殖放流顺利进行和文蛤资源得以修复的技术保障。本章首先分析了双台子河口文蛤资源量趋势变化及资源衰退的原因，研究了基于水动力和幼虫扩散模型的文蛤幼虫扩散路径；结合北方寒冷海区的环境条件下文蛤苗种的培育状况，研发了文蛤苗种室外越冬培育关键设施，形成了三段式文蛤苗种培育技术体系；基于文蛤生境适宜性模型预测了双台子河口文蛤的潜在适宜性生境；根据增殖放流的原理和要求，规划了双台子河口文蛤资源修复的实施区域，研发了文蛤增殖放流等关键技术体系，最终在盘山滩涂实施了整个区域的示范工程。

第一节　双台子河口文蛤的资源现状及衰退原因

一、文蛤资源的历史变迁及现状

历史上，辽宁省是文蛤资源大省（庄启谦，2001；张万隆，1993）。其中，双台子河口曾是辽宁省文蛤的主产地，主要资源分布区域是双台子河和大辽河冲淤形成的蛤蜊岗及双台子河和大凌河之间的盘山滩涂（王金叶等，2016；Zhang et al.，2016a；陈远等，2012）。

20世纪60年代和70年代初，蛤蜊岗文蛤资源存量分别超过22 000t和27 000t，年采捕量2000～3000t（营口市水产科研所等，1982）。70年代末蛤蜊岗文蛤资源存量逐渐下降至15 000t，随后几年平均每年以超过2500t的速度急剧下降（罗有声，1983）；到80年代初蛤蜊岗文蛤资源量仅剩5100t（营口市水产科研所等，1982）。特别是20世纪90年代后，蛤蜊岗文蛤资源量呈断崖式下降，2007年和2008年文蛤采捕量仅分别为240t和180t，而2009年已不能形成规模产量（王辉，2011）。2009年调查结果表明，蛤蜊岗文蛤资源存量仅为489t，支持了上述结论（陈远等，2012）。我们在2011年调查发现，蛤蜊岗文蛤资源的分布密度为12ind/m^2，占蛤蜊岗滩涂贝类总分布密度的7.5%，生物量为35.39g/m^2，占蛤蜊岗滩涂贝类总生物量的14%（王金叶等，2016）。随着文蛤资源的衰退，其他滩涂贝类已经演替为蛤蜊岗的优势种，例如，四角蛤蜊与泥螺的分布面积、丰度和总生物量迅速增加，托氏蜎螺的分布几乎遍布整个蛤蜊岗（王金叶等，2016）。

历史上，盘山滩涂是双台子河口文蛤资源较为丰富的另一个核心区域。2009年夏季的调查结果表明，盘山滩涂文蛤资源存量仅有322t（陈远等，2012）。我们的调查表明，2011年7月和10月、2012年5月盘山滩涂文蛤分布密度分别为0.78ind/m^2、0.59ind/m^2和0.65ind/m^2，年均值为0.67ind/m^2，文蛤资源分布区狭窄（张安国等，2014）。

总之，近年来，双台子河口文蛤资源量的下降，基本经历了断崖式的趋势，其资源急剧衰退的事实及背后的原因应引起我们的足够重视。逐步修复双台子河口的文蛤资源是一项艰巨的任务，面临诸多挑战，但这是我们当代人的历史使命。

二、文蛤资源衰退的原因分析

双台子河口文蛤资源严重衰退的原因主要有以下几个方面。

（1）不当的海域使用行为。近十多年来，围海养殖海参在双台子河口迅速崛起（图 4-1），近海滩涂大面积被人工改造为海参养殖池塘，严重破坏了潮滩的生境，使海岸带陆海生态连通性降低。这种养殖占用和生境破碎化也使陆海的连接线向海的一方迁移，原有的冲淤平衡被打破，适宜文蛤生存的滩涂生境被侵占和压缩。海参养殖过热造成的适宜生境丧失是辽东湾滩涂重要经济生物资源衰退的主要原因之一。另外，港口工程的建设也在文蛤资源衰退中扮演了重要角色，而且双台子河的河道筑坝使淡水注入量明显减少等造成自然苗种附着规模难以形成（过去正常情况下 3～5 年才能形成一次大规模的附苗），因此，港口建设和河道筑坝等工程均是造成文蛤资源衰退的重要原因。

图 4-1　2010 年双台子河口海参养殖池塘分布状况

（2）酷采乱捕。由于文蛤具有较高的经济价值，且能够出口创汇，在追求高 GDP 的大环境下，利益相关者不顾资源的衰退，非法利用违禁渔具“吸蛤泵”或机船拖耙等工具进行采捕（图 4-2）。无论文蛤个体大小，不留亲体，成片采捕，并且只捕捞不增殖（陈远等，2012；王辉，2011），采捕能力大大超过了文蛤资源的自然繁衍能力，导致繁殖群体锐减，幼体补充不足，文蛤资源出现衰退。如果不能及时改变这种“竭泽而渔”的做法、加强文蛤资源的监管、注重文蛤资源的养护，就难以达到修复文蛤资源的目的。

图 4-2　渔民非法采捕文蛤现场（张安国拍摄）

（3）病害与敌害。无疑，病害是文蛤资源衰减的主要和直接原因之一，同时也是修复文蛤资源的最大障碍。20 世纪 90 年代后期，引进来自疫区的贝苗导致辽东湾海域文蛤“红肉病”暴发，造成文蛤大量死亡（刘连生等，2009），文蛤资源遭受重创，至今未恢复。即使文蛤资源恢复到稳定、可采捕的规模，“红肉病”可能复发的问题仍然不可忽视（王辉，2011；刘连生等，2010）。除此之外，文蛤的敌害问题也日趋严重。陈远等（2012）通过对盘锦蛤蜊岗和大凌河口滩涂文蛤及其他主要生物资源的调查发现，托氏蜎螺（*Umbonium thomasi*）和纵肋织纹螺（*Nassarius variciferus*）作为文蛤稚贝及幼贝的敌害生物，其资源量分别达到 1000t 和 334t，因此，敌害生物的增加也可能是造成文蛤资源衰退的因素之一。

（4）环境污染。由于辽东湾北部海域自净能力差，且周边遍布工业发达城市（营口、盘锦和锦州），工业废水和城镇污水入海导致海水污染较为严重（Zhang et al.，2016b，2017）。海水环境的污染，尤其是复合污染，可能会影响文蛤等经济贝类的存活和繁衍，导致文蛤繁殖力下降。研究表明，海水中的重金属（铅、镉和汞）和有机污染物——B[a]P 对文蛤胚胎发育及幼虫的生长、存活和附着变态等都产生一定的毒性作用（Wang et al.，2009，2012），影响文蛤早期幼体的补充，因而一定程度上导致文蛤资源的衰退。

综上所述，由于围填海工程、海洋环境污染、文蛤病害与敌害和过度捕捞等，双台子河口文蛤自然资源及其栖息生境遭到严重破坏，繁殖群体锐减，幼体补充不足，文蛤自然资源面积缩小，因此资源出现衰退。单纯依靠文蛤资源的自然繁殖已难以恢复受损的文蛤资源。因此，亟待加强文蛤基础生态学的研究，并采取有效措施修复双台子河口的文蛤资源，加强文蛤天然附苗场的建设与保护，加强文蛤资源保护和管理工作。

第二节　双台子河口文蛤幼虫扩散路径研究

很多海洋生物（如文蛤）的孵化地与栖息地不在同一区域，其需要经过长距离的迁徙扩散，从孵化地转移至适宜的栖息地进行附着、生长（Swearer et al.，2002）。因此，确定某一物种幼虫的扩散路径，并确保其扩散走廊的稳定和安全，对于保护生物多样性、保证海洋生态系统的正常运行具有深远的意义。海洋生物幼虫的扩散在生物进化过程中起到很重要的作用（Strathmann et al.，2002），研究表明，具备较长浮游幼虫期的海洋生物（如文蛤、舌形贝），幼体会随洋流迁移，相距较远的种群之间可以进行遗传信息交流（刘进贤等，2007）。然而，由于幼虫的扩散能力有限，被动迁移是其主要的扩散途径（Barber et al.，2002）。浮游生物拖网调查能够很好地验证幼虫扩散的路径，并能通过计算分析得到幼虫起止点的预测信息。对于双台子河口文蛤的调查研究，以往主要集中在滩涂文蛤群体的生物量和资源评估。随着双台子河口滩涂文蛤资源量的急剧下降，对文蛤资源补充群体及其扩散走廊的研究和保护显得更为重要。本研究结合水动力模型和浮游生物拖网调查数据，初步探究了文蛤的产卵时间、浮游幼虫密度和分布及幼虫主要阶段发育状况，探索其在双台子河口水域繁衍的分布特征与条件，确认了双台子河口的文蛤幼虫扩散路径，以期预测文蛤幼虫扩散路径的起止点，为保护文蛤资源补充群体及其扩散走廊提供科学依据。

一、辽东湾北部海域水动力特征

为了解辽东湾北部海域的水动力特征，分别于2015年7月31日8时至8月1日9时和2015年8月8日11时至9日12时在辽东湾北部海域开展水动力连续观测，获取了两个站位表层和底层流速、流向的观测资料，以及A站的水位观测资料。具体观测站位分布如图4-3中A、B站所示。上述观测日期分别对应农历大潮、小潮，观测仪器为电磁海流计与潮位仪。

对观测获得的短期潮流数据，采用《海洋调查规范 第7部分：海洋调查资料交换》（GB/T 12763.7—2007）中不引入差比数计算调和常数的方法对实测海流资料序列进行准调和分析，获得6个主要分潮 O_1、K_1、M_2、S_2、M_4 和 MS_4 的潮流调和常数 U、V、ξ、η，然后根据调和常数计算各主要分潮的椭圆要素，即椭圆长半轴（W）、椭圆长轴方向（Θ）、发生时间（τ）及旋转率（k），用以表征各分潮的主要特征。此外，对于水位观测数据，也采用不引入差比数计算调和常数的方法分析获得6个主要分潮的潮汐调和常数 H 和 η。

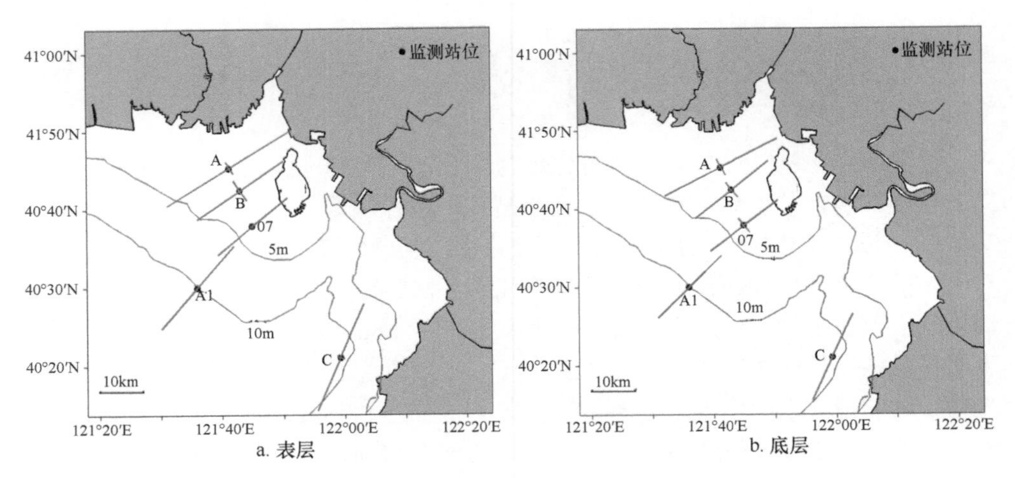

图 4-3 辽东湾北部海域表层和底层 M_2 分潮长短轴

在利用短期观测资料对夏季辽东湾北部海域表层和底层潮流椭圆要素与潮流类型的分布特征分析的基础上，对大潮、小潮期间辽东湾北部余流特征进行分析，最后分析该海域潮汐振幅和迟角，确定潮汐性质。此外，将前人研究成果与本研究进行比较，从而获得对辽东湾北部水动力特征的全面认识。同时，为与前人研究站位名称保持一致，本研究沿用历史站位的名称进行分析。

（一）潮流类型

由表 4-1 和表 4-2 可知，主太阴半日分潮 M_2 为观测海域的主要优势分潮，其最大流速大于其余分潮最大流速之和，因此本海区潮流的主流向主要由 M_2 分潮椭圆长轴方向决定。根据全日分潮 O_1 和 K_1 与半日分潮 M_2 最大流速的比值 $HR=\left(W_{O_1}+W_{K_1}\right)/W_{M_2}$ 可判断各站位的潮流性质：HR≤0.5 为规则半日潮；0.5＜

表 4-1 A 站潮流椭圆要素

分潮	表层				底层			
	W（cm/s）	Θ（°）	k	τ/T	W（cm/s）	Θ（°）	k	τ/T
O_1	6.24	256.49	–0.22	10.52	5.93	241.07	0.19	9.06
K_1	13.80	54.69	0.11	1.10	11.46	63.77	–0.04	1.12
M_2	75.73	58.18	0.09	2.39	65.15	62.68	0.14	2.23
S_2	22.14	51.37	–0.17	5.43	21.56	68.35	0.01	4.87
M_4	5.88	62.86	–0.27	1.55	4.15	88.95	0.13	2.08
MS_4	4.30	239.6	0.23	0.41	3.32	176.41	0.46	2.57

表 4-2　B 站潮流椭圆要素

分潮	表层				底层			
	W（cm/s）	Θ（°）	k	τ/T	W（cm/s）	Θ（°）	k	τ/T
O_1	3.97	217.37	0.55	9.38	4.37	257.03	0.71	6.82
K_1	8.91	37.55	0.05	0.17	8.74	44.55	−0.08	0.92
M_2	53.82	55.08	0.23	1.39	48.09	51.15	0.22	1.41
S_2	16.22	40.01	−0.07	3.68	14.46	58.91	0.21	3.29
M_4	6.19	45.78	−0.18	2.52	7.74	58.60	−0.01	2.51
MS_4	2.94	208.45	0.24	1.58	4.32	198.75	0.46	1.66

HR≤2.0 为不规则半日潮；2.0＜HR≤4.0 为不规则全日潮；HR＞4.0 为规则全日潮。通过计算 HR 可知，A 站表层和底层该值分别为 0.26 和 0.27，B 站表层和底层分别为 0.24 与 0.27，因此辽东湾北部海域的潮流类型属于规则半日潮，这与刘恒魁（1990）在蛤蜊岗西南侧海域和乔璐璐等（2006）在该海域 10m 等深线站位处的研究结果一致。

（二）潮流运动形式

图 4-3 与图 4-4 分别给出了辽东湾北部海域表层和底层 M_2、K_1 分潮的潮流椭圆长短轴。可以看出，该海域 A、B 站表层 M_2 分潮最大流速分别为 75.73cm/s 和 53.82cm/s，底层最大流速分别为 65.15cm/s 和 48.09cm/s，表现出表层大于底层的特征。A、B 站表层 K_1 分潮最大流速分别为 13.80cm/s 与 8.91cm/s，底层最大流速分别为 11.46cm/s 和 8.74cm/s，也表现出表层大于底层的特征。这与 M_2 分潮垂向分布特征一致，但其量值较 M_2 分潮要小得多。

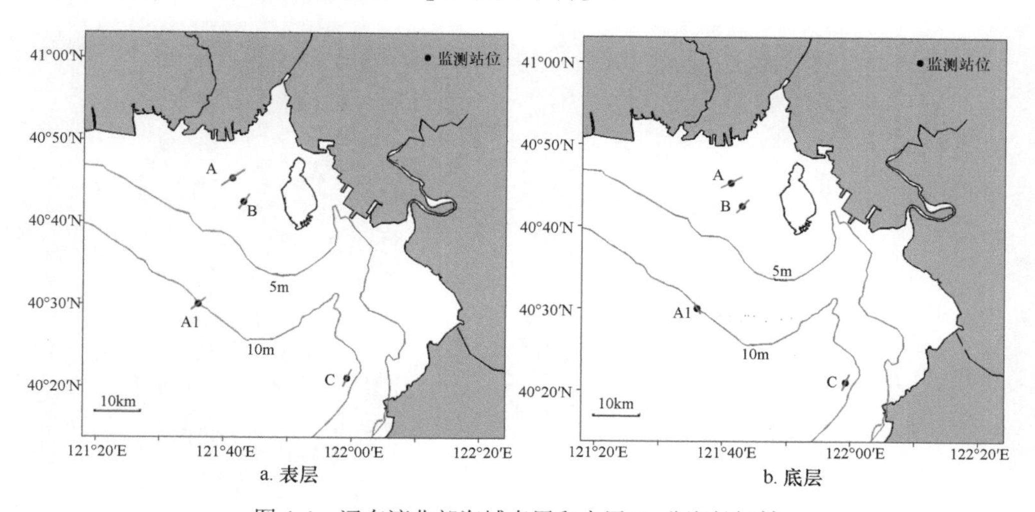

图 4-4　辽东湾北部海域表层和底层 K_1 分潮长短轴

A、B 站 M_2 分潮在垂直于等深线的方向呈 NE—SW 向运动，与前人历史站位 07 站（刘恒魁，1990）、A1 站（乔璐璐等，2006）和 C 站（赵骞等，2016a，2016b）表现出的运动方向一致。但 B 站底层受地形影响，底层潮流运动方向与岸线出现较小夹角。其中靠近河口区域的 M_2 分潮由于受到河流径流作用的影响，出现长轴偏向河口外的现象。K_1 分潮在 A、B 站均沿垂直于等深线的 NE—SW 向运动，表层和底层流向未出现明显变化，这与 C 站（赵骞等，2016a）潮流运动方向一致，且表层方向与 A1 站（乔璐璐等，2006）相同。

习惯上，定义旋转率绝对值$|k|<0.22$ 时为往复流，$|k|\geq 0.22$ 时为旋转流，$k>0$ 时为逆时针旋转，$k<0$ 时为顺时针旋转。M_2 分潮的 k 值在 A 站表层和底层分别为 0.09 与 0.14，在 B 站表层和底层分别为 0.23 和 0.22，表明 A 站 M_2 分潮的流动具有往复流的特点，B 站 M_2 分潮的流动则呈现旋转流的特点，且 A、B 站 M_2 分潮均为逆时针旋转。此外，C 站表底层 k 值分别为 0.06 与 0.04，表现为逆时针旋转的往复流的特征，07 站和 A1 站 M_2 分潮同样以逆时针旋转的往复流为主。

K_1 分潮的 k 值在 A 站表层和底层分别为 0.11 与–0.04，在 B 站表层和底层分别为 0.05 和–0.08，表明 K_1 分潮在 A、B 站表层为逆时针旋转的往复流，在底层则为顺时针旋转的往复流。赵骞等（2016a）的研究结果表明，C 站 K_1 分潮同样表现为逆时针旋转的往复流。A1 站表层 K_1 分潮表现为顺时针旋转的往复流，而底层表现出逆时针旋转的特征，且 k 值在底层为 0.04，往复流特征更为明显。

（三）余流

图 4-5 为辽东湾北部海域的余流分布图。可以看出，A 站大潮期表层和底层余流由于受到双台子河径流的影响，呈现出 NE—SW 向，沿河口向外海流动，其

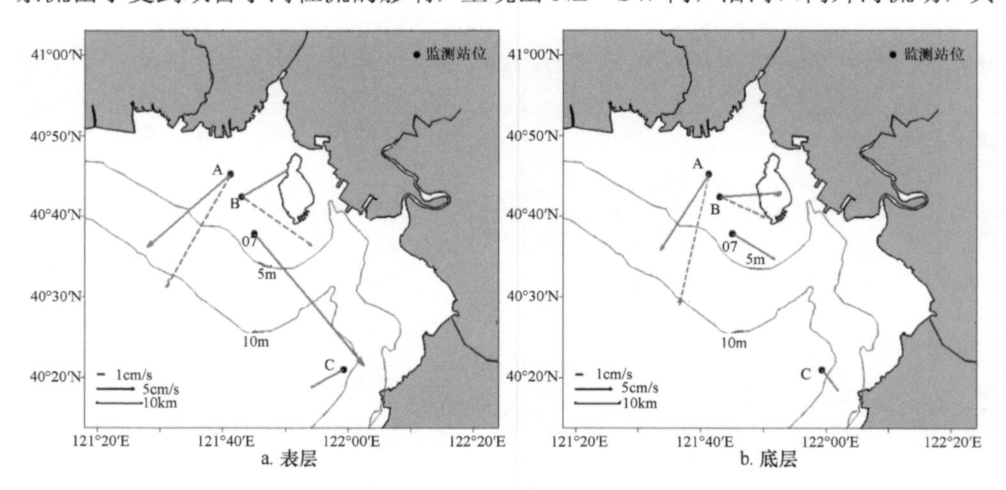

图 4-5　辽东湾北部海域余流分布图

图中实线表示大潮期余流，虚线表示小潮期余流

流速分别为 13.43cm/s 和 10.15cm/s；小潮期余流受潮流影响较小，因此其余流方向较大潮期余流更接近河口方向，表层和底层流速分别为 14.50cm/s 和 14.09cm/s，较大潮期流速有所增加。B 站大潮期表层余流向东北流动，底层余流则向东流动，流速分别为 6.71cm/s 与 8.90cm/s；小潮期表层和底层余流方向基本一致，呈现大致平行于 5m 等深线向东南流动的特征，表层至底层流速减小。

吴冠等（1991）的研究指出，III-1 站大潮期表层余流流速为 12.00cm/s，呈东南向流动，底层流速为 3.00cm/s，表现为西南向流动，小潮期表层和底层余流方向基本一致，表现为东北向，流速分别为 8.00cm/s 与 3.00cm/s，但该站在近年来的填海过程中已接近陆地范围。辽东湾东南侧 C 站的余流整体较弱，表层流向为西南向，底层流向为东南向，表层和底层余流流速分别约为 4.00cm/s 和 3.00cm/s（赵骞等，2016b）；07 站表层余流流速较大，达到 19.9cm/s，底层余流流速为 6.2cm/s，流向在表层呈东南向，基本与东北侧岸线平行，底层流向较表层略向东偏转（刘恒魁，1990）。

综上所述，辽东湾北部海域大潮期表层和底层余流在双台子河口附近呈 NE—SW 向流动，流速较大；蛤蜊岗西侧流速降低，表层和底层余流分别向东北向和东向流动；中部余流底层流速较表层减小，流向基本一致，基本与东北部岸线呈平行状态；东南部海域表层余流方向与东侧岸线基本呈平行状态，底层流向受岸线影响较小，更为接近中部余流流向。

（四）潮汐

对 A 站水位同样采取不引入差比数的方法进行准调和分析，获得 6 个主要分潮 O_1、K_1、M_2、S_2、M_4 和 MS_4 的潮汐振幅与迟角（表 4-3）。可以看出，该站的潮汐调和常数与历史资料吻合较好。此外，根据潮汐性质的判别标准，可知该海域潮汐类型为规则半日潮汐。

表 4-3　辽东湾北部海域潮汐振幅与迟角

分潮	振幅（cm）	迟角（°）
O_1	21.03	52.20
K_1	43.01	91.80
M_2	131.06	138.39
S_2	28.11	214.76
M_4	5.07	220.85
MS_4	2.04	317.83

根据潮汐调和常数，由式（4-1）和式（4-2）可以近似计算出该海域的平均潮差和最大可能潮差。

$$\text{平衡潮差}=2.02H_{\mathrm{M}_2}+0.58H_{\mathrm{S}_2}{}^2/H_{\mathrm{M}_2}+0.08\left(H_{\mathrm{K}_1}+H_{\mathrm{O}_1}\right)^2/H_{\mathrm{M}_2} \tag{4-1}$$

$$\text{最大可能潮差}=2\times\left(1.29H_{\mathrm{S}_2}+1.23H_{\mathrm{M}_2}+H_{\mathrm{O}_1}+H_{\mathrm{K}_1}\right) \tag{4-2}$$

计算得出：辽东湾北部海域具有较大潮差，平均潮差为 2.71m，最大可能潮差为 5.23m，分别为辽东湾口东部海域平均潮差和最大可能潮差（赵骞等，2016b）的 2.85 倍和 2.30 倍。该海域潮差较大的主要原因是该海域较辽东湾口变窄，水深较湾口变浅，导致潮能在此辐聚。

二、双台子河口文蛤幼虫动力学模型

通过对双台子河口和大辽河口之间海域风场和流场的分析，本研究采用拉格朗日（Lagrangian）质点追踪方法对文蛤的来源与扩散路径进行探究和跟踪，该方法被前人广泛地应用于粒子迁移研究中（Drake et al.，2011）。该方法利用如下方程计算质点追踪轨迹：

$$\frac{\mathrm{d}x_i}{\mathrm{d}t}=V_{\mathrm{a}}(x_i,t)+V_{\mathrm{d}}(x_i,t) \tag{4-3}$$

式中，x_i 为质点坐标；$V_{\mathrm{a}}(x_i,t)$ 为 i 处的平流速度；$V_{\mathrm{d}}(x_i,t)$ 为随机速度；t 为时间。

考虑潮汐潮流、海面风场和入海径流的联合动力作用，在辽东湾北部海域的 4 条主要河流（双台子河、大辽河、大凌河和小凌河）河口处投放示踪粒子，将 15 天内的粒子运移轨迹输出。利用该模型对双台子河口，特别是蛤蜊岗周围海域和盘山滩涂近海海域的流场与风场进行模拟研究，最终了解该海域文蛤幼虫的扩散路径。

辽东湾北部海域利用拉格朗日粒子模拟的幼虫扩散路径如图 4-6 所示。粒子入海后受潮汐作用进行半日的旋转，并整体呈现向海域西侧偏移的运动状态。上述现象说明，辽东湾北部海域存在向西的余流，该余流是风海流、潮余流和入海径流共同作用的结果。此外，在潮流和风海流的联合作用下，从大辽河口、大凌河口和小凌河口释放的粒子呈螺旋形向西北方向运移；从双台子河口释放的粒子移至双台子河入海口并向西偏南方向移动，最终两股粒子合流于盘山滩涂近海并沿岸向西缓慢移动（图 4-6）。

通过模型预测文蛤幼虫轨迹可分析文蛤幼虫扩散的可能路径：①在风场的作用下，双台子河口的文蛤幼虫随流向北扩散至双台子河入海口，受到向西余流的作用向西北方向扩散；②靠近双台子河入海口处的文蛤幼虫受内陆径流的影响，并在风场和余流的共同作用下向西南方向扩散，最终到达盘山滩涂，选择适宜生境附着进一步变态生长；③同样受到余流作用，小部分文蛤幼虫随流向西扩散，由于受到内陆径流和河岸阻隔作用较小，继续向西扩散至距离更远的大凌河口滩

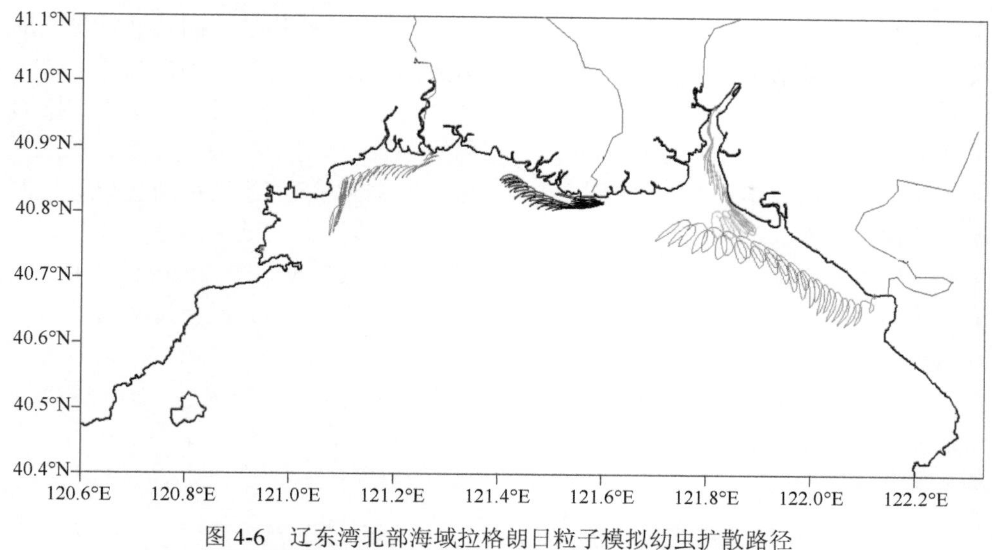

图 4-6　辽东湾北部海域拉格朗日粒子模拟幼虫扩散路径

不同颜色代表不同投放起始点的拉格朗日粒子扩散轨迹

涂附近，进而附着生长。

三、繁殖高峰期双台子河口不同形态文蛤幼虫的空间分布

北方文蛤的繁殖期为 6～8 月（刘志远和刘桂友，1981）。已有资料及实地调查数据表明，双台子河口的文蛤产卵高峰期处于 8 月中上旬（营口市水产科研所等，1982）。文蛤性腺成熟饱满后，经低盐度水流刺激易于产卵及孵化（陈冲等，1999；Jayabal and Kalyani，1986）。降雨和地表径流排水量上涨导致河口水体盐度降低，为滩涂文蛤的排卵和孵化提供了有利条件（Kalyanasundaram and Ramamoorthi，1987）。2015 年 8 月 1 日和 2 日在盘锦与营口地区发生强降雨，双台子河、大凌河和大辽河水位升高，入海淡水量显著增加，河口海水盐度下降，有利于该海域文蛤的产卵及孵化。本研究分别于文蛤产卵初期（2015 年 8 月 3 日）和高峰期（2015 年 8 月 7 日）对双台子河口文蛤幼虫进行了双船同步采样调查，一条船从盘山三道沟渔港码头出港，重点在蛤蜊岗西侧的盘山海域调查幼虫，另一条船从二界沟渔港码头出港，重点在蛤蜊岗东部和南部区域调查幼虫。本次调查共布设了 19 个站位，基本覆盖了双台子河口幼虫可能分布扩散的区域。本研究采用浮游生物拖网试验对文蛤幼虫进行了采集：采用Ⅱ型浮游动物网在调查站位进行垂直拖网，记录拖网时间，计算获得拖网过滤水体的体积。将拖网生物保存至甲醛溶液中，带回实验室进行幼虫形态学鉴定。

文蛤幼虫在 2015 年 8 月 3 日主要分布于蛤蜊岗西侧海域，主要由发育后期的壳顶幼虫组成，最高可达 1299.2ind/m^3，在大辽河口和蛤蜊岗之间的海域发现大量发育初期的壳顶幼虫（图 4-7）。调查期间仅在靠近蛤蜊岗的西南站位发现了文蛤的 D 形幼虫，其余站位均未采集到 D 形幼虫样本。分析原因，可能是由于文蛤 D 形幼虫时期较短（1 天左右），尚未扩散到海域其他区域便已经发展至壳顶幼虫，因此在其他海域较难采集到。根据上述结果，可以推测双台子河口的文蛤主要来源于蛤蜊岗西南部，该区域是双台子河口文蛤的幼虫库。此处文蛤分布数量大，每年 7 月底至 8 月中旬是文蛤排卵的最佳时期，此时表层水体平均温度约为 27℃，雨季的到来导致双台子河淡水的注入量增大，温度与淡水的刺激使得文蛤排卵程度达到最高峰。根据营口市水产科研所等（1982）的调查结果，蛤蜊岗文蛤资源丰富，特别是东南嘴文蛤数量占优势，为全岗文蛤总数的 39.1%。本研究的调查结果进一步印证了上述结论，并且证明了近 30 年来双台子河口文蛤幼虫库的位置基本没有发生变化。

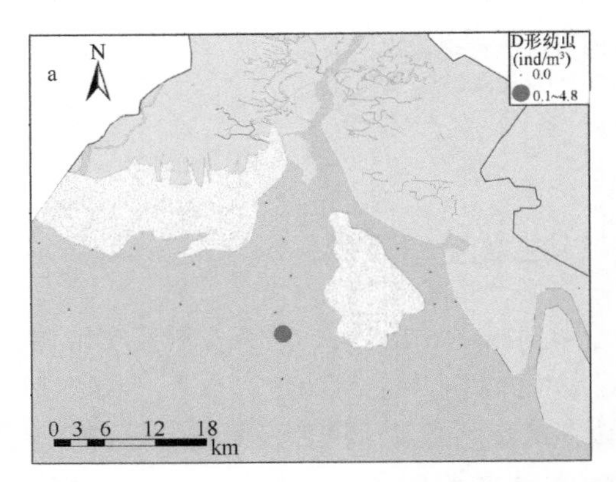

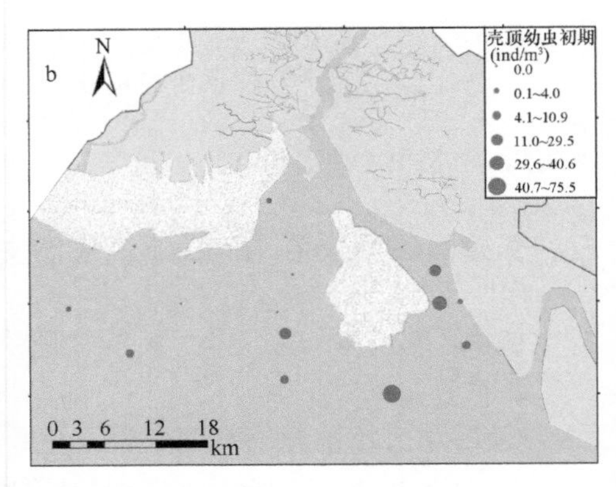

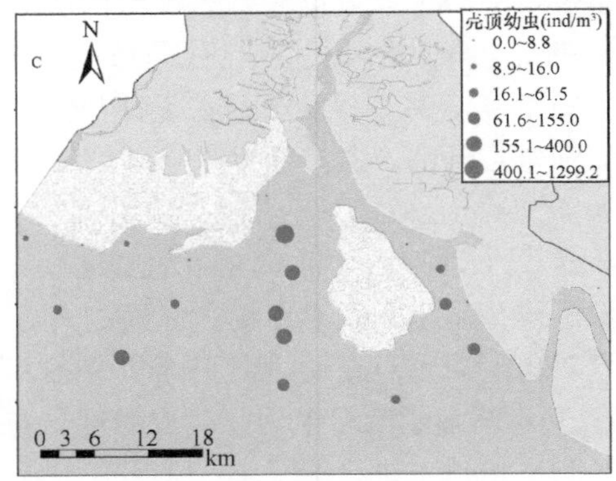

图 4-7　双台子河口 2015 年 8 月 3 日文蛤幼虫分布

2015 年 8 月 7 日双台子河口文蛤幼虫的数量明显低于 8 月 3 日的文蛤幼虫数量，且分布模式有较大差异（图 4-8）。文蛤幼虫群体主要分布于蛤蜊岗东部海域，主要由发育后期的壳顶幼虫组成，最高可达 300ind/m^3，显著低于 8 月 3 日的幼虫数量。此时在蛤蜊岗东部发现了大量处于壳顶幼虫初期的文蛤幼虫，但在蛤蜊岗西部的文蛤数量明显下降，在调查海域未发现文蛤的 D 形幼虫样本，表明经过 3 日的排卵高峰期，此时文蛤的排卵效率明显降低。值得一提的是，此时的文蛤幼虫数量由东向西逐渐减少，在盘山滩涂西侧海域未采集到幼虫样品，这与 3 日的调查结果差异较大，表明该时期的文蛤幼虫扩散能力也显著下降，无法进行长距离的迁徙，部分幼虫仅在蛤蜊岗海域附近扩散。

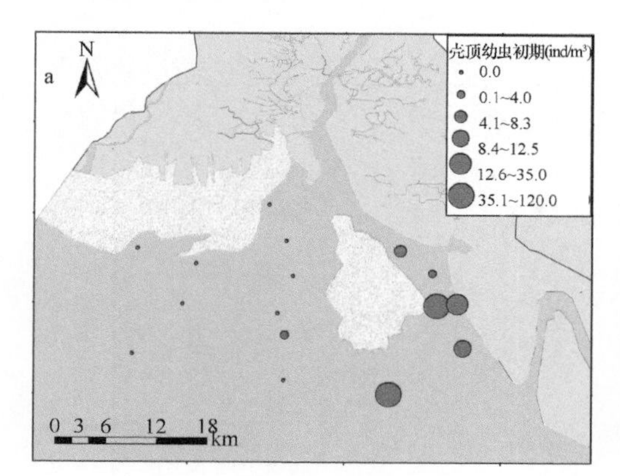

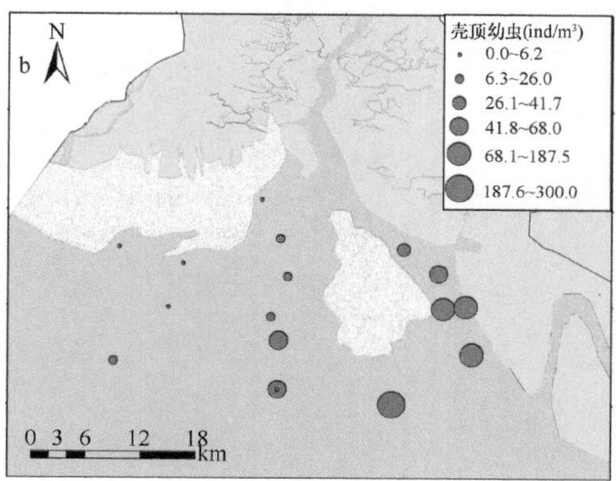

图 4-8　双台子河口 2015 年 8 月 7 日文蛤幼虫分布

四、双台子河口文蛤幼虫扩散路径

幼虫扩散是海洋生态系统的重要生物学过程，能够维持或扩大种群的分布，显著提升受损种群的恢复能力，并能促进地理隔离种群的交流。国内外学者就幼虫扩散模型进行了较多研究，通过现场调查、实验室内模拟及仿真模型等对幼虫的扩散路径及附着机制进行了深入的探究（王道儒等，2011；Gaines et al.，2007）。McVeigh 等（2017）对深海贝类 *Bathymodiolus childressi* 三种扩散策略对迁移距离的影响进行了研究，结果表明海底扩散模式、底-表层混合扩散模式和表层扩散模式决定了幼虫的迁移距离，其中采用表层扩散模式的幼虫迁移距离最远。浮游幼虫阶段（planktonic larval duration，PLD）是海洋生物的胚胎和幼虫在水体漂流与迁移的时间，通常被用来估算种群的迁移距离。浮游扩散的时间长短和距离受生物因素和环境因素的综合影响。软体动物的 PLD 普遍较短，如文蛤从 D 形幼虫变态完全至营底栖生活的时间为 4～5 天（姚国兴等，2000）。同时，幼虫被动扩散的路线主要受水动力影响，内波、潮流、对流等因素导致洋流环境复杂多变，给确定幼虫扩散路径的工作带来很大的不便（Scheltema，1986）。因此，结合水动力模型对幼虫的扩散路径进行预测，并采用实地调查数据进行验证是分析文蛤幼虫扩散走廊的有效方式，也是国内外研究学者普遍采用的研究方法（王道儒等，2011；Treml et al.，2008）。

本研究通过运用水动力模型及实地采样数据，推测文蛤幼虫的扩散走廊可能有三条（图 4-9）：第一条从蛤蜊岗的东南嘴，受海流直接影响向西迁移并扩散至盘山滩涂，在盘山滩涂附着、变态生长和栖息；第二条受余流和风场影响，由蛤蜊岗东南嘴向北扩散，至双台子河入海口又受到内陆径流冲击向西南方向偏移，最终到达盘山滩涂；第三条是蛤蜊岗东南嘴和蛤蜊岗南部之间的近距离扩散。动力学模型结果很好地验证了上述三条路径。

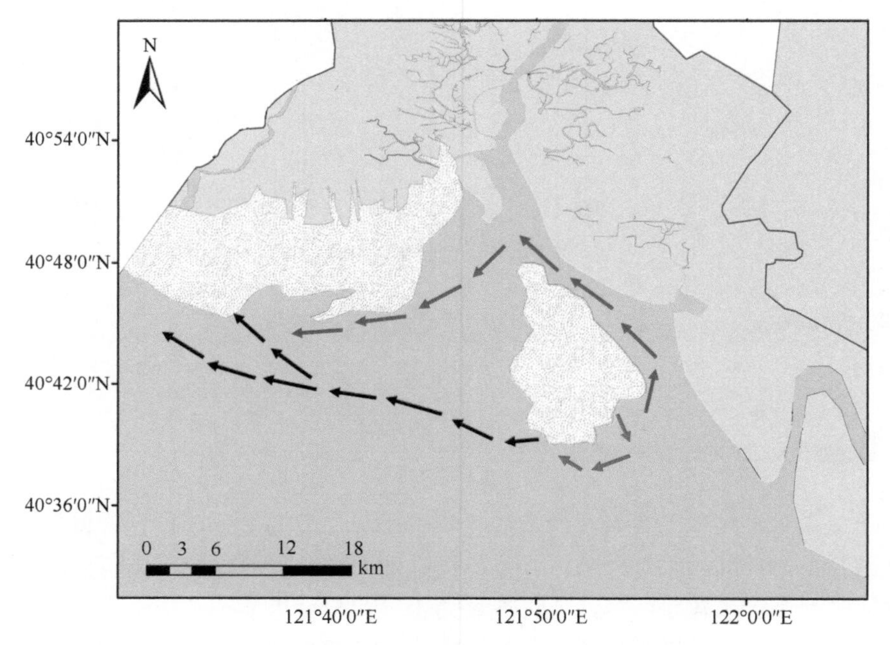

图 4-9　双台子河口文蛤幼虫扩散路径预测图

不同颜色的方向线代表了文蛤幼虫三条可能的扩散路径

通过生物-动力学模型得知，双台子河口近岸海域的文蛤幼虫会随着辽东湾北部西向环流到达盘山滩涂，对该区域的文蛤进行有效补充。为了对文蛤适宜性生境进行更好的保护，防止河口生态系统的持续退化，需要我们重新审视这些区域间的关联。例如，为了保护文蛤幼虫的来源，应该加强对蛤蜊岗东南嘴文蛤产区的管理，对可能影响文蛤幼虫扩散的走廊加以保护；减少贝类采集、拖网等人为干扰的威胁，扩大文蛤幼虫扩散走廊的保护范围，积极促进双台子河口破坏生境的有效恢复。

第三节　我国北方寒冷海区文蛤苗种三段式培育技术

进行有序的增殖放流是文蛤资源逐步恢复的有效手段之一，而成熟的苗种培育技术则是文蛤增殖放流苗种来源的重要保证。另外，由于辽东湾北部海域冬季封冰期长达 4 个月，当年培育出的文蛤稚贝需要经过室外越冬过程。实际生产中，由于室外越冬过程的难度较大及管理不善，文蛤稚贝“全军覆没”的事例常有发生。因此，为保证文蛤增殖放流的充足苗种来源，建立完善的适合我国北方寒冷海区的文蛤苗种培育技术体系（包括关键设施和技术）势在必行。

一、文蛤苗种培育技术的发展及现状

20 世纪 70 年代末，厦门水产学院和江苏省海洋水产研究所率先在国内开展了文蛤室内人工育苗研究，主要集中在人工诱导产卵、幼虫培育生态条件和适口饵料筛选等方面，并取得了较大进展，但未能解决苗种中间育成问题（王维德等，1980）。90 年代开始，山东省海洋水产研究所（魏利平等，1996）、辽宁省海洋水产研究所（陈远等，1998）、浙江省海洋水产养殖研究所（林志华等，2002）、中国科学院海洋研究所（Liu et al.，2006；Tang et al.，2006）及盘山县文蛤原种场（赵凯等，2010）相继开展了文蛤工厂化育苗技术研究，进一步完善了文蛤室内人工育苗技术。同时，袁成玉等（2003）、陈远（2005）、陈远等（2012）和张安国等（2011）进行了文蛤稚贝生产性室内或室外越冬暂养试验，在文蛤稚贝越冬技术方面有较大进展，但当时仍未完全实现规模化生产，难以满足我国逐渐增长的、用于滩涂增养殖的文蛤苗种需求。

我国山东以南的海区在文蛤苗种早期培育过程中，一般采用两段式培育技术，即室内人工育苗、室外池塘中间培育的途径。但生产实践证明，这种两段式文蛤苗种培育技术并不适用于我国北方寒冷海区。在我国辽宁双台子河口、大辽河口和鸭绿江口及山东黄河口等寒冷海区，由于冬季水温低、结冰期长等，文蛤苗种室外越冬易死亡、成活率低，因此苗种培育难以成功。为突破我国寒冷海区文蛤苗种培育困难这一技术瓶颈，国家海洋环境监测中心相关科研人员研发了一套用于文蛤稚贝寒冷海区越冬的苗种培育设施。在此基础上，增加了文蛤稚贝越冬培育环节，总结出我国北方寒冷海区文蛤苗种三段式培育关键技术（张安国等，2019a），即室内人工育苗—室外池塘越冬培育—室外池塘中间培育，着力提高了文蛤越冬成活率，从而完善了寒冷海区文蛤苗种培育技术体系，保证了文蛤苗种生产，为我国北方文蛤的资源修复奠定了坚实的基础。

二、三段式文蛤苗种培育技术

（一）文蛤室内人工育苗技术

文蛤室内人工育苗主要指文蛤亲贝筛选、产卵与孵化，并经过浮游幼体室内人工培育及壳顶幼虫培育，最终培育出壳长约为0.9mm文蛤稚贝的过程。该过程从6月末到10月初，主要包括以下技术环节。

1）亲贝筛选

挑选体质健康、色泽光亮、体表无损、生殖腺发育至Ⅳ期、3～5龄、壳长6～8cm的个体作为亲贝。

2）产卵与孵化

性腺成熟的文蛤亲贝放入产卵池后即可产卵、排精。受精后按照30～50ind/ml进行孵化。孵化期间每隔约1h搅拌一次池水，孵化水温为25℃左右。

3）D形幼虫培育

D形幼虫培育是指从壳长为90～100μm的幼体培育至壳长达150～160μm的过程（图4-10e）。D形幼虫培育密度为5～8ind/ml。幼虫培育期间，应保持弱光状态，采用静水或微量充气培育，每天换水1或2次，日换水量为水体的2/3～3/4。每天投饵6次，投喂饵料以金藻和扁藻两种单细胞藻类混合投喂为主，投喂密度分别为1.5×10^4～2.5×10^4cell/ml、0.3×10^4～0.6×10^4cell/ml。

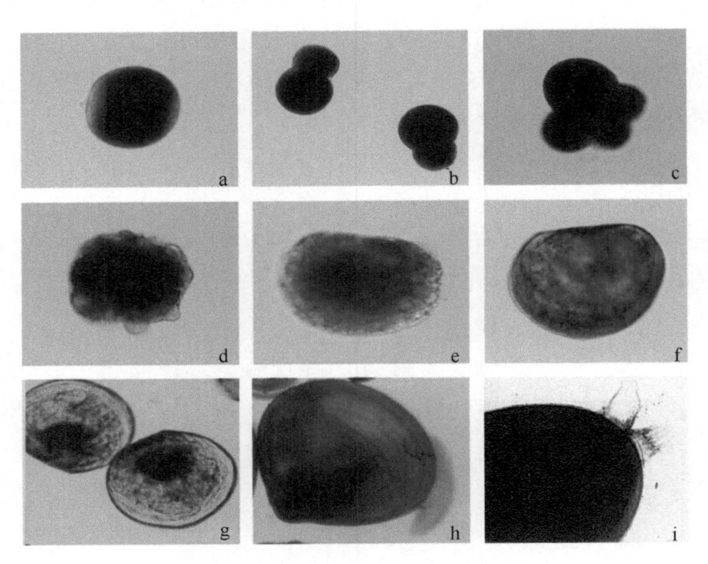

图4-10　文蛤的早期发育过程（张安国，2006）

a. 受精卵（出现第一极体）（×160）；b. 二细胞期（×160）；c. 四细胞期（×160）；d. 多细胞期（×160）；e. D形幼虫（×160）；f. 壳顶幼虫期（×160）；g. 壳顶幼虫后期（×160）；h. 稚贝（×40）；i. 幼贝（×40）

4）壳顶幼虫培育

壳顶幼虫培育是指将壳长为 150～160μm 的 D 形幼虫培育至壳长为 190～200μm 的壳顶幼虫的过程（图 4-10f、g）。壳顶幼虫培育密度为 8.0×10^5ind/m^2，同时投放消毒处理好的细砂，砂层厚度为 0.5～1.0cm。从浮游幼虫至壳顶幼虫变态率为 50%，壳长每天增加约 13μm。由于这一时期正值文蛤幼虫附着变态阶段，壳顶幼虫分泌黏液，因此水质、饵料及管理的好坏直接影响幼虫的变态率。此期间应保持培育水质新鲜，保证优质、充足的饵料供应。同时应定期用高压水枪冲洗池底砂层，以便清洗掉黏附于文蛤稚贝体表的脏东西。培育期间每天投饵 4～6 次，并保持投喂金藻和扁藻，同时根据水质的颜色调整饵料量。

5）稚贝培育

壳顶幼虫经 8～10 天的培育出现水管，水管的形成标志着壳顶幼虫转变为文蛤稚贝（图 4-10h）。在文蛤稚贝培育期间，饵料投喂方法及投喂量基本与壳顶幼虫培育期间相同。稚贝期饵料以扁藻、小球藻为主，同时配以金藻、牟氏角毛藻。每天换水一次，换水量 100%。换水的同时用高压枪冲洗砂层，达到排出残饵和粪便、清洗黏液的目的。培育水温控制在 23～29℃，稚贝投放密度约为 6.0×10^5ind/m^2。

6）文蛤室内人工育苗案例分析

2010 年 7 月 5 日，选择 3～5 龄、壳长 6～8cm、色泽光亮、体表无损、生殖腺发育至Ⅳ期的文蛤作为亲贝，总重量为 250kg。利用盘山县文蛤原种场（国家级文蛤原种场）1400m^3 水体共获得 20 亿粒受精卵。每个培育池为 24m^3，平均布设 1200 万 ind D 形幼虫。经过室内培育，共获得壳长为 700～1500μm 的文蛤稚贝 18 600 万 ind，稚贝壳长每天可增加 11.0μm 左右，稚贝成活率达 92%。

（二）文蛤室外池塘越冬培育技术

文蛤室外池塘越冬培育是指将当年室内人工培育获得的文蛤稚贝（壳长约为 0.9mm）经过越冬环节培育至壳长约为 1.1mm 稚贝的过程。时间大约从 10 月到次年的 4 月。

1）室外池塘越冬培育设施

适宜的培育设施是提高苗种成活率的重要基础。根据我国北方河口的生态和环境特点（如温度、底质和水质等），张安国等（2019b）设计了一套适用于北方寒冷地区的文蛤苗种越冬培育设施（图 4-11）。该设施是由上、下围网构建而成的陆基围隔，其主体部分主要包括水泥条块、竹帘、底层网衣、上层网衣、下层网衣、支撑杆和缆绳。各部分组合方式为：设施底部由水泥条块组合而成，规格为 6m×4m，上面铺设由竹子编制成的竹帘，在竹帘上方放置分别为 4 目和 8 目的尼龙筛绢网衣两层。上、下层网衣均为长方形，分别采用 20 目和 120 目的尼龙筛绢网，高度分别为 30cm 和 20cm，上、下层网衣用缝纫机缝合。网衣围绕长方形每隔 1m 以系带固定在支撑杆上，网衣上、下边缘用缆绳缝合在网衣中以对网衣进行加固。将网衣固定好后，在底层网衣上面放入 2cm 厚的细砂（经 80 目筛绢网过滤）。

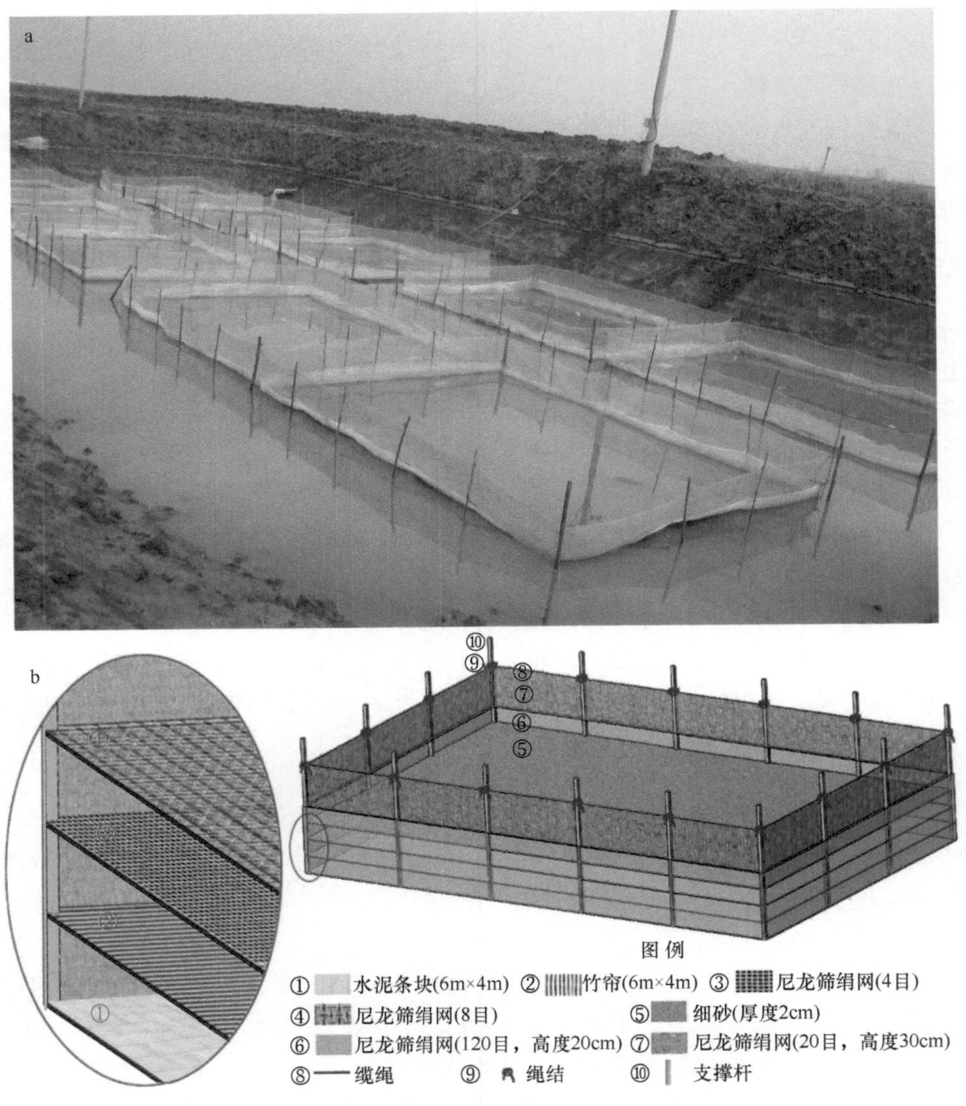

图 4-11　我国北方寒冷海区文蛤苗种室外池塘越冬培育设施

a 图为实图（袁秀堂拍摄），b 图为示意图及结构

2）技术要点及管理措施

按照约 1000 万 ind/箱的密度均匀播撒入上述越冬培育网箱中。培育有文蛤稚

贝的越冬池塘在入冬封冰前应尽可能将水位提高到水深 2.0m 以上。每周监测水温、盐度等环境要素，并检查越冬池塘底质情况。定期观察苗种生存情况。封冰后每两周打一次冰眼，下雪后应及时清除冰上的积雪。

3）文蛤室外越冬培育案例分析

2010 年 10 月至 2011 年 4 月在室外池塘进行文蛤苗种越冬培育，池塘面积约为 0.27hm^2。共放置 10 个网箱，规格为 6.0m×4.0m×0.5m，网箱底部所用网衣规格为 120 目，四周所用网目依次为 120 目和 20 目，高度分别为 20cm 和 30cm。同时在池塘底部用水泥条块制作网箱放置平台，上面铺有用竹子编制成的竹帘（有缝隙），在竹帘上方布设网目分别为 4 目和 8 目的网衣两层。2011 年 4 月 12 日，对越冬后的文蛤稚贝进行测量，测得文蛤苗种的平均壳长为 4.5mm 左右，总数量为 7100 万 ind 左右，越冬成活率约为 83%。结果表明，在我国北方寒冷海区采用该设施进行文蛤稚贝越冬培育是切实可行的。

（三）文蛤室外池塘中间培育技术

文蛤室外池塘中间培育是指将经过室外池塘越冬后的壳长约为 1.1mm 的文蛤稚贝置于室外池塘继续进行中间培育的过程。文蛤稚贝在该阶段生长速度快，经过 3 个多月的生长，文蛤苗种壳长可达 1.0cm，最终可进行目标海域的增殖放流，以进行文蛤资源修复。时间历程大约从 4 月到 8 月。

1）室外池塘中间培育设施

文蛤室外池塘中间培育并不更换设施，文蛤稚贝继续在越冬设施中进行培育。

2）技术要点及管理措施

（1）文蛤稚贝培育期间正值夏季高温季节，应加大换水量，促进稚贝生长。有条件的地区可以通过适当肥水或流水方式来促进苗种的生长。由于所用文蛤育苗场位于河口区域，夏季时淡水流入量大，盐度较低，因此，海水盐度应尽量维持在 20‰以上。

（2）投苗前用漂白粉对育成池进行消毒，清除螺类、蟹类等主要敌害，然后进水到 1m 左右，并肥水，透明度控制在 30～50cm，到中间培育时水位加到 1.5m。

（3）文蛤室外池塘中间培育管理主要分为三个时期：育成前期（4～5 月），每 7 天用 5cm 的水泵冲洗苗种 1 次，每 2 天换水 1 次，换水量为 1/2；育成中期（5～6 月），每 5 天冲洗苗种 1 次，每 2 天换水 1 次，换水量为 1/2；育成后期（7～8 月），管理与育成中期基本一致。培育期间，用直径为 5.1cm 的潜水泵冲洗网箱内砂层。中间培育阶段定期测定水温、盐度等水质理化因子，并检查底质变化情况及苗种生存情况。

（4）文蛤稚贝培育期间生长迅速，应及时将稚贝进行分选，将不同规格的文蛤苗种分别进行育成。将壳长大于 3mm 的文蛤稚贝分选后直接放入经过处理（用漂白粉对育成池进行消毒，清除螺类、蟹类等主要敌害）的池塘内育成。

3）文蛤室外池塘中间培育案例分析

2011 年 4～8 月，将文蛤苗种放入室外虾池进行中间培育，共用 2 个池塘，面积均为 0.07hm^2 左右。每个池塘中布设 10 个网箱，每个网箱规格为 6.0m×4.0m×0.5m，将网箱放置在搭好的平台上加以固定，每个网箱放入厚度为 2cm 的经 80 目筛绢网过滤的细砂，并用直径 5cm 的水泵清洗。苗种投放时按约 100 万 ind/箱的密度均匀播撒入网箱中。按照上述管理措施，经过中间培育过程，2011 年 8 月共获得平均壳长≥1.3cm 的苗种 1150 万 ind 左右、1.3cm 以下的苗种约 550 万 ind，文蛤稚贝的中间育成成活率约为 85%。文蛤稚贝的生长情况如图 4-12 所示。可以看出，文蛤稚贝在 4 月生长相对缓慢，进入 5 月以后，文蛤个体生长速度加快，进入快速生长期。

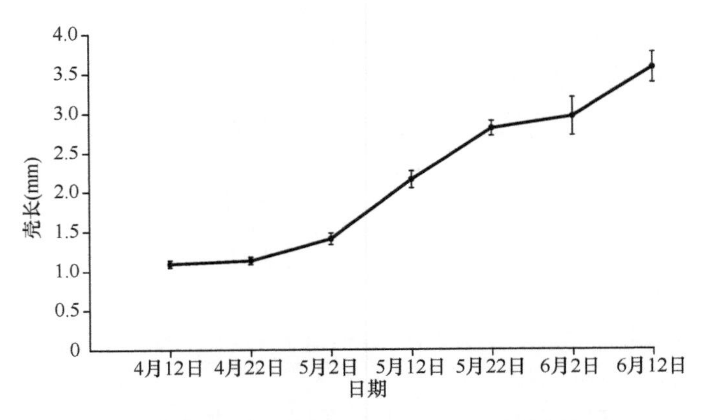

图 4-12　文蛤稚贝中间培育生长状况（改自张安国等，2011）

第四节　双台子河口文蛤潜在适宜性生境预测

生境是生物个体、种群或群落栖息的场所，是其能够完成生命周期所需的各种生态环境因子的总和（Hirzel et al.，2006）。适宜的生境不仅能够为物种提供良好的寄宿、丰富的食物等优良生存条件，也为物种繁衍后代、育幼等提供可靠的空间基础（Law and Dickman，1998）。由于人类活动、气候变化、物种入侵等因素的影响，适宜原有物种生存的环境条件逐渐退化和丧失，形成的不适宜生境将原有生境分割成大小不一的斑块状，这一过程称为生境破碎化（Fahrig，2003）。生境破碎化导致生态群落格局发生变化，适宜性生境面积逐渐减少，阻隔了种群间的交流、扩散和分布。为了有效缓解和解决生境破碎化加速带来的问题，对生境的保护、管理和修复是维系生态系统正常运转的必要途径，而对物种生境适宜性进行评价是制订生境保护和管理措施的前提。

随着双台子河口文蛤生境破碎化程度的加重，预测文蛤的潜在分布区并进行适宜性评价，确定影响其分布和最适宜生长的主导环境因子，对于了解文蛤资源在双台子河口的整体概况、实施文蛤野生资源保护和在适宜生境进行资源修复具有十分重要的意义。目前主要运用物种分布模型（species distribution model，SDM）预测物种的潜在分布区。经过多年的研究和开发，不同算法的 SDM 被运用到预测和分析生境适宜性的研究中。其中生态位因子分析模型、广义可加模型、广义线性模型、环境包络模型、随机森林模型、人工神经网络模型、最大熵模型等被广泛应用于物种潜在适生分布区预测研究（杨晓龙等，2017）。但目前国内外尚未见关于文蛤生境适宜性研究的报道。本研究基于双台子河口滩涂底质环境条件和文蛤资源分布状况，结合该区域滩涂污染物的分布特征及生态风险，运用最大熵（maximum entropy，MaxEnt）模型预测双台子河口滩涂中文蛤的潜在适宜生境，并对文蛤的时空分布格局进行了分析，为该地区文蛤的增殖放流地点的选择和养护等关键环节提供理论依据和基础数据。

一、模型介绍

MaxEnt 模型基于 Jaynes（1957）提出的最大熵理论，即通过已知部分对未知分布最客观的判断就是符合随机变量最不确定，也就是熵最大时的推断。MaxEnt 模型根据目标物种现实分布点的地理坐标和分布区的环境变量分布特征，经过运算得出约束条件，探寻此约束条件下最大熵的可能分布，以此来预测目标物种在研究地区的生境分布。2004 年，Phillips 等开发了 MaxEnt 软件，近来被广泛用于物种生境适宜区的预测和评价，表现出良好的预测能力。该模型提供了自检验功能，可以自动生成受试者操作特征（receiver operating characteristic，ROC）曲线进行模型的模拟预测自检。MaxEnt 模型的最大优势在于对物种生境进行评价与预测时，只需物种“出现点”的数据，数据量越大，预测精度越高。双台子河口滩涂文蛤的分布范围在不同季节处于动态变化中，在无法准确获取文蛤绝对“未出现点”数据的实际情况下，MaxEnt 模型相较其他模型具有更大的优势。

二、物种分布数据

文蛤的分布点数据主要来源于 2013 年夏季双台子河口文蛤资源实地调查数据。样本点信息基本均匀覆盖文蛤在双台子河口滩涂的现有分布区。对具有精确经纬度的标本信息直接使用，对已知详细具体分布地点的标本信息，借助 GPS 确定其经纬度坐标，然后去除经纬度重复和标本信息缺失的数据，最终整理得到包括文蛤密度、经纬度等的准确样本信息共 31 个。

三、环境数据

环境变量是影响文蛤生长和分布的关键因子，本研究中选取的环境变量包括沉积环境、重金属和持久性有机污染物 3 种类型共 11 个变量，详见表 4-4。

表 4-4　环境变量分类及来源

类型	代码	变量	来源
沉积环境	OM	有机质（%）	Yang et al.，2015
	Mud	粉砂和黏土总含量（%）	Yang et al.，2015
	Mz	平均粒径（phi）	Yang et al.，2015
	TOC	总有机碳（%）	Yuan et al.，2017
	Eh	氧化还原电位（mV）	实测数据
重金属	**Cd**	镉（mg/kg）	Yang et al.，2015
	Hg	汞（mg/kg）	Yang et al.，2015
	Pb	铅（mg/kg）	Yang et al.，2015
持久性有机污染物	DDTs	双对氯苯基三氯乙烷（ng/g）	Yuan et al.，2015
	CHLs	氯丹（ng/g）	Yuan et al.，2016
	BPA	双酚 A（ng/g）	Yuan et al.，2016

注：代码中字体加粗的为用于构建模型的环境变量，不加粗的为不参与构建模型的环境变量

由于环境变量之间有一定的相关性，为避免产生变量的自相关效应，需对环境变量的相关性分析后才可应用于物种分布模型的预测和模拟。参照 Yang 等（2013）的方法，对 11 个环境变量进行多重共线性分析（SPSS 16.0），检验变量之间的相关性，若两个以上变量间的相关性绝对值大于 0.70，则只将一个变量选入模型。最终得到 7 个环境变量，包括 3 个沉积环境变量（Mud、TOC 和 Eh）、2 个重金属变量（Cd 和 Pb）和 2 个持久性有机污染物变量（CHLs 和 BPA）（表 4-5）。利用 GIS Arctoolbox 模块中的 Spatial Analyst Tools 模块对相关环境变量进行 Kriging 插值分析，使用 Conversion Tools 将插值结果转换为 ASCII 格式，并从国家基础地理信息系统（http://nfgis.nsdi.gov.cn/）下载获得双台子河口地图作为分析底图，进行相对应的中国环境图层的提取。图层分辨率为 25m。

四、双台子河口滩涂文蛤的潜在分布区预测

根据现场调查的文蛤分布数据，导入 MaxEnt 软件，获得文蛤在双台子河口滩涂的适宜性分布结果，如图 4-13 所示。文蛤在蛤蜊岗和盘山滩涂均有分布，主要分布于盘山滩涂西侧的潮下带及蛤蜊岗南部的潮下带。预测结果与现场调查结果一致，能够较为客观地预测文蛤在双台子河口滩涂的分布情况。

表 4-5　双台子河口滩涂环境因子 Pearson 相关性系数

环境因子	**Cd**	Hg	**Pb**	DDTs	**CHLs**	**BPA**	**Eh**	OM	**Mud**	Mz	**TOC**
Cd	1	0.638*	0.024	0.545*	0.228	–0.336	–0.333	0.610*	0.516	0.518*	0.348
Hg		1	0.168	0.583*	0.271	–0.329	–0.127	0.828*	0.843*	0.865*	0.527*
Pb			1	–0.384	0.027	0.280	0.306	0.069	0.345	0.348	0.271
DDTs				1	0.434	–0.621*	–0.538*	0.687*	0.441	0.447*	0.248
CHLs					1	–0.322	–0.182	0.402	0.282	0.270	0.323
BPA						1	0.640*	–0.484	–0.080	–0.092	–0.094
Eh							1	–0.320	0.056	0.040	0.057
OM								1	0.769*	0.774*	0.500
Mud									1	0.989*	0.611*
Mz										1	0.601*
TOC											1

注：加粗的环境因子为模型选择变量。*表示在 0.05 水平上显著相关

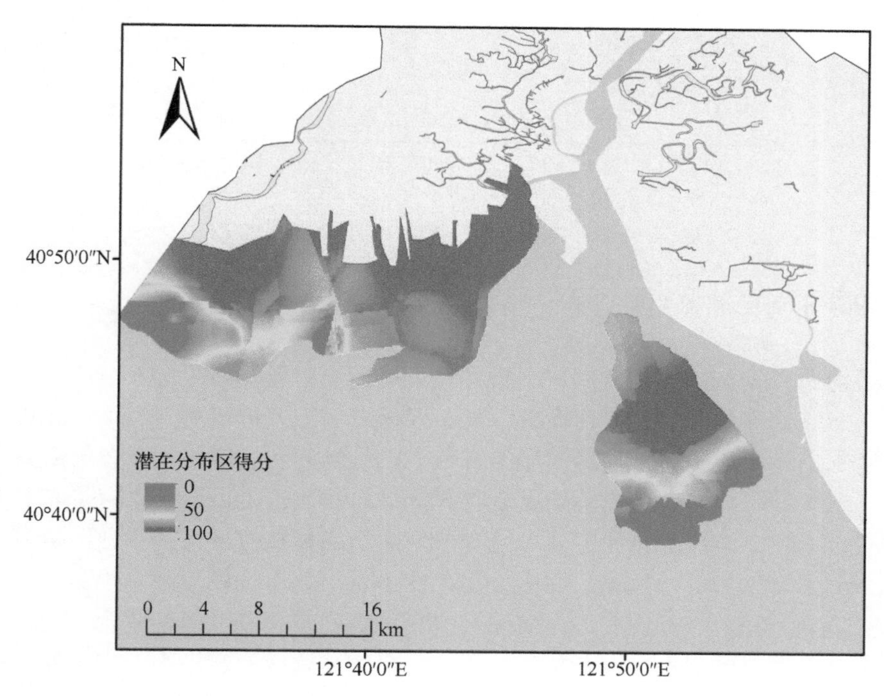

图 4-13　双台子河口滩涂文蛤的潜在分布区预测

近年来，受试者操作特征（ROC）曲线分析方法在物种潜在分布预测模型评价中应用越来越广泛。ROC 曲线下方的面积为 AUC 值，AUC 值因不受阈值

影响，是目前最常用的模型评价指标之一。一般认为 AUC 值为 0.5～0.7 时预测结果较差，AUC 值为 0.7～0.8 时预测结果中等，AUC 值为 0.8～0.9 时预测结果较好，AUC 值大于 0.9 时预测结果优秀。本研究 ROC 的评价结果为：训练集（training data）AUC 值为 0.899，验证集（test data）AUC 值为 0.820，表明 MaxEnt 模型的预测结果可信度较高（图 4-14）。

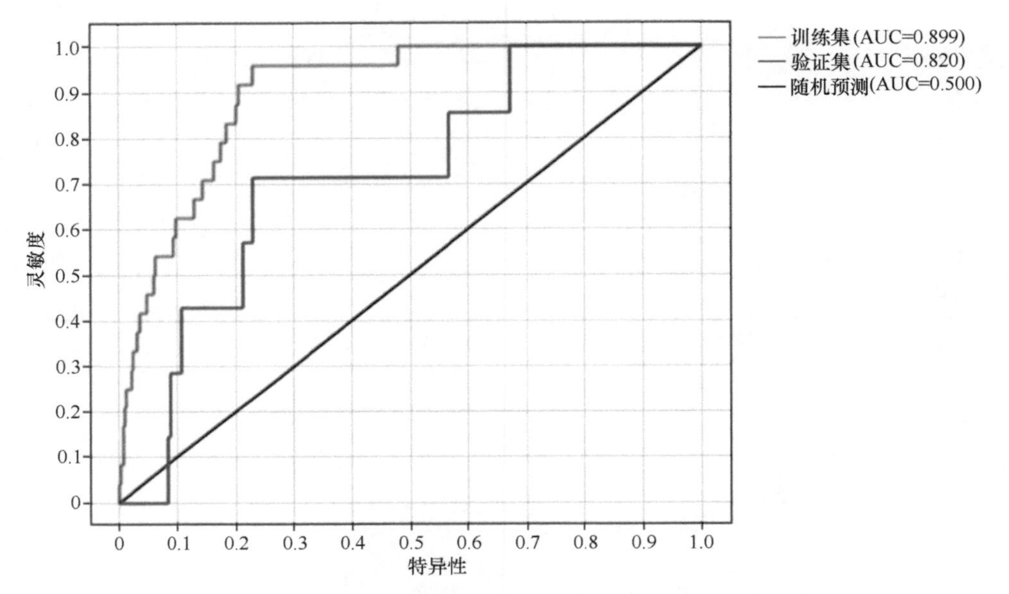

图 4-14　双台子河口滩涂文蛤潜在分布预测结果的 ROC 验证

五、双台子河口滩涂文蛤分布与环境因子的关系

刀切法（jacknife）常被用来分析各个环境因子对预测结果的影响程度，或用来确定影响物种分布的关键性环境因素。根据刀切法分析得到的结果，计算参与模型建立的环境因子对最大熵模型的贡献率，可以判断影响物种分布的主要环境因子。本研究中，刀切法检验结果表明：Mud、Eh、CHLs、Pb 和 BPA 是影响文蛤在双台子河口滩涂分布的主要环境变量，对训练集模拟结果的单独贡献率分别是 52.86%、49.17%、37.04%、36.58%和 28.44%，在所选环境因子中累积贡献率高达 85.44%（图 4-15）。其中，Mud 和 Eh 的贡献率最高，说明双台子河口滩涂的文蛤分布主要受沉积物自身特征的影响，但较高浓度的污染物对文蛤的分布同样起到重要的作用，如 CHLs、Pb 和 BPA。

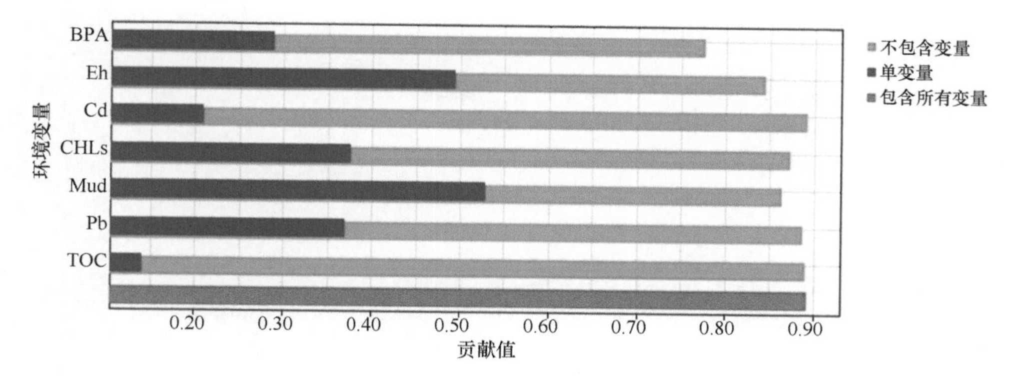

图 4-15　预测模型训练数据集环境变量贡献值

文蛤分布概率对主要环境因子的响应曲线如图 4-16 所示。Mud 在 12%的时候文蛤的分布概率最高，此后随着 Mud 含量的增加分布概率逐渐降低。相关研究表明，Mud 是影响文蛤生存的重要指标之一。Mud 是表征沉积物含砂量的主要变量之一，且同沉积物含砂量具有显著的负相关性，即含砂量越高，Mud 越低。有研究报道，文蛤在较高含砂量的沉积物中潜砂率最高，随着沉积物含砂量的减少，文蛤潜砂率逐渐降低（张安国等，2015），这一结论与本研究结果一致。氧化还原电位（Eh）是近岸海域沉积物中多种氧化物质与还原物质发生氧化还原反应的综合结果。表层沉积物 Eh 的大小客观地表征沉积物间隙水的氧化性、还原性的相对程度，Eh 的变化可以直接反映近海沉积物环境的改变（吴金浩等，2012）。在本研究中，文蛤的分布概率随着 Eh 的增加呈先增加后降低的趋势，并在 Eh 为 −138mV 时文蛤的分布概率最高。重金属和持久性有机污染物是双台子河口滩涂的主要污染物，其中有多种污染物已经对底栖生物的生存和繁殖构成威胁。CHLs 是一种残留性杀虫剂，具有长的残留期，主要作用于软体动物的神经系统，造成神经系统的功能性紊乱（Vargas-González et al.，2016），而 BPA 作用于软体动物的抗氧化和解毒系统相关酶，高浓度的 BPA 使相关酶失活（张海丽等，2012）。Pb、Cd 和 Hg 是河口区较为常见的重金属污染物，在海洋中，Pb 污染成了海洋重金属污染中的一种，与 Cu、Cd 等金属相比，Pb 更容易被某些海洋生物所累积，并对生物造成不同程度的伤害（李华等，2011）。当生物体受到 Pb 等重金属污染物刺激时，体内会产生大量的活性氧，造成生物体的氧化损伤，如酶蛋白失活、DNA 断裂等（Winston et al.，1991）。在本研究选取的污染物因子中，CHLs、Pb 和 BPA 是影响文蛤分布的主要污染物。由图 4-16 可知，随着污染物浓度的增加，文蛤的分布概率显著降低。

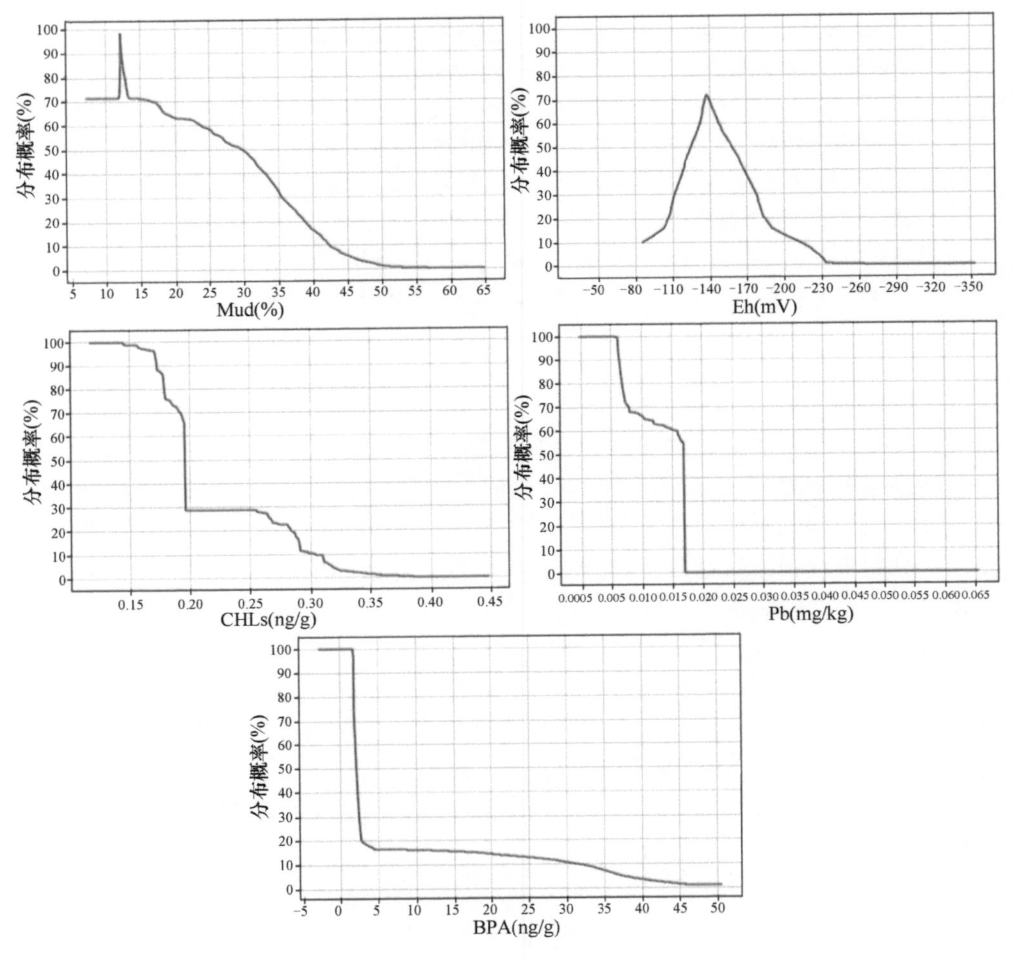

图 4-16　文蛤分布概率对主要环境因子的响应曲线

六、双台子河口文蛤生境适宜性分布

将 MaxEnt 模型输出的 ASCII 文件导入到 ArcGIS 10.2 中，利用 Arctool box 软件包的转换工具将文件转化为浮点型栅格数据，采用自然间断点分级法将潜在生境分布图重新分为 4 个等级：0～30 为非适生区，30～60 为低适生区，60～80 为中适生区，80～100 为高适生区（图 4-17）。利用软件对各个分区的面积进行统计，统计结果见表 4-6，文蛤生存的生境（包括高适生区和中适生区）的面积为 68.55km^2，占全部面积的 23.96%。其中，高适生区的面积为 25.07km^2，占全部调查区域面积的 8.76%，中适生区面积为 43.48km^2，占全部调查区域面积的 15.20%。而非适生区和低适生区的面积分别为 168.00km^2 和 49.51km^2，共占全部调查区域的 76.04%。双台子河口滩涂文蛤的适宜生境主要分布于盘山滩涂的低潮带和蛤蜊岗南端远离入海口的低潮带。文蛤的生境适宜性主要取决于沉积物的类型及其理化性质。由于文蛤的摄食方式为滤食性，易于在体内富集重金属和持久性有机污染物。高浓度的污染物会对文蛤，特别是文蛤幼体造成不可逆的伤害。因此，本研究在关注沉积物理化性质的同时，也考虑到污染物对文蛤分布的影响。Mud 与水流强度具有较强的相关性，而在潮间带，Mud 更是与潮位紧密联系（Thrush et al., 2003），通常被作为潮位的替代环境因子来预测埋栖性贝类（如菲律宾蛤仔、文蛤等）的潜在分布区。Bidegain 等（2015）的研究表明，菲律宾蛤仔在 Mud 含量较高的区域易于生存，在本研究中，文蛤更倾向粉砂和黏土含量较高的区域。低潮带的沉积物环境理化性质更适合文蛤生存和生长，同时由于低潮带水体运动较频繁，污染物含量明显低于其他区域，为文蛤的生存和生长提供了较为良好的外在环境。

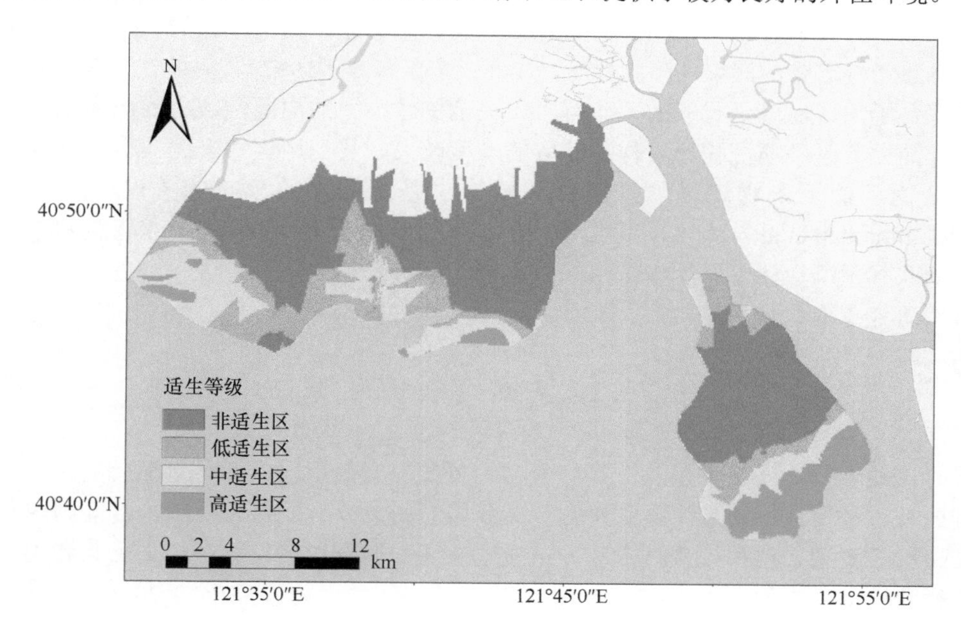

图 4-17　双台子河口滩涂文蛤生境适宜性分布

表 4-6　双台子河口滩涂文蛤生境适宜性面积统计

适宜性	面积（km^2）	面积所占比例（%）
高适生区	25.07	8.76
中适生区	43.48	15.20
低适生区	49.51	17.31
非适生区	168.00	58.73

本研究基于 MaxEnt 模型对双台子河口滩涂的潜在分布区进行了预测。研究结果表明，预测结果很好地反映了文蛤的分布情况。一般认为，相较于规则集遗传算法模型等其他生态位模型，MaxEnt 模型的预测结果较为保守，能使预测结果更加精确，减少假阳性的概率（崔相艳等，2016），这也可能是造成本研究预测的高适生区面积较少的原因。基于上述原因，今后在进行生态位模型分析的时候，应尝试多种模型，并把预测结果与实际分布情况进行比较，对不同模型的预测结果进行综合评价与分析，而不能仅基于 AUC 值评判模型的优劣。这样能够减少由假阳性和假阴性造成的错误预测。同时需进一步补充数据，以减少低数据量导致的结果偏差，模拟出近于真实的文蛤分布情况，为今后的增殖放流和管护工作提供更为科学的理论借鉴。

值得一提的是，本研究只局限于双台子河口潮间带区域文蛤的生境适宜性预测。而诸多报道表明，文蛤具有“跑滩”的生态习性，较大个体的文蛤更易迁移并栖息于潮下带的海域（陈胜林等，2006；李庆彪等，1997）。所以，对本研究中的双台子河口而言，我们的工作有“研究范围较小”的局限性，主要原因是潮下带样品尤其是砂质沉积环境样品获取的难度较大，我们用箱式采泥器也未能取到不受扰动的沉积物。另外，水深和盐度也是影响文蛤分布的关键环境要素（Boominathan et al.，2008），由于本研究的范围局限于潮间带，因此未将这两个指标纳入到预测指标中。期望未来的研究能够解决上述缺陷，并进一步完善模型和扩大研究范围。

第五节　文蛤增殖放流关键技术

实践表明，人工增殖放流是修复文蛤资源的有效手段，而与之配套的技术标准或规程是保证增殖放流顺利进行和文蛤资源得以恢复的技术保障。目前国内与文蛤种质资源、苗种繁育技术和养殖技术有关的标准较多，如中华人民共和国水产行业标准《文蛤》(SC 2035—2006）和《文蛤养殖技术规范》(SC/T 2036—2006)、山东省地方标准《无公害食品 文蛤养殖技术规范》(DB37/T 453—2010)、浙江省地方标准《文蛤 第 1 部分：养殖技术规范》（DB33/T 565.1—2013）及《无公害文蛤 第 4 部分：苗种质量》（DB33/T 565.4—2009）等。但是，国内至今未见文蛤增殖放流方面的技术标准，而我国各地组织开展的渔业资源增殖活动也尚缺乏与具体增殖物种相关的技术规程。国家海洋环境监测中心牵头，联合盘山县海洋与渔业局共同制定了辽宁省地方标准《文蛤增殖放流技术规程》（DB21/T 2046—2012）（详见文后《文蛤增殖放流技术规程》（DB21/T 2046—2012）），该标准成为文蛤增殖放流的主要技术依据。在此基础上，本节更详细地介绍了我们在双台子河口进行的文蛤增殖放流活动及放流过程中涉及的放流海域选择及其环境条件、苗种质量、苗种规格、放流时间及放流方法、苗种包装及运输、资源保护与跟踪监测等内容，从而促进双台子河口文蛤资源的恢复和可持续发展，同时也为其他区域海洋贝类的增殖放流活动提供参考。

一、放流海域选择及其环境条件

增殖放流海域的选择是决定增殖放流效果的重要因素。研究表明，最适宜的放流海域应是增殖放流苗种的自然产卵场，因为产卵场的水温、盐度、溶解氧、饵料生物和敌害生物等环境条件都比较适合苗种的生长与存活（Aprahamian et al.，2003；唐启升和苏纪兰，2001）。在增殖放流前，应收集拟增殖放流海域文蛤资源与海区状况、水质及底质环境状况的历史资料，并进行针对性补充调查，确定该海域是否适宜文蛤增殖放流，并根据文蛤资源状况确定放流量。资料表明，文蛤增殖放流海域应以水质肥沃、饵料生物丰富的海区为宜，历史上有文蛤自然资源，附近无工农业污染，滩涂广阔平坦，潮流畅通平缓，水温 4～30℃，盐度15～33，其他水质指标应符合《渔业水质标准》（GB 11607—89）的要求。以粒度 0.2～0.7mm 细砂质底质为宜，其他指标应符合《农产品安全质量 无公害水产品产地环境要求》（GB/T 18407.4—2001）的要求。

二、苗种质量

苗种质量是增殖放流活动的前提和关键所在，从根本上决定了增殖放流的效果。增殖放流所用文蛤苗种首先要确保健康强壮，主要是指文蛤苗种斧足潜砂动作明显（图 4-18）、对外界刺激反应灵敏、受惊后贝壳能快速紧闭，这样才能提高其在自然环境条件下的存活率。

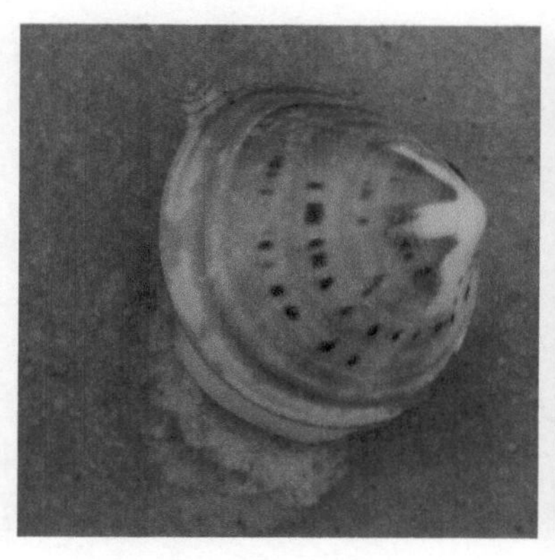
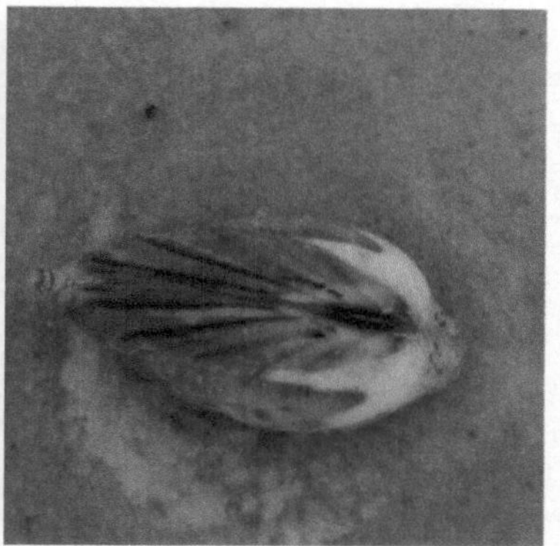

图 4-18　文蛤潜砂（张安国等，2015）

此外，文蛤苗种必须经过检验检疫，确保无病害、无禁用药物残留。检验具体方法为：以一个放流批次作为一个检验组批，出池前或运输前按批进行检验，随机取样 3 次，每次不少于 200 个，用游标卡尺（精度 0.02mm）测量壳长（图 4-19），统计规格合格率，取 3 次算术平均值，从样品中随机取 200～500 个苗种，查计畸形、壳破碎及空壳苗种数。文蛤苗种的规格合格率应不低于 95%，伤残空壳率应不高于 4%。

图 4-19　文蛤苗种的测量（张安国拍摄）

为保证自然海区文蛤野生资源的有效恢复，繁育增殖放流苗种所用文蛤亲贝应为野生原种，禁止使用人工选育的品种及杂交种。

三、苗种规格

确定最适苗种规格也是取得良好增殖放流效果的基础，种苗的放流规格不仅与增殖后的成活率有直接关系，并且直接决定放流成本（侯朝伟等，2015）。由于辽东湾海区的文蛤一般在每年的 7～8 月繁殖，当年 11 月稚贝壳长可生长到 10～15mm，第二年越冬后 5 月中旬壳长可达 12～18mm，8～10 月壳长可达 20mm 以上（赫崇波和陈洪大，1997）。另外，实践表明，在每年的放流时间（5～6 月和 9～10 月），文蛤苗种壳长分别为 12mm 和 20mm（图 4-20）。因此，文蛤增殖放流过程中将壳长大于 12mm 的健康苗种视为合格。同时鼓励增殖放流实施单位放流壳长 20mm 以上的 1 龄苗种（9～10 月放流），此期放流存活率最高，且放流一年后达繁殖期，增殖效果最佳，有利于放流海区文蛤种群的自我恢复。

图 4-20　壳长 1cm 以上的文蛤放流苗种（张安国拍摄）

四、文蛤苗种的包装及运输

根据文蛤苗种规格，宜采用筛孔尺寸为 0.83～1.70mm 的筛绢袋装苗种，每袋包装重量应不大于 5kg。用砂滤海水淋湿文蛤苗种，置于开口的塑料桶、泡沫箱等硬质容器中，谨防苗种放置容器积水。陆上运输宜采用冷藏车、货车；海上运输宜采用小型渔船、运输船等。宜在 5～25℃气温条件下，采用冷藏车、货车或小型渔船、运输船等运输，途中保持文蛤苗种湿润，运输时间不宜超过 12h；运输途中避免日晒、雨淋、挤压、风吹。

五、放流时间及放流方法

（一）放流时间

放流时间也是决定增殖放流效果的重要因素之一。为提高放流苗种成活率，一般在春季和秋季两个季节放流文蛤苗种，即春季放流宜选择 4～5 月，秋季宜选择 9～10 月。放流海区水温以 15～20℃为宜，苗种培育水温与放流海区水温相差 2℃以内。增殖放流时应选择风力 5 级及以下，水域浪高 1.0m 以下的天气。如果放流海区风浪过大或 2 日以内有 5 级以上大风天气，应暂停放流。

（二）放流方法

文蛤苗种适宜放流于中、低潮区，应在落潮前投放到放流区域。将文蛤苗种用船运至增殖放流水域，稳定船速（3～4 节），然后在顺风一侧贴近海面将文蛤苗种分散投放至水中（图 4-21）。放流船只宜来回行驶平行航线，两相邻平行航线之间不超过 200m。应测量并记录投苗区水深、表层和底层水温、pH 和盐度等主要环境参数，并根据当地当日气象预报情况记录天气、风向和风力，填写增殖放流记录表。

图 4-21　文蛤苗种的投放（张安国拍摄）

六、资源保护与跟踪监测

生态系统监测是增殖放流生物资源保护的重要环节，通过监测可以确定生物资源修复工程是否按照计划朝着既定目标发展。

文蛤苗种增殖放流后，应接受当地渔政管理机构监督管理（图 4-22）。放流区域及周围 1000m 范围内，2 年内不宜用底拖网等损害性渔具作业。收获规格壳长不小于 50mm，收获应避开辽东湾文蛤繁殖期（7～8 月）。同时由增殖放流实施单位按《海洋调查规范 第 4 部分：海水化学要素调查》（GB/T 12763.4—2007）和《海洋监测规范 第 3 部分：样品采集、贮存与运输》（GB 17378.3—2007）的方法，定期监测放流苗种的生长及分布情况，以检查放流效果和指导后续的增殖放流工作。鼓励有条件的增殖放流实施单位评估放流文蛤的种群遗传结构和数量、放流海区的生物多样性及群落演替。

图 4-22　渔政船在文蛤增殖放流区域进行看护监督（袁秀堂拍摄）

第六节　文蛤资源修复示范区建设及保障

通过模拟双台子河口文蛤幼虫扩散路径和预测文蛤潜在的适宜性生境，我们在双台子河口建立了文蛤资源修复示范区。同时，在成熟的三段式文蛤苗种培育技术保障下，以及《文蛤增殖放流技术规程》（DB21/T 2046—2012）的指导下，国家海洋环境监测中心联合盘山县文蛤原种场等部门连续进行了多年的文蛤增殖放流实践活动。

一、文蛤资源修复示范区规划

在现场调研及对文蛤幼虫扩散路径和文蛤潜在的适宜性生境预测分析的基础上，我们将双台子河口文蛤资源修复规划分苗种培育区、增殖放流区和文蛤商品蛤采捕区三部分来分区实施，并建立了文蛤资源修复示范区。文蛤资源修复示范区面积约为 5000 亩①，位于辽东湾双台子河口西岸的盘山滩涂，坐标为（40.795 90°N～40.810 16°N，121.611 45°E～121.647 59°E）（图 4-23）。

（一）苗种培育区的确定

为保证文蛤野生资源的有效修复，在盘山县文蛤原种场（国家级文蛤原种场）（图 4-24）利用野生文蛤原种作为繁育增殖放流苗种所用文蛤亲贝。该场拥有 4500m^3 育苗水体，池塘文蛤保种 300 亩，文蛤养殖池塘 500 亩，滩涂文蛤养殖和保种面积为 1 万亩。该场先后承担了“文蛤工厂化育苗技术研究”“文蛤苗种繁育

① 1 亩≈666.7m^2，下同。

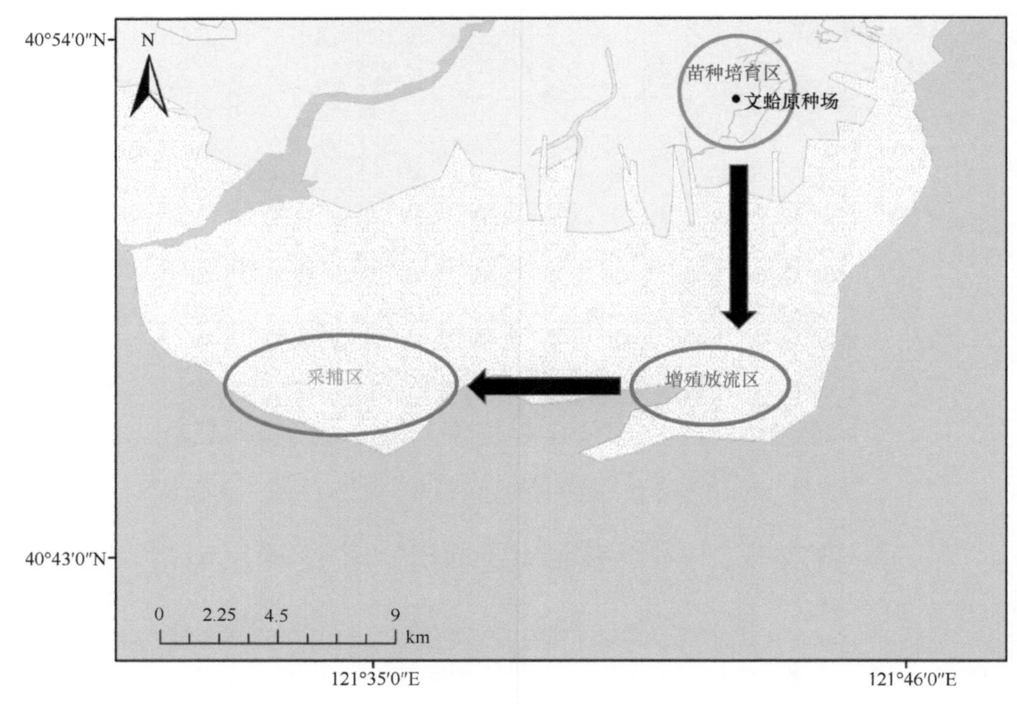

图 4-23　双台子河口文蛤资源修复示范区规划及实施

及增养殖产业化开发”等科技攻关项目，其中“文蛤工厂化育苗技术研究”项目于 2001 年获辽宁省政府科技进步奖二等奖，并于 2002 年被科技部立项为农业科技成果转化资金项目。盘山县文蛤原种场所拥有的文蛤人工育苗、苗种室外越冬培育及育成技术已达到国内先进水平。

图 4-24　盘山县文蛤原种场（张安国拍摄）

（二）文蛤增殖放流区的确定

文蛤增殖放流区的选择主要考虑以下两方面因素：一方面，该海区属泥砂质海底，水质状况良好、流速适中，单细胞藻类丰富，是文蛤的自然产卵场和幼虫附着区域，基本符合文蛤苗种底播潜居及正常生长的环境范围；另一方面，放流区域与文蛤苗种培育区域（盘山县文蛤原种场）距离较近，便于苗种的运输。

（三）文蛤商品蛤采捕区的确定

由于文蛤具有"跑滩"迁移的生态习性（陈胜林等，2006；李庆彪等，1997），随着个体的增长，在增殖放流区的文蛤苗种会迁移到双台子河口盘山滩涂附近区域，因此选定双台子河口西部盘山滩涂区域作为文蛤商品蛤的采捕区。

对上述文蛤资源修复示范区的合理规划和分区实施措施，为双台子河口文蛤资源的恢复奠定了坚实的基础，并为文蛤资源的修复效果提供了重要保障。

二、示范区文蛤增殖放流活动

国家海洋环境监测中心联合盘锦市海洋与渔业局、盘山县海洋与渔业局、盘山县文蛤原种场和盘山县贝类增殖管理站陆续开展了文蛤底播增殖放流活动，分别于2012年7月、2013年7月和2014年7月在辽东湾盘山海域附近进行了大规模文蛤苗种增殖放流活动（图4-25），投放文蛤苗种累计达3.77亿ind（表4-7），文蛤苗种为1龄个体，壳长约为1.1cm。增殖放流方式按照《文蛤增殖放流技术规程》（DB21/T 2046—2012）要求，作业人员有序将文蛤苗种均匀撒播在选定海区。

图 4-25　双台子河口文蛤增殖放流过程（张安国拍摄）

表 4-7　文蛤资源增殖放流时间及苗种规格和数量

放流时间	苗种规格（壳长，cm）	投苗量（亿 ind）
2012 年 7 月 20 日	1.3	1.50
2013 年 7 月 30 日	0.8	1.50
2014 年 7 月 19 日	1.0	0.77

开展文蛤增殖放流活动，加强了社会各界对增殖放流的认知和参与程度，营造了社会各界关注海洋生物资源养护的良好氛围，提升了当地渔民对海洋渔业资源和海洋生态环境的保护意识，进一步普及了增殖放流等科学知识的科普宣传（图 4-26），为实现辽东湾海洋生物资源合理及持续利用奠定了基础，并产生了良好的经济效益、生态效益和社会效益。

图 4-26　双台子河口文蛤增殖放流活动科普宣传

三、文蛤资源修复的保障机制

示范区建设实践给我们的启示是，持续增加 1 龄个体的放流，直到文蛤种群能够自我繁衍为止；在管理上要大大减小捕捞强度，加强监视监管。为此，我们针对双台子河口文蛤资源修复提出以下保障机制。

（1）经费筹措：省、市、站（场）三级筹措资金，公益为先，集中放流，共同看护和采捕。并从每年的采捕收益中回流部分资金用于增殖放流的苗种培育。

（2）苗种保障：建议海洋监管部门在辽东湾区域选定几个规模较大且资质过关的育苗场，将筹措的资金按生产能力和生产质量配给，促进文蛤苗种的培育。

（3）计划采捕：各地方增殖站（场）共同监管和养护，加强管理。降低采捕强度，使文蛤资源获得休养生息的机会。充分利用滩涂优势，积极进行放流增殖，增加资源的补充群体。

主要参考文献

陈冲, 王志松, 隋锡林. 1999. 盐度对文蛤孵化及幼体存活和生长的影响. 海洋科学, (3): 16-18.

陈胜林, 李金明, 刘振鲁. 2006. 文蛤潮间带移动规律的研究. 水产科技情报, 33(3): 112-113.

陈小燕. 2011. 河口、海湾生态系统健康评价方法及其应用研究. 中国海洋大学博士学位论文.

陈远. 2005. 文蛤工厂化人工育苗技术(二). 水产科学, 24(6): 53-55.

陈远, 陈冲, 王笑月, 等. 1998. 文蛤工厂化人工育苗技术研究. 大连水产学院学报, 13(2): 73-78.

陈远, 姜靖宇, 李石磊, 等. 2012. 盘锦蛤蜊岗、小河滩涂文蛤及其相关资源调查报告. 河北渔业, (1): 46-49.

崔相艳, 王文娟, 杨小强, 等. 2016. 基于生态位模型预测野生油茶的潜在分布. 生物多样性, 24(10): 1117-1128.

郭金龙, 孙桂清, 赵振良, 等. 2015. 2013 年秦皇岛海域牙鲆增殖放流跟踪调查与效益分析. 河北渔业, (11): 20-22.

赫崇波, 陈洪大. 1997. 滩涂养殖文蛤生长和生态习性的初步研究. 水产科学, 16(5): 17-20.

侯朝伟, 顾侨侨, 李增, 等. 2015. 五垒岛湾中国明对虾大、小规格苗种增殖放流效果对比分析. 水产科学, 34(5): 282-287.

李华, 孙虎山, 李磊. 2011. 铅污染对海洋生物影响的研究进展. 水产科学, 30(3): 177-181.

李庆彪, 董景华, 李梦笔, 等. 1997. 渤海湾潮间带文蛤群体组成、分布和移动习性的调查. 海洋学报, 19(6): 116-120.

林志华, 柴雪良, 方军, 等. 2002. 文蛤工厂化育苗技术. 上海海洋大学学报, 11(3): 242-247.

刘恒魁. 1990. 辽东湾近岸水域海流特征分析. 海洋科学, 2(14): 23-27.

刘进贤, 高天翔, 吴世芳, 等. 2007. 梭鱼的分子系统地理学研究——晚更新世西北太平洋边缘海隔离分化及其有限的扩散能力. 中国海洋大学学报(自然科学版), 37(6): 931-938.

刘莉莉, 万荣, 段媛媛, 等. 2008. 山东省海洋渔业资源增殖放流及其渔业效益. 海洋湖沼通报, (4): 91-98.

刘连生, 闫茂仓, 赵海泉, 等. 2010. 哈氏弧菌文蛤分离株 WGl 702 培养条件优化研究. 水产科学, 29(2): 79-82.

刘志远, 刘桂友. 1981. 滦南县沿海文蛤资源初步调查小结. 河北渔业, (6): 18-22.

罗有声. 1983. 辽河口文蛤苗场特点的研究. 水产科学, (4): 6-10.

乔璐璐, 鲍献文, 吴德星. 2006. 渤海夏季实测潮流特征. 海洋工程, 24(3): 45-52.
唐启升, 苏纪兰. 2001. 海洋生态系统动力学研究与海洋生物资源可持续利用. 地球科学进展, 16(1): 5-11.
王道儒, 王华接, 李元超, 等. 2011. 雷州半岛珊瑚幼虫补充来源初步研究. 热带海洋学报, 30(2): 26-32.
王辉. 2011. 生态资源调查, 救救辽东湾亚健康现状. http://www.er-china.com/PowerLeader/html/2011/07/20110727152330.shtml [2019-06-18].
王金叶, 张安国, 李晓东, 等. 2016. 蛤蜊岗滩涂贝类分布及其与环境因子的关系. 海洋科学, 40(4): 32-39.
王如才, 王昭萍, 张建中. 1993. 海水贝类养殖学. 青岛: 青岛海洋大学出版社: 322-324.
王维德, 张媛溶, 王惠冲, 等. 1980. 文蛤人工育苗的初步研究. 动物学杂志, (4): 1-4.
王晓梅, 张彬, 杨文波, 等. 2010. 水生生物增殖放流效益的实现分析. 中国渔业经济, 28(1): 82-90.
魏利平. 1984. 光滑蓝蛤的生活习性及人工育苗的初步试验. 海洋科学, (6): 32-35.
魏利平, 徐宗法, 王育红, 等. 1996. 文蛤人工育苗技术研究. 齐鲁渔业, 13(4): 15-18.
吴冠, 王锡侯, 刘恒魁. 1991. 辽东湾顶浅海区海流分布特征. 海洋通报, 10(5): 8-13.
吴金浩, 刘桂英, 王年斌, 等. 2012. 辽东湾北部海域表层沉积物氧化还原电位及其主要影响因素. 沉积学报, 30(2): 333-339.
杨晓龙, 杨超杰, 胡成业, 等. 2017. 物种分布模型在海洋潜在生境预测的应用研究进展. 应用生态学报, 28(6): 2063-2072.
姚国兴, 宋晓村, 于志华, 等. 2000. 环境因子对文蛤幼苗生长的影响. 水产养殖, (1): 17-18.
营口市水产科研所, 大洼县养贝场, 大洼县畜牧水产处水产科. 1982. 蛤蜊岗文蛤资源初步调查报告. 水产科学, (3): 50-54.
袁成玉, 陈远, 李桐良, 等. 2003. 文蛤稚贝生产性室内越冬暂养试验. 大连水产学院学报, 18(1): 67-69.
张安国. 2006. 文蛤的遗传标记与杂交育种的初步研究. 宁波大学硕士学位论文.
张安国. 2015. 双台子河口文蛤资源恢复及其与环境的相互作用. 宁波大学博士学位论文.
张安国, 李太武, 苏秀榕, 等. 2003. 不同地理种群文蛤的营养成分研究. 水产科学, 25(2): 79-81.
张安国, 王丽丽, 杨晓龙, 等. 2019a. 适合我国北方寒冷海区的文蛤大规格苗种三段式培育方法: CN201910583533.X. 2019-11-01.
张安国, 王丽丽, 杨晓龙, 等. 2019b. 一种文蛤苗种室外池塘越冬培育设施: ZL201921004237.1.
张安国, 袁秀堂, 侯文久, 等. 2014. 文蛤的生物沉积和呼吸排泄过程及其在双台子河口水层–底栖系统中的耦合作用. 生态学报, 34(22): 6573-6582.
张安国, 袁秀堂, 杨凤影, 等. 2015. 温度、盐度及底质对文蛤潜砂行为的影响. 生态学杂志, 34(6): 1595-1601.
张安国, 袁秀堂, 赵凯, 等. 2011. 文蛤稚贝室外虾池越冬管理及中间暂养技术的研究. 科学养鱼, (10): 36-37.
张海丽, 边海燕, 杨跃志, 等. 2012. 酚类污染物对菲律宾蛤仔抗氧化和解毒系统相关酶活性的影响. 中国海洋大学学报, 42(3): 21-26.
张万隆. 1993. 我国文蛤 *Meretrix meretrix* L. T.增养殖技术现状及其发展前景. 现代渔业信息, 8(6): 18-24.

赵凯, 张安国, 袁秀堂. 2010. 辽东湾文蛤人工育苗技术研究. 科学养鱼, (12): 36-37.

赵骞, 陈超, 丁德文, 等. 2016a. 基于海床基观测资料的辽东湾东部海流特征研究. 海洋工程, 34(4): 119-125.

赵骞, 王梦佳, 丁德文, 等. 2016b. 基于长期观测的辽东湾口东部海域水动力特征研究. 海洋学报, 38(1): 20-30.

庄启谦. 2001. 中国动物志. 软体动物门、双壳纲、帘蛤科. 北京: 科学出版社: 171-182.

Aprahamian M W, Smith K M, Mcginnity P, et al. 2003. Restocking of salmonids—opportunities and limitations. Fisheries Research, 62(2): 211-227.

Barber P H, Palumbi S R, Erdmann M V, et al. 2002. Sharp genetic breaks among populations of *Haptosquilla pulchella* (Stomatopoda) indicate limits to larval transport: patterns, causes, and consequences. Molecular Ecology, 11(4): 659-674.

Bidegain G, Bárcena J F, García A, et al. 2015. Predicting coexistence and predominance patterns between the introduced Manila clam (*Ruditapes philippinarum*) and the European native clam (*Ruditapes decussatus*). Estuarine, Coastal and Shelf Science, 152: 162-172.

Boominathan M, Chandran M D S, Ramachandra T V. 2008. Economic valuation of bivalves in the Aghanashini Estuary, west coast, Karnataka. Sahyadri Conservation Series, 9: 1-33.

Drake P T, Edwards C A, Barth J A. 2011. Dispersion and connectivity estimates along the US west coast from a realistic numerical model. Journal of Marine Research, 69(1): 1-37.

Fahrig L. 2003. Effects of habitat fragmentation on biodiversity. Annual Review of Ecology, Evolution, and Systematics, 34(1): 487-515.

Gaines S D, Gaylord B, Gerber L R, et al. 2007. Connecting places: the ecological consequences of dispersal in the sea. Oceanography, 20(3): 90-99.

Gray J S. 1981. The Ecology of Marine Sediments: An introduction to the Structure and Function of Benthic Communities. New York: Cambridge University Press: 185.

Hirzel A H, Le Lay G, Helfer V, et al. 2006. Evaluating the ability of habitat suitability models to predict species presences. Ecological Modelling, 199(2): 142-152.

Jayabal R, Kalyani M. 1986. Reproductive cycles of some bivalves from Vellar Estuary. East Coast of India, 15: 59-60.

Jaynes E T. 1957. Information theory and statistical mechanics. Physical Review, 106(4): 620.

Kalyanasundaram M, Ramamoorthi K. 1987. Larval development of the clam *Meretrix meretrix* (Linnaeus). Mahasagar, 20(2): 115-120.

Kostecki C, Roussel J M, Desroy N, et al. 2012. Trophic ecology of juvenile flatfish in a coastal nursery ground: contributions of intertidal primary production and freshwater particulate organic matter. Marine Ecology Progress Series, 449: 221-232.

Law B S, Dickman C R. 1998. The use of habitat mosaics by terrestrial vertebrate fauna: implications for conservation and management. Biodiversity and Conservation, 7(3): 323-333.

Liu B Z, Dong B, Tang B J, et al. 2006. Effect of stocking density on growth, settlement and survival of clam larvae, *Meretrix meretrix*. Aquaculture, 258: 344-349.

McVeigh D M, Eggleston D B, Todd A C, et al. 2017. The influence of larval migration and dispersal depth on potential larval trajectories of a deep-sea bivalve. Deep Sea Research Part Ⅰ: Oceanographic Research Papers, 127: 57-64.

Scheltema R S. 1986. On dispersal and planktonic larvae of benthic invertebrates: an eclectic overview and summary of problems. Bulletin of Marine Science, 39(2): 290-322.

Strathmann R R, Hughes T P, Kuris A M, et al. 2002. Evolution of local recruitment and its consequences for marine populations. Bulletin of Marine Science, 70(1): 377-396.

Swearer S E, Shima J S, Hellberg M E, et al. 2002. Evidence of self-recruitment in demersal marine populations. Bulletin of Marine Science, 70(1): 251-271.

Tang B J, Liu B Z, Wang G D, et al. 2006. Effects of various algal diets and starvation on larval growth and survival of *Meretrix meretrix*. Aquaculture, 254: 526-533.

Thrush S F, Hewitt J E, Norkko A, et al. 2003. Habitat change in estuaries: predicting broad-scale responses of intertidal macrofauna to sediment mud content. Marine Ecology Progress Series, 263: 101-112.

Treml E A, Halpin P N, Urban D L, et al. 2008. Modeling population connectivity by ocean currents, a graph-theoretic approach for marine conservation. Landscape Ecology, 23(1): 19-36.

Vargas-González H H, Méndez-Rodríguez L C, García-Hernández J, et al. 2016. Persistent organic pollutants (POPs) in populations of the clam *Chione californiensis* in coastal lagoons of the Gulf of California. Journal of Environmental Science and Health, Part B, 51(7): 435-445.

Wang Q, Liu B Z, Yang H S, et al. 2009. Toxicity of lead, cadmium and mercury on embryogenesis, survival, growth and metamorphosis of *Meretrix meretrix* larvae. Ecotoxicology, 18: 829-837.

Wang Q, Yang H S, Liu B Z, et al. 2012. Toxicity effect of benzo[*a*]pyrene (Bap) and Aroclor 1254 on embryogenesis, larval growth, survival, and metamorphosis of the bivalve *Meretrix meretrix*. Ecotoxicology, 21: 1617-1624.

Winston G W. 1991. Oxidants and antioxidants in aquatic animals. Comparative Biochemistry and Physiology Part C: Comparative Pharmacology, 100(1-2): 173-176.

Yang X L, Yuan X T, Zhang A G, et al. 2015. Spatial distribution and sources of heavy metals and petroleum hydrocarbon in the sand flats of Shuangtaizi Estuary, Bohai Sea of China. Marine Pollution Bulletin, 95(1): 503-512.

Yang X Q, Kushwaha S P S, Saran S, et al. 2013. Maxent modeling for predicting the potential distribution of medicinal plant, *Justicia adhatoda* L. in Lesser Himalayan foothills. Ecological Engineering, 51: 83-87.

Yuan X T, Yang X L, Na G S, et al. 2015. Polychlorinated biphenyls and organochlorine pesticides in surface sediments from the sand flats of Shuangtaizi Estuary, China: levels, distribution, and possible sources. Environmental Science and Pollution Research, 22(18): 14337-14348.

Yuan X T, Yang X L, Zhang A G, et al. 2017. Distribution, potential sources and ecological risks of two persistent organic pollutants in the intertidal sediment at the Shuangtaizi Estuary, Bohai Sea of China. Marine Pollution Bulletin, 114: 419-427.

Zhang A G, Wang L L, Zhao S L, et al. 2017. Heavy metals in seawater and sediments from the northern Liaodong Bay of China: levels, distribution and potential risks. Regional Studies in Marine Science, 11: 32-42.

Zhang A G, Yuan X T, Hou W J, et al. 2013. Carbon, nitrogen, and phosphorus budgets of the surfclam *Mactra veneriformis* (Reeve) based on a field study in the Shuangtaizi Estuary, Bohai Sea of China. Journal of Shellfish Research, 32(2): 275-284.

Zhang A G, Yuan X T, Yang X L, et al. 2016a. Temporal and spatial distributions of intertidal macrobenthos in the sand flats of the Shuangtaizi Estuary, Bohai Sea in China. Acta Ecologica Sinica, 36(3): 172-179.

Zhang A G, Zhao S L, Wang L L, et al. 2016b. Polycyclic aromatic hydrocarbons (PAHs) in seawater and sediments from the northern Liaodong Bay, China. Marine Pollution Bulletin, 113(1-2): 592-599.

第五章　双台子河口文蛤资源修复效果评价

为应对我国近海重要经济生物资源的衰退现状，农业部于2010年印发了《全国水生生物增殖放流总体规划（2011—2015年）》，以实现修复我国近海生物资源的目标。该文件规范和细化了各海域增殖放流任务，提出了渤海、黄海、东海及南海具体适宜增殖放流的种类，规划了45种经济物种的适宜放流海域。此后，相关科研单位及各省市海洋与渔业主管部门均进行了较大规模的增殖放流活动。但是，各地开展增殖放流活动的实际资源修复效果如何？同时，当前对生物资源修复效果的评价多停留在定性分析上，缺乏定量的、长时间序列的调查数据支撑。本章以双台子河口重要经济贝类——文蛤的资源修复为样本，以长期监测的数据为基础，从修复区域文蛤资源量的变化情况、文蛤遗传多样性及物种生物多样性三个方面，分析文蛤增殖放流后的修复效果及其对区域生态系统的影响，期望为其他区域重要经济生物资源增殖放流的修复效果系统评价提供参考。

第一节　双台子河口文蛤资源量的变化

目标修复种类丰度和生物量的增加是增殖放流活动最核心的问题，同时，增加的资源量能否使目标修复种类达到自我繁衍的程度是另一个核心问题。某种群的自我繁衍和得当的养护管理是评估生物资源修复成功与否的根本。本节基于双台子河口文蛤增殖放流前后资源量的监测数据，分析了资源量的变化趋势，并从种群生态学的角度分析了其种群的潜在变化趋势，从而评估了文蛤资源的修复效果。

一、调查与评估方法

双台子河和大凌河之间的盘山滩涂是双台子河口文蛤资源分布的核心区之一，也是盘山县贝类增殖管理站进行文蛤增殖和采捕的主要区域。我们在盘山滩涂靠近大凌河口的区域（增殖放流活动前，该区域被当地渔民认为是双台子河口能采捕到文蛤的仅有区域）布设了3个调查断面，每个断面均匀布设了3个站位（S1～S9）（图5-1），分别于2011年7月（夏季）和10月（秋季）、2012年5月（春季）大潮期对盘山滩涂文蛤资源量进行了三个航次的现场调查。但是，这三次调查仅为摸底性质，存在调查范围较窄和调查站位过少的问题。因此，自增殖放流后，我们于2013年制定了更为详细的双台子河口文蛤资源量调查方案，共布设了7个调查断面（A～G），46个站位（图5-1），于2013～2018年的春季（5月）、夏季（8月）和秋季（10月）大潮期进行了现场调查（图5-2），以便更系统全面地评估文蛤资源量及种群结构的变化状况。

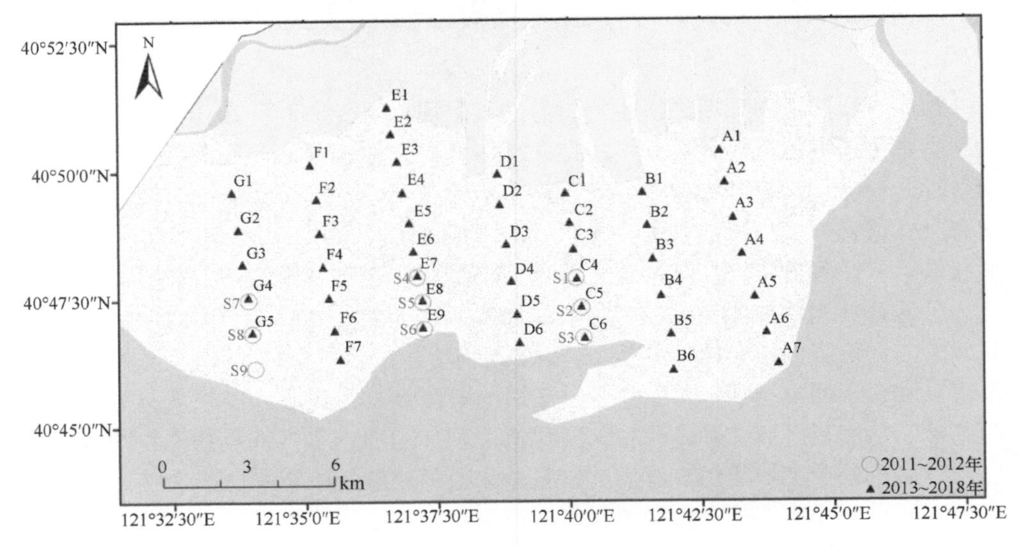

图5-1 增殖放流前后文蛤资源调查站位图

图5-2 文蛤增殖放流示范区现场调查（张安国、杨晓龙拍摄）

样品采集方法参照《海洋调查规范 第6部分：海洋生物调查》（GB/T 12763.6—2007）。每站位取8个样方（25cm×25cm×20cm），将样方内的沉积物（深度约20cm）全部取出，然后用直径约40cm、孔径为40目的大型底栖动物分样筛进行筛选（图5-2）。将采集的文蛤个体带回实验室后用游标卡尺（精度为0.01mm）测量其壳长、壳高和壳宽，依据壳长对采捕到的文蛤进行年龄分期（1龄文蛤壳长0～2cm；2龄文蛤壳长2.0～3.2cm，平均2.7cm；3龄文蛤壳长3.5～4.5cm，平均4.0cm；4龄文蛤壳长4.5～5.3cm，平均5.0cm；5龄文蛤壳长5.4～6.2cm，平均 5.8cm）（赫崇波和陈洪大，1997）。然后用电子天平（精度为 0.01g）称文蛤湿重（WM，g）。根据以上参数估算文蛤密度（ind/m^2）和生物量（g/m^2）。

二、文蛤分布密度和生物量的变化

调查结果显示，增殖放流前盘山滩涂文蛤的密度和生物量均很低：2011 年和 2012 年文蛤的分布密度仅分别为 0.7ind/m^2 和 0.6ind/m^2（图 5-3），生物量分别为 18.0g/m^2 和 6.8g/m^2（图 5-4）。

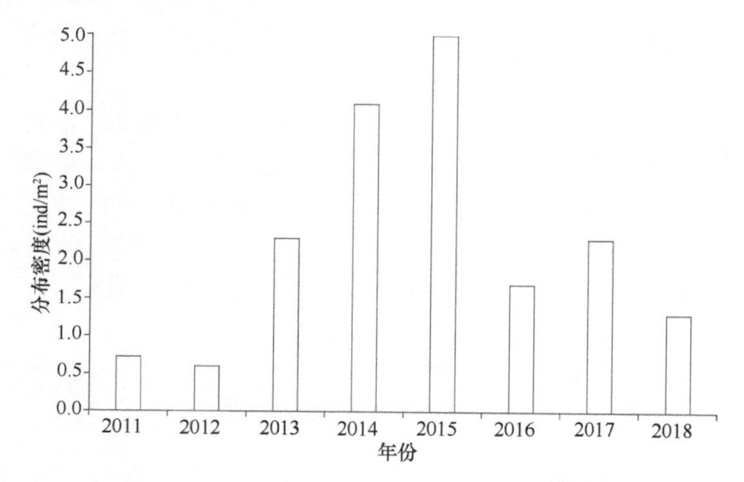

图 5-3 2011～2018 年文蛤分布密度的变化趋势

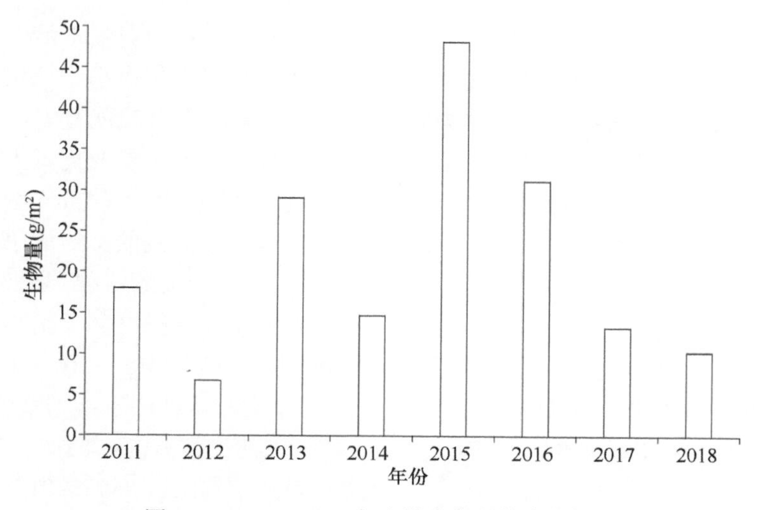

图 5-4 2011～2018 年文蛤生物量的变化趋势

经过2012～2014年连续3年的文蛤增殖放流，2011～2018年盘山滩涂文蛤的分布密度总体上呈现先上升后下降并逐渐稳定的趋势。2013年文蛤的分布密度达到2.3ind/m^2；2014年和2015年逐渐升高，分别为4.1ind/m^{2}和5.0ind/m^2；2016～2018年文蛤分布密度出现回落，但逐步稳定在1.3～2.3ind/m^2（图5-3）。该区域增殖放流后文蛤的平均分布密度为2.8ind/m^2，是增殖放流前的4.3倍。

实施文蛤增殖放流后，盘山滩涂文蛤的生物量总体上也呈现先上升，然后逐渐下降并稳定的趋势。2013年和2014年生物量分别为29.18g/m^{2}和14.75g/m^2，2015年达到最高值，为48.34g/m^2，2016年为31.28g/m^2，2017～2018年则逐渐稳定在10.36～13.34g/m^2（图5-4）。该区域增殖放流后文蛤的平均生物量为24.54g/m^2，是增殖放流前的2.0倍。

从文蛤资源的分布范围来看，2013年在盘山滩涂的中部和西部区域共有8个调查站位出现文蛤个体，位于断面C、D、F和G；而在东部区域即断面A没有发现文蛤个体。从2014年开始，调查站位中文蛤出现频率增加，即在滩涂东部区域即断面A有2个调查站位发现文蛤个体，断面B有1个站位且断面E有1个站位也陆续发现文蛤分布。可以看出，随着文蛤增殖放流活动的实施，文蛤在双台子河口盘山滩涂的分布范围逐步扩大。

总之，与增殖放流前相比，双台子河口文蛤的密度和生物量均明显增加，资源分布范围也逐渐扩大，文蛤资源得到了一定的补充。

三、文蛤种群年龄结构变化

增殖放流前，即2011年和2012年，双台子河口文蛤种群中1龄个体所占比例均较低，分别为14%和13%。此年龄结构类型的种群出生率小于死亡率，表明增殖放流前盘山滩涂的文蛤年龄结构不合理，文蛤资源自身的恢复力较弱。

实施文蛤增殖放流后，盘山滩涂文蛤种群年龄结构发生了变化，主要表现为2013年文蛤1龄个体占比达到42%（图5-5），比2012年提高了29个百分点。尽管我们没有对放流的苗种进行标志，但从2013年8月采捕到的文蛤的色泽和规格推测绝大部分1龄个体来源于当年7月30日增殖放流的文蛤苗种（图5-6）。2014年，1龄和2龄文蛤个体所占比例最高，二者分别为36%和49%（图5-5），并且在盘山滩涂中部采捕到的文蛤主要为2龄个体（图5-7）。2013～2014年文蛤种群年龄结构的“年轻化”主要得益于2012～2014年文蛤苗种的连续增殖放流活动。2015～2018年，文蛤种群中2龄及以上个体所占的比例升高。例如，2015年2龄和3龄文蛤占比高达73%；2016年3龄及4龄文蛤占比达84%；2017年和2018年3龄及以上的文蛤个体占比分别为59%和72%（图5-5）。这说明，经过连续的文蛤增殖放流，双台子河口文蛤种群逐渐呈现出增长型种群的特征，并且随着2

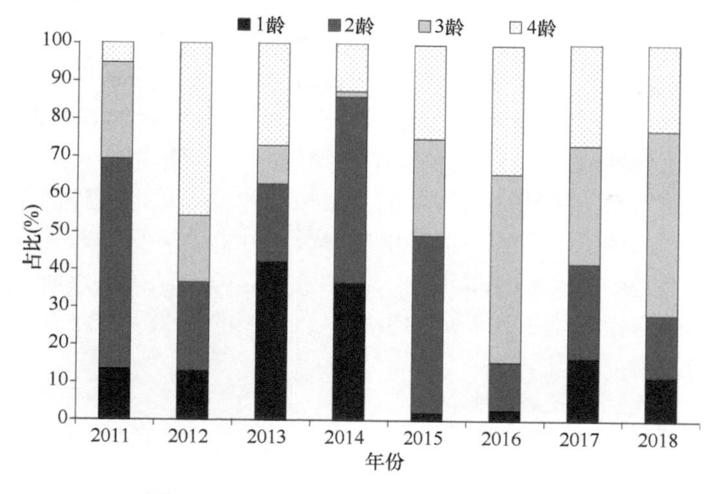

图 5-5　2011～2018 年文蛤种群年龄结构

图 5-6　2013 年文蛤增殖放流苗种（a）及当年回捕的文蛤（b）（张安国拍摄）

图 5-7　2014 年在盘山滩涂回捕到的 2 龄文蛤（张安国拍摄）

龄个体的生长及3龄和4龄个体的性成熟，该区域文蛤种群的繁殖群体量和繁衍能力均显著增加。一个明显的证据是，2017年和2018年1龄个体所占的比例分别为17%和12%，比2016年（3%）显著升高，可能暗示着2012～2014年增殖放流的文蛤已经达到性成熟，并且在2017年和2018年开始繁殖。

总之，文蛤增殖放流活动显著增加了文蛤的种群数量，其种群年龄结构也得到明显改善，盘山滩涂的文蛤种群呈现出增长型种群的特征，其种群自我繁衍能力明显增强。但是，从文蛤种群年龄结构的发展趋势看，如果当地只是一味地采捕，而继续不采取定期增殖和养护的手段，该区域的文蛤种群还有很大可能处于下降型状态。

四、增殖放流后文蛤的生长状况

通过对双台子河口盘山滩涂回捕的文蛤生长情况进行跟踪监测，发现文蛤个体生长良好，壳长逐渐增大。2013年文蛤平均壳长为15.04mm，2014年平均壳长为25.09mm，2015年平均壳长为29.84mm；之后3年文蛤平均壳长超过40mm，例如，2016年平均壳长为40.93mm，2017年平均壳长达46.31mm，2018年平均壳长为49.01mm，已达到可采捕的规格（图5-8）。

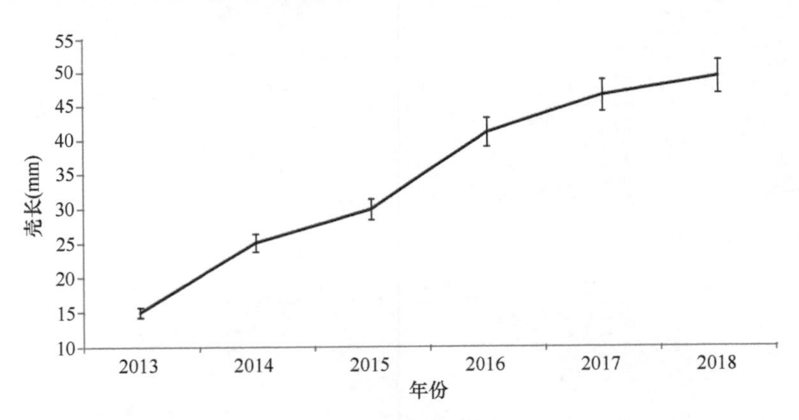

图5-8 增殖放流后盘山滩涂文蛤的生长状况

五、文蛤增殖放流的经济效益及社会效益分析

在双台子河口连续多年的文蛤增殖放流活动，可惠及营口、盘锦、锦州等沿海渔民2000余户，当地渔民采捕到的文蛤增加（图5-9）。从经济效益来看，如果放流文蛤成活率按40%计算，养成规格为6～7cm（每斤[①]6～7个），可实现商品

① 1斤=0.5kg。

文蛤累计采捕量 10 000t，按目前市场价格 40 元/kg 计算，可创产值 40 000 万元，利润约 15 000 万元，受益渔民人均累计可增加收入 2.7 万元以上。

图 5-9　当地渔民采捕的文蛤

第二节　双台子河口文蛤遗传多样性评估

在生物资源修复过程中，放流苗种通常来源于少数亲本繁育的苗种或养殖群体的后代，这些亲本往往局限于某一区域或数量过少。而随着放流苗种数量的增加，目标修复生物的遗传多样性越来越引起人们的关注。已有研究表明，群体内遗传多样性降低会导致适应能力和生存能力降低（Barrett and Schluter，2008）。对于经济物种，遗传多样性的降低会导致隐形有害基因表达增加和经济性状衰退，从而导致品种退化（Beaumont et al.，2010）。因此，对放流群体进行遗传多样性监测，研究放流群体与野生群体的遗传差异，从遗传多样性的角度评估增殖放流活动对野生资源种质污染的潜在风险，也是增殖放流效果评估中的关键问题之一。

一、文蛤遗传多样性的研究进展

文蛤是广温、广盐性的种类，在我国沿海，尤其是河口广泛分布。我国学者对文蛤的遗传多样性进行了较多的研究，主要集中在我国沿海不同区域地理群体间的遗传多样性差异方面。从技术层面讲，文蛤不同地理群体变异研究主要利用形态指标、同工酶和 DNA 分子标记。例如，冯建彬等（2005）选取 9 个形态性状研究了我国 7 个野生文蛤群体间的变异；薛明等（2006）利用 9 个同工酶标记检测了来自广东和广西 3 个文蛤野生群体的生化遗传变异，认为 3 个群体间存在较强的基因流。更多的研究是利用 DNA 分子标记技术。沈怀舜等（2003）对辽宁、江苏、广西 3 个文蛤地理群体进行了随机扩增多态性 DNA（random amplified polymorphic DNA，

RAPD）标记分析，发现这3个文蛤地理群体之间的遗传距离较大，说明我国文蛤具有明显的地理分化特征，如要获得杂交优势较大的品种，则可选择地理距离较远的群体杂交。阎冰等（2002）应用RAPD标记对广西文蛤的遗传多样性进行了研究，认为地理位置相邻种群的遗传距离较小，地理位置相隔越远，遗传距离越大。陈大鹏等（2004）利用RAPD技术，对吕四海区的文蛤、青蛤和四角蛤蜊的遗传多样性进行了分析和比较，结果表明相对于青蛤和四角蛤蜊，文蛤种内的遗传距离要小。林志华等（2008）对辽宁、山东、江苏和广西4个文蛤地理群体进行了RAPD分析，结果表明这4个群体的RAPD扩增带数和带型差异较大，显示不同地理种群之间已经发生了一定程度的遗传变异，此结果与形态表型标记、同工酶标记分析结果一致。但是，RAPD技术的稳定性、重复性较差。

对文蛤遗传多样性的研究，更可靠的分子标记技术手段得以利用。陈大鹏等（2004）利用简单序列重复（inter-simple sequence repeat，ISSR）分子标记技术对江苏和辽宁的2个文蛤地理种群进行了遗传分析，结果表明江苏文蛤的位点多态性高于辽宁文蛤，说明江苏文蛤遗传变异性较大，遗传多样性也比较丰富，存在较大的遗传改良潜力。陈大鹏等（2004）的研究还表明，江苏文蛤的种群内遗传距离大于辽宁文蛤的种群内遗传距离，且种群间遗传距离明显大于种群内遗传距离。这一结果与利用RAPD技术所得到的文蛤种群内的平均遗传距离（林志华等，2008；沈怀舜等，2003）有所不同，分析可能是ISSR和RAPD两种标记在对基因组进行扩增时各引物所结合的序列与位置不同造成的。这个结果也说明RAPD标记存在稳定性较差的缺点，而ISSR分子标记技术具有操作简单、稳定、可重复性好及多态性高等优点。李太武等（2006）对广西和江苏不同花纹的文蛤进行了二次内部转录间隔区（second internal transcribed spacer，ITS2）识别分析，结果显示广西文蛤群体和江苏文蛤群体间发生了遗传变异，江苏文蛤群体内部也发生了遗传分化。赫崇波等（2008）应用扩增片段长度多态性（amplified fragment length polymorphism，AFLP）标记技术对辽宁和山东沿海的2个文蛤养殖群体及3个文蛤野生群体的遗传多样性进行了分析，结果发现5个群体内的遗传距离均远远大于群体间的遗传距离。林志华等（2008）在对我国文蛤主要产区4个文蛤自然群体的形态变异进行分析的基础上，结合AFLP标记技术分析了各群体的主要遗传参数和遗传变异水平，寻找判别群体的分子标记，结果发现在扩增出的236个位点中有205个多态位点，多态位点比例高达86.86%，说明我国野生文蛤群体的遗传变异水平较高；而4个群体间的遗传距离为0.0394～0.1586，各群体已出现一定的遗传分化。林志华等（2009）将荧光标记AFLP（fluorescence labeled AFLP，fAFLP）技术与ITS2的PCR-RFLP技术以及序列分析相结合，对广西3个文蛤群体的遗传结构和亲缘关系进行了分析，结果得到了88个可以用于群体区分的fAFLP的特征性标记及ITS2的PCR产物酶切图谱和序列，并构建了进化树，为

3 个文蛤群体的分类关系提供了可靠的分子证据。

二、黄海、渤海 7 个文蛤种群遗传多样性

为遏制我国野生文蛤资源衰退趋势，基于文蛤增殖放流方式的资源修复势在必行。尽管诸多学者对我国文蛤主要地理群体遗传多样性进行了研究，但其遗传背景依然模糊。更重要的是，大规模苗种异地增养殖造成我国文蛤种质遗传背景混杂，放流群体对当地野生资源的负面影响难以评估，因此有必要采取更新、更可靠的方法开展文蛤不同地理种群的分子遗传学研究。

我们采用了两种分子标记技术对文蛤遗传多样性进行研究（李宏俊等，2016）。①细胞色素 c 氧化酶亚基 I（cytochrome c oxidase subunit I，COI），来源于线粒体 DNA，基因变异大、进化速率快，在贝类分子系统发生和种群遗传结构分析等领域应用广泛。本研究中的文蛤线粒体 COI 引物来源于通用引物 LCO1490 和 HCO2198（Vrijenhoek，1994），为了提高扩增效率，稍加改动，上游序列为 MmCOIF：TTTAGTACTAATCATAAAGATATTG，下游序列为 MmCOIR：TACACTTCAGGATGACCAAAAAATCA。②微卫星（microsatellite），来源于核基因组，是由 1～6 个碱基重复单位首尾相连组成的串联重复序列，微卫星标记具有数量多、分布广、共显性遗传和多态信息含量高等特点，被广泛应用于群体遗传分析、亲缘关系鉴定和遗传连锁图谱构建中。本研究中的文蛤微卫星引物是通过查阅文献，筛选出多态性高、扩增效果好的 7 个微卫星标记用于群体遗传分析，其引物序列、等位基因数、等位基因大小、重复单元和 GenBank 登录号等详细信息见表 5-1。

表 5-1　7 个微卫星标记引物序列、等位基因数、有效等位基因数、等位基因大小、近交系数、重复单元和 GenBank 登录号

位点	引物序列	等位基因数	有效等位基因数	等位基因大小（bp）	近交系数	重复单元	GenBank 登录号
Mm38	F：CTTCATCTATGCTTTCGTATTCG R：CTGCTGGCTATGAATCAAGTG	5	4.5289	155～168	0.3552	$(TCA)_n$	JI266036
Mm14	F：AGCCATTAGTTTTTCTTGCC R：CTTGGTAGAGGTCCAGTAGGT	6	5.3294	200～230	0.6719	$(GTCC)_n$	JI266266
MM8105	F：AGTTGCCTTGAAGTAAAGTCC R：CATGATCAATCATTGGTTACA	8	6.1364	135～164	0.5998	$(TGAT)_n$	JI265669
MM5358	F：TTCTACTGACCTAAGCTGCTG R：CCATATGTGTCATTGGAAGTT	9	6.9176	91～170	0.7157	$(AATC)_n$	JI262933
MM12736	F：GTCAGCGAAGATTTTAACAAA R：TCATCATCTTCAACTCACCAT	10	7.3618	114～172	0.4373	$(TGA)_n$	JI270267
MM3923	F：TTTTCGTCTTAATGAGGGTTA R：GTTTGTGAAATAGTGCTCTGC	7	6.4598	78～157	0.2995	$(AATC)_n$	JI261510
MM26715	F：ACATCATCATCTCAACTCACC R：GTCAGCGAAGATTTTAACAAA	9	6.4700	118～188	0.3386	$(ATC)_n$	JI284180

在实施文蛤增殖放流的区域，尤其是北方寒冷海区缺乏文蛤苗种的情况下，考虑到增殖放流文蛤苗种的可操作性，应尽可能选择地理距离近的群体放流。基于此，针对双台子河口的文蛤资源修复目的，我们只聚焦了地理较近的黄海、渤海文蛤群体，利用线粒体 COI 和微卫星 2 种标记分析了 6 个文蛤地理群体（辽宁丹东、蛤蜊岗和盘山，山东东营，江苏如东和启东）与 1 个朝鲜群体（新义州）的遗传多样性和群体分化。

（一）群体内遗传变异

线粒体 COI 来源于通用引物扩增，可以用于物种间遗传多样性的横向比较。对 7 个文蛤地理群体的总 DNA 进行 PCR 扩增和检测，获得 142 条 602bp 的 COI 基因片段。序列组成显示，A、T、G、C 碱基含量分别平均为 21.2%、45.3%、19.4%、14.1%，A+T 的含量大于 G+C 的含量，具有明显的碱基组成偏倚性。602bp 的片段共鉴定出 13 个变异位点（占位点总数的 2.16%），包括 11 个转换和 2 个颠换，没有插入和缺失突变。共检测出 22 个单倍型（GenBank 登录号：KJ657746～KJ657749、KJ657752～KJ657769），共享单倍型 12 个，占总数的 54.5%。Hap01 被 3 个群体共享（新义州及蛤蜊岗和盘山），Hap02 被 6 个群体共享（新义州、丹东、蛤蜊岗、盘山、如东和启东），Hap03 被 5 个群体共享（蛤蜊岗、盘山、东营、如东和启东），Hap04 被 5 个群体共享（新义州、东营、盘山、蛤蜊岗和如东），Hap05 被 2 个群体共享（新义州和盘山），Hap06 被 3 个群体共享（丹东、如东和启东），Hap08 被 4 个群体共享（新义州、丹东、如东和启东），Hap13 被 3 个群体共享（新义州、盘山和东营），Hap14、Hap15、Hap16 和 Hap17 都被 2 个群体共享（启东和如东）。Hap07 和 Hap12 是新义州特有单倍型，Hap09、Hap10 和 Hap11 是丹东特有单倍型，Hap18、Hap19、Hap20、Hap21 和 Hap22 是启东特有单倍型。7 个文蛤地理群体的遗传学参数见表 5-2，平均单倍型多样性（h=0.763）及核苷酸多样性（π=0.002 394）处于中等水平。单倍型多样性最高的是如东群体（h=0.900），最低的是东营群体（h=0.600）；核苷酸多样性最高的是丹东群体（π=0.003 50），最低的是蛤蜊岗群体（π=0.001 15）。总体而言，来自江苏的两个群体显示出较高的遗传多样性，说明江苏文蛤具有较强的遗传适应能力和选择育种潜力。另外，中性检验和基于观测值和模拟值间的拟合优度检验（表 5-3）均显示，所研究区域的文蛤偏离中性选择，符合群体扩张模型，可能经历过群体扩张事件。

文蛤线粒体 COI 单倍型网络图（图 5-10）显示，绝大部分单倍型之间只保留 1 步变异，仅少数单倍型之间（Hap06→Hap12、Hap06→Hap16、Hap12→Hap10 和 Hap21→Hap11）保留 2 步变异。启东拥有 13 种单倍型，如东拥有 9 种单倍型，新义州拥有 8 种单倍型，盘山拥有 6 种单倍型，丹东拥有 6 种单倍型，蛤蜊岗拥

表 5-2　基于 COI 和微卫星标记的 7 个文蛤地理群体的遗传学参数

种群	COI				微卫星		
	n_p	n_h	h	π	N_a	H_o	H_e
新义州	7	8	0.810±0.070	0.002 49±0.000 60	7.7	0.4429	0.8108
丹东	8	6	0.803±0.096	0.003 50±0.000 95	7.6	0.4750	0.8228
蛤蜊岗	3	4	0.603±0.131	0.001 15±0.000 32	7.3	0.3036	0.7936
盘山	4	6	0.748±0.053	0.001 80±0.000 23	7.1	0.2964	0.7413
东营	3	3	0.600±0.154	0.001 69±0.000 55	7.3	0.3857	0.7989
如东	7	9	0.900±0.039	0.003 08±0.000 42	7.7	0.3750	0.8107
启东	9	13	0.875±0.046	0.002 99±0.000 39	7.7	0.4357	0.8188
总体*/平均	14*	24*	0.763±0.084	0.002 394±0.00417	7.4	0.3878	0.7996

注：n_p 表示多态位点数；n_h 表示单倍型数；h 表示单倍型多样性；π 表示核苷酸多样性；N_a 表示等位基因数；H_o 表示观测杂合度；H_e 表示期望杂合度

表 5-3　基于 COI 的 7 个文蛤地理群体的中性检验和核苷酸不配对分析

群体	Fu's Fs 检验（P 值）	平方离差之和（P 值）
新义州	−2.356 49（0.041*）	1.392 58（0.014*）
丹东	−1.195 27（0.195）	0.249 97（0.020*）
蛤蜊岗	−1.307 33（0.067）	0.027 17（0.100）
盘山	−1.453 55（0.162）	0.015 78（0.100）
东营	−0.700 56（0.188）	0.002 22（0.950）
如东	−3.644 83（0.011*）	0.007 96（0.440）
启东	−7.487 45（0.000*）	0.004 17（0.360）
平均	−11.970 63（0.000*）	0.003 14（0.0829）

* $P<0.05$

有 4 种单倍型，东营拥有 3 种单倍型。如东群体的单倍型大部分和启东相同，仅 Hap04 是如东特有单倍型，推测如东和启东的遗传背景相似。但是单倍型聚类并未完全展示地域性特色，只有对于某几个同一或者相近地理群体的单倍型具有聚类现象（如 Hap09、Hap10、Hap14）。

7 个微卫星标记共检测到 54 个等位基因，每个位点的等位基因数为 5～10 个，平均等位基因数为 7.7 个（表 5-1）。在所有微卫星位点中，MM12736 的等位基因数最多（10 个），Mm38 的等位基因数最少（5 个）；新义州和如东、启东群体的等位基因数最多（N_a=7.7），盘山群体的等位基因数最少（N_a=7.1）；丹东群体的观测杂合度最高（H_o=0.4750），盘山群体的观测杂合度最低（H_o=0.2964）（表 5-2）。

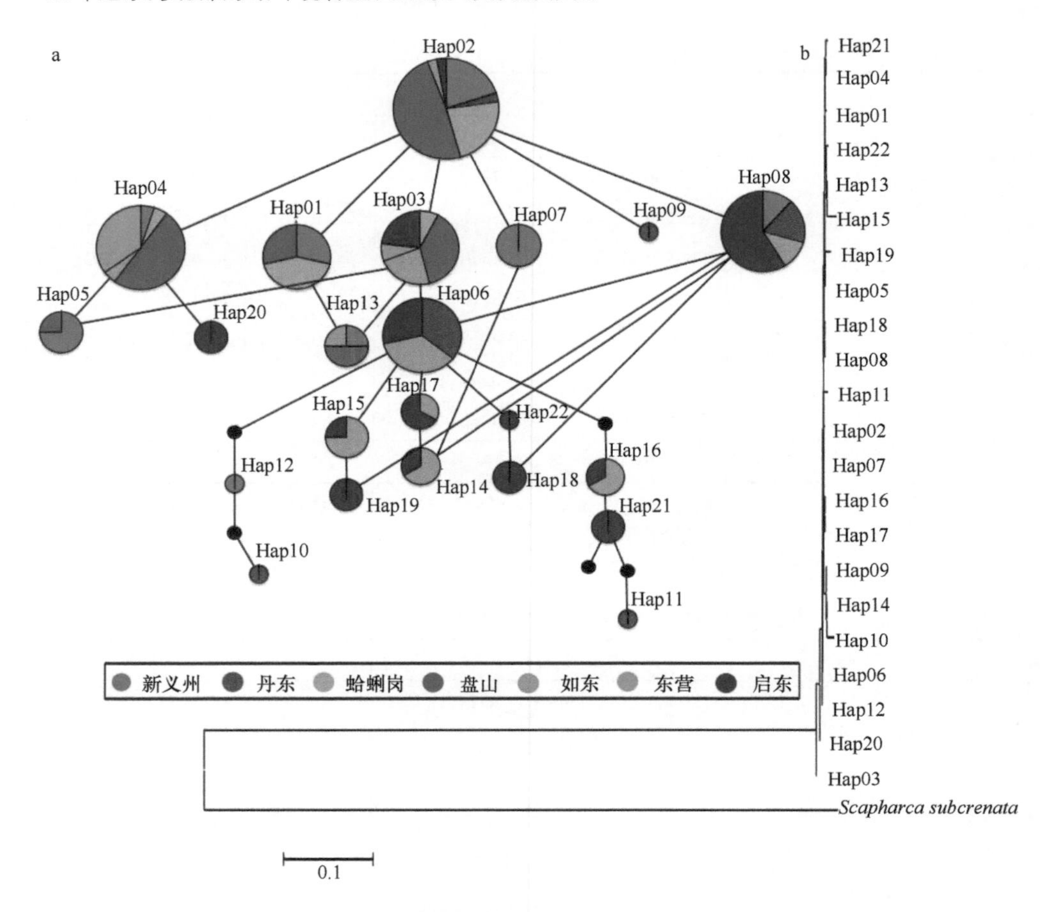

图 5-10　文蛤 COI 单倍型网络图（a）和 NJ 系统树（b）

外群为毛蚶（*Scapharca subcrenata*）（GenBank 登录号：AB729113）

总体上，7 个群体均具有较高的微卫星遗传多样性，7 个群体平均等位基因数和观测杂合度不存在显著差异。在 49 组群体位点组合中（7 群体×7 位点），有 18 个组合由于杂合子缺失偏离 Hardy-Weinberg 平衡（HWE）（$P<0.05$）。偏离 HWE 的位点在不同群体中均存在无效等位基因，表现为杂合子缺失，但未检测到微卫星 PCR 扩增过程中易出现的“影子带”和大片段等位基因丢失现象。

（二）群体间遗传变异

7 个文蛤地理群体 COI 序列的分子变异分析（AMOVA）结果表明，群体间的遗传分化系数（FST）为 0.283 60，揭示在整个遗传变异中群体间遗传变异占 28.36%，群体内遗传变异占 71.64%，群体内的遗传变异大于群体间，群体间发生显著的遗传分化。文蛤 COI 群体间 FST 的显著性检验结果显示，两两群体间 FST

范围为 0.007 14～0.453 90，只有丹东和如东（FST= –0.007 14）、新义州和盘山（FST=0.010 18）、启东和如东（FST=0.025 29）、如东和丹东（FST=0.037 13）的 P 值大于 0.05，说明启东、丹东和如东之间，新义州、蛤蜊岗和盘山之间，东营和盘山之间未发生显著遗传分化。微卫星标记各群体间 FST 范围为 0.011 39～0.039 35，各群体间均处于显著分化。

7 个文蛤地理群体的遗传距离 UPGMA 系统树（图 5-11）显示，7 个群体聚类为两大分支，其中蛤蜊岗、盘山、新义州和东营群体聚为一大支，启东和如东群体相聚再与丹东群体聚为另一支。未发现 7 个群体遗传距离与地理距离间的显著相关性，但去掉丹东群体后，遗传距离与地理群体间显著相关。丹东群体与江苏的 2 个群体聚为一类，暗示江苏苗种的异地养殖已经污染丹东文蛤的遗传背景。

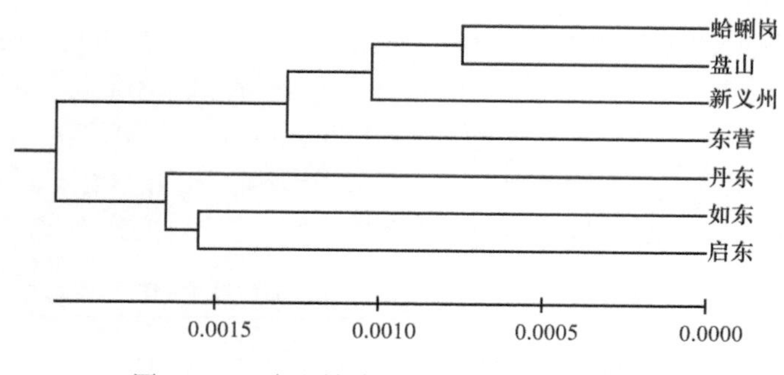

图 5-11　7 个文蛤地理群体的 UPGMA 系统树

三、增殖放流对文蛤遗传多样性的影响

为研究大规模、连续增殖放流活动对双台子河口文蛤遗传多样性造成的可能影响，系统评估重要经济生物资源修复行为的潜在生态后果，本研究采用 7 对微卫星引物对增殖放流区域内连续 4 年（2013～2016 年）回捕的 4 个文蛤群体（不同取样年的群体）进行了遗传多样性跟踪监测，分析了其遗传多样性、种群遗传结构及变化规律，评估和预测了其未来遗传多样性的变化趋势。

（一）微卫星位点的遗传多样性

4 个回捕文蛤群体中共 160 个个体（40×4）被用于检测。利用 7 个高多态性的微卫星位点对这 160 个个体的基因组 DNA 进行了扩增和电泳检测，共扩增到 49 个等位基因，每个位点的等位基因数为 5～9 个，平均每个位点扩增出 7.0 个等位基因。在所有微卫星位点中，Mm38 扩增的等位基因数最少，MM12736 扩增的等位基因数最多。

（二）群体内遗传多样性

4 个回捕群体的等位基因数（N_a）、观测杂合度（H_o）、期望杂合度（H_e）、多态信息含量（PIC）及 Hardy-Weinberg 平衡（HWE）检测结果见表 5-4，4 个群体的平均观测杂合度分别是0.690、0.684、0.604 和0.583，平均期望杂合度分别是0.750、0.799、0.697 和 0.654，每个群体的平均观测杂合度低于期望杂合度，7 个微卫星位点在 4 个群体中的 PIC 为 0.433～0.898，说明这 7 个微卫星位点具有较高的多态信息含量。HWE 检验结果表明，各位点偏离 Hardy-Weinberg 平衡较严重（表 5-4）。方差分析显示，等位基因数、观测杂合度和期望杂合度的 P 值均>0.05，表明 4 个文蛤群体的遗传多样性差异不显著。平均观测杂合度为 0.583～0.690，平均期望杂合度为 0.654～0.799，表明放流回捕群体遗传多样性较高，对环境具有较强的适应性。但平均观测杂合度在 2013～2016 年呈逐年降低趋势（0.690→0.684→0.604→0.583），遗传距离逐渐增大（0.118→0.193→0.216），表明放流群体的遗传多样性对新的环境产生了响应，是环境对基因选择的结果。除位点 MM5358 外，其余 6 个微卫星位点近交系数 F_{IS} 值均为正值（表 5-5），表明 4 个群体的近交程度比较严重。考虑到我们分析的 4 个群体只是同一区域不同年间的取样，这一结论非常正常。

表 5-4　7 个微卫星位点在连续 4 年文蛤回捕群体中的遗传多样性

位点	N_a			
	2013 年	2014 年	2015 年	2016 年
Mm38	4	5	4	5
Mm14	6	6	6	5
MM8105	6	7	7	6
MM5358	7	8	8	7
MM12736	8	9	9	8
MM3923	6	7	6	6
MM26715	5	8	7	7
均值	6	7.1	6.7	6.3

位点	H_o			
	2013 年	2014 年	2015 年	2016 年
Mm38	0.521	0.462	0.533	0.486
Mm14	0.545	0.552	0.586	0.700
MM8105	0.729	0.600	0.500	0.467
MM5358	0.804	0.786	0.633	0.600
MM12736	0.862	0.866	0.733	0.741
MM3923	0.722	0.723	0.643	0.567
MM26715	0.645	0.799	0.600	0.518
均值	0.690	0.684	0.604	0.583

续表

位点	H_e			
	2013 年	2014 年	2015 年	2016 年
Mm38	0.5360	0.516	0.642	0.498
Mm14	0.7820	0.860	0.668	0.709
MM8105	0.7560	0.780	0.642	0.606
MM5358	0.8568	0.824	0.694	0.689
MM12736	0.8980	0.912	0.738	0.835
MM3923	0.7560	0.812	0.817	0.673
MM26715	0.6680	0.892	0.675	0.568
均值	0.7500	0.799	0.697	0.654
位点	PIC			
	2013 年	2014 年	2015 年	2016 年
Mm38	0.488	0.448	0.566	0.433
Mm14	0.556	0.829	0.633	0.699
MM8105	0.698	0.729	0.707	0.669
MM5358	0.798	0.778	0.630	0.629
MM12736	0.824	0.838	0.676	0.796
MM3923	0.788	0.812	0.835	0.604
MM26715	0.654	0.898	0.605	0.534
均值	0.687	0.762	0.665	0.623
位点	HWE			
	2013 年	2014 年	2015 年	2016 年
Mm38	0.1200	0.0392*	0.0000*	0.1060
Mm14	0.0122*	0.1806	0.0106*	0.0000*
MM8105	0.0600	0.0023*	0.0000*	0.0134
MM5358	0.1222	0.0012*	0.1000	0.0565
MM12736	0.4880	0.4060	0.0085*	0.1116
MM3923	0.0000*	0.0000*	0.0001*	0.0000*
MM26715	0.1020	0.0703	0.0641	0.0000*
均值				

* $P < 0.05$

表 5-5　7 个微卫星位点在文蛤连续 4 年回捕群体中的固定指数

位点	个体间遗传分化指数（F_{IS}）	群体内遗传分化指数（F_{IT}）	群体间遗传分化指数（F_{ST}）
Mm38	0.089	0.240	0.166
Mm14	0.083	0.258	0.179
MM8105	0.328	0.382	0.079
MM5358	−0.048	0.013	0.059
MM12736	0.436	0.575	0.246
MM3923	0.199	0.215	0.020
MM26715	0.450	0.481	0.057
平均	0.230	0.309	0.115

（三）不同年际群体间遗传分化

4 个回捕文蛤群体的 AMOVA 分析表明，7 个位点的平均群体间遗传分化系数 F_{ST} 为 0.081，表明在整个遗传变异中，群体间变异占 8.1%，而群体内变异占 91.9%。群体内遗传变异高于群体间，4 个群体的遗传分化较弱（$P>0.05$），说明大规模、连续文蛤增殖放流尚未改变本地文蛤的遗传结构。利用 UPGMA 法构建 4 个文蛤群体的系统发育树（图 5-12），2013 年群体和 2014 年群体先聚在一起，然后与 2015 年群体聚在一起，最后与 2016 年群体聚在一起，说明引入增殖放流群体后，受外来基因多样性的污染，本地文蛤的遗传结构发生一定分化，具有潜在的基因污染风险。

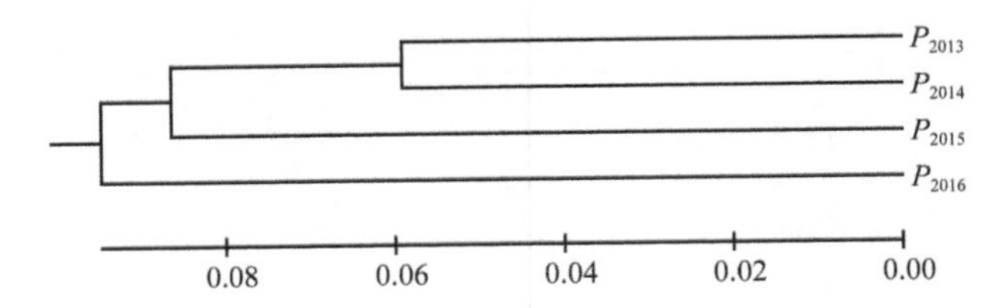

图 5-12　根据群体间遗传距离利用 UPGMA 法构建的 4 个文蛤群体的系统发育树

尽管上述结果表明了一个“好消息”——双台子河口的长期、大规模增殖放流尚未改变盘山滩涂本地文蛤的遗传结构，但也同时存在一个不容忽视的“坏消息”——受外来基因多样性的污染，本地文蛤的遗传结构发生一定分化。从分子遗传学角度来看，文蛤远距离异地养殖或者增殖放流可能对当地野生群体的遗传结构造成影响（Yamakawa and Imai，2012），因此，文蛤增殖放流应尽量“就地取材”，避免异地文蛤种质资源污染当地文蛤。在选用优良苗种的同时，应适当增加放流苗种培育的亲本数量，提高有效群体数量，避免放流群体遗传多样性降低和遗传结构改变，并制定系统的遗传多样性监测方案，以确保科学合理地开展增殖放流活动。

第三节　双台子河口滩涂大型底栖动物物种多样性评估

增殖放流活动会导致单一物种（目标生物）密度和生物量在放流区域的增加，因此，理论上，增殖放流会对该区域物种多样性产生潜在的负面影响。如果某一种类的增殖放流持续时间过长以及对生态群落干预程度过大，那么我们就要警惕其对生物多样性的影响以及评估是否还要继续进行资源修复。同时，资源修复的另一个关键底线就是，目标修复种类的成功至少不会导致修复区域物种多样性的明显改变。本节基于双台子河口文蛤资源增殖示范区——盘山海域的连续监测数据，从大型底栖动物物种多样性的角度分析我们在双台子河口实施的文蛤种群的中度人工干预是否明显影响了生物多样性的改变，从而为评估文蛤资源修复的效果提供另一个视角。

一、调查区域及站位布设

调查区域位于双台子河及大凌河之间的滩涂，面积约 6500hm^2。该海域营养盐及有机质含量丰富，透明度低，是文蛤生长及繁殖的主要场所（张安国，2015）。共设置 7 个调查断面（A～G），46 个站位（图 5-13）。环境要素以及潮间带大型底栖动物的样品采集和测定方法参照《海洋调查规范 第 6 部分：海洋生物调查》（GB/T 12763.6——2007），大型底栖动物的中文和拉丁文名称根据《中国海洋生物名录》（中国科学院海洋研究所和刘瑞玉，2008）确定。由于该区域冬季封冰期是 11 月中旬至翌年 3 月中下旬，大约 130 天，因此，我们的调查只在春、夏、秋三季进行。

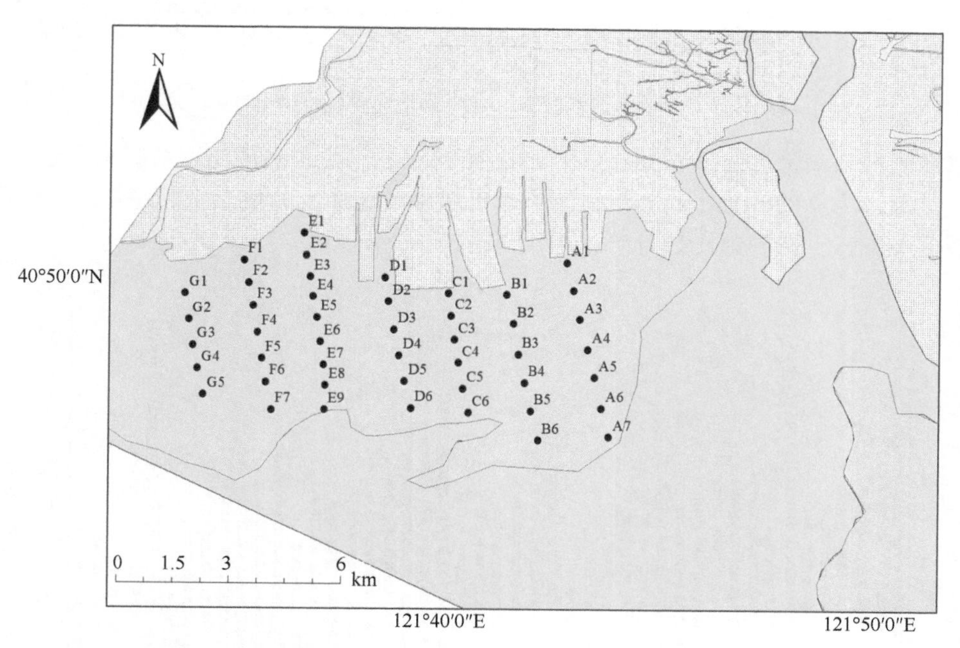

图 5-13　双台子河口取样断面和站位分布图（改自 Zhang et al.，2016）

二、双台子河口滩涂环境要素特征

双台子河口滩涂底质主要为粉砂、砂质粉砂、粉砂质砂和砂 4 种类型（图 5-14）。不同调查断面底质中各粒度组成体积分数表现出一定的相似性，即从高潮带向低潮带方向的滩涂沉积物中砂的含量逐渐升高，而粉砂及黏土含量则逐渐降低。从

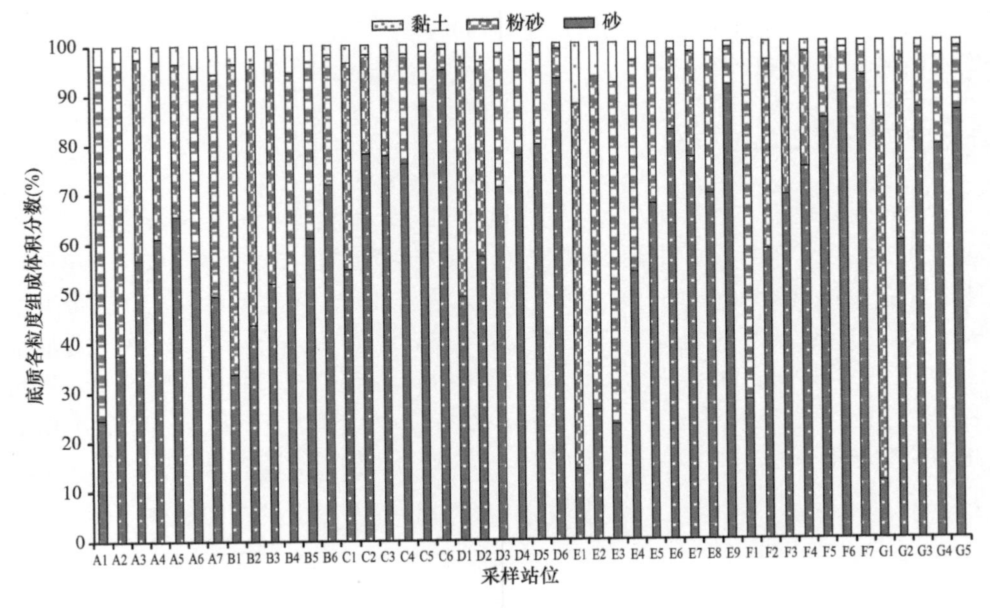

图 5-14　双台子河口滩涂底质组成分布特征（改自 Zhang et al.，2016）

高潮带向低潮带方向，滩涂底质中值粒径（Md）总体上表现为逐渐减小的趋势，变化范围为 2.88～5.62phi；沉积物中有机质含量总体上表现为降低趋势，变化范围为 1.03%～3.27%（图 5-15）。

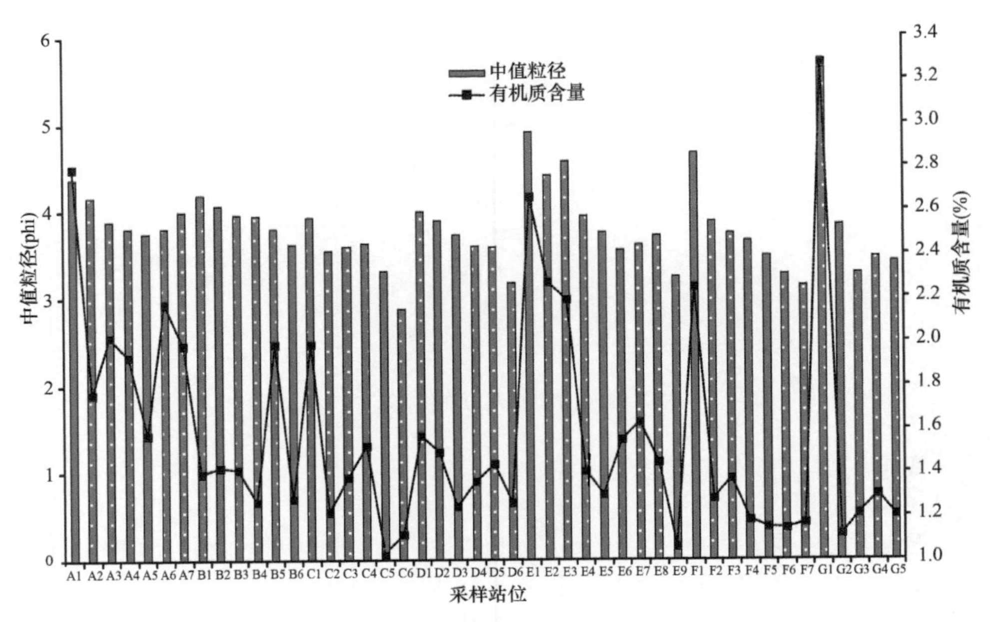

图 5-15　双台子河口潮间带滩涂沉积物中值粒径与有机质含量组成（改自 Zhang et al.，2016）

三、大型底栖动物的分布特征

（一）大型底栖动物种类组成

由于双台子河口冬季滩涂被冰层覆盖，该河口底栖动物呈现出种类数相对较少、物种单一的特点。潮间带大型底栖动物空间垂直分布规律明显，具有典型的河口特征，即自高潮带到低潮带依次分布着双齿围沙蚕、光滑篮蛤、泥螺、托氏蜎螺、四角蛤蜊、文蛤。其中，两两相邻物种之间的生境均具有一定的交叉（图 5-16）。

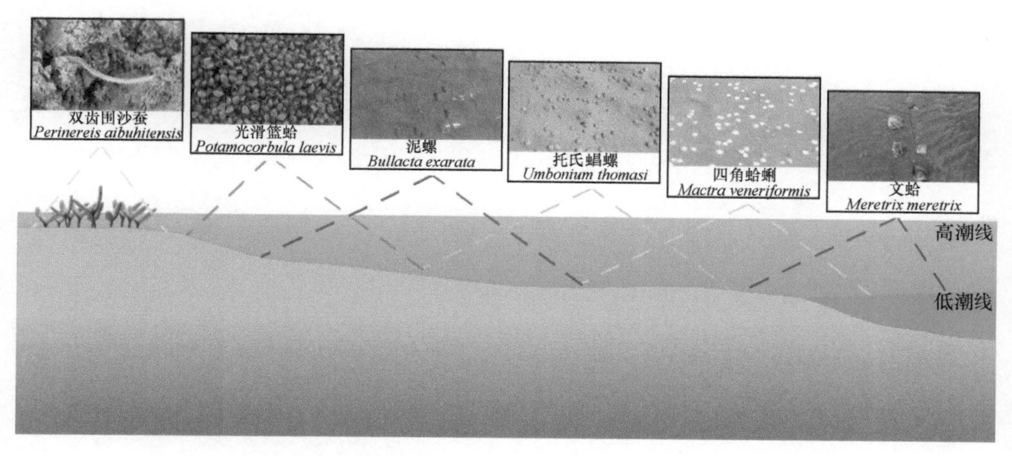

图 5-16　双台子河口滩涂大型底栖动物分布示意图

2013～2016 年共调查获得大型底栖动物 40 种（表 5-6），以软体动物为最多，共 15 种，占潮间带动物种类组成的 37.5%；环节动物次之，共 14 种，占 35%；其次是节肢动物 10 种，占 25%；腔肠动物 1 种，占 2.5%。主要代表动物为光滑篮蛤（*Potamocorbula laevis*）、四角蛤蜊（*Mactra veneriformis*）、托氏蜎螺（*Umbonium thomasi*）和泥螺（*Bullacta exarata*）。2013～2016 年大型底栖动物种类数呈现逐渐增加的趋势，2013 年大型底栖动物种类数量为 29 种，2014 年和 2015 年为 31 种，2016 年则增加到 39 种。其中，节肢动物种类数较少，且年际变化较小，变化范围为 4～9 种。软体动物种类数较多，但年际变化幅度较小，范围为 13～15 种。环节动物种类数量最多，但年际变化幅度较大，从 2013～2015 年的 10～12 种增加到 2016 年的 14 种。以上结果表明，2016 年双台子河口潮间带的生物种类组成较 2013 年有较大不同，环节动物种数逐渐占了更大的比重，推测是双台子河口海洋工程导致的冲淤或者蚀退等造成的生境要素（如底质类型、盐度）改变及海参池塘养殖尾水排放造成的富营养化所致，其原因有待进一步研究。

表 5-6 双台子河口潮间带大型底栖动物组成与分布

种类	2013 年	2014 年	2015 年	2016 年
腔肠动物 Coelenterata				
黄侧黄海葵 *Anthopleura xanthogrammica*	+	+	+	+
环节动物 Annelida				
头吻沙蚕 *Glycera capitata*	−	+	−	+
长吻沙蚕 *Glycera chirori*	+	+	+	+
全刺沙蚕 *Nectoneanthes oxypoda*	+	+	−	+
中锐吻沙蚕 *Glycera rouxii*	+	+	+	+
锥唇吻沙蚕 *Glycera onomichiensis*	+	+	+	+
白色吻沙蚕 *Glycera alba*	+	+	+	+
双齿围沙蚕 *Perinereis aibuhitensis*	+	+	+	+
异足索沙蚕 *Lumbrineris heteropoda*	−	−	+	+
囊叶齿吻沙蚕 *Nephtys caeca*	+	+	+	+
加州齿吻沙蚕 *Nephtys californiensis*	+	+	+	+
寡节甘吻沙蚕 *Glycinde gurjanovae*	+	+	+	+
丝异须虫 *Heteromastus filiforms*	+	+	+	+
大盘扁虫 *Discloplana gigas*	−	−	+	+
纽虫 *Amphiporus* sp.	−	−	+	+
软体动物 Mollusca				
泥螺 *Bullacta exarata*	+	+	+	+
扁玉螺 *Neverita didyma*	+	+	+	+
脉红螺 *Rapana venosa*	−	−	−	+
丽小笔螺 *Mitrella bella*	+	+	+	+
托氏蜎螺 *Umbonium thomasi*	+	+	+	+
琵琶拟沼螺 *Assiminea lutea*	+	+	+	+
秀丽织纹螺 *Nassarius festivus*	+	+	+	+
纵肋织纹螺 *Nassarius variciferus*	+	+	+	+
微黄镰玉螺 *Lunatia gilva*	+	+	+	+
泰氏笋螺 *Terebra taylori*	+	+	+	+
文蛤 *Meretrix meretrix*	+	+	+	+
青蛤 *Cyclina sinensis*	−	−	+	+
四角蛤蜊 *Mactra veneriformis*	+	+	+	+
红明樱蛤 *Moerella rutila*	+	+	+	+
光滑篮蛤 *Potamocorbula laevis*	+	+	+	+

续表

种类	2013 年	2014 年	2015 年	2016 年
节肢动物 Arthropoda				
黑斑胚筒虱 *Cyathura peirates*	–	–	–	+
光背节鞭水虱 *Synidotea laecidorsalis*	–	–	–	+
细螯虾 *Leptochela gracilis*	+	+	–	+
中国毛虾 *Acetes chinensis*	+	+	+	+
短角双眼钩虾 *Ampelisca brevicornis*	+	–	–	+
豆形拳蟹 *Philyra pisum*	+	+	+	+
天津厚蟹 *Helice tientsinensis*	–	+	–	+
日本大眼蟹 *Macrophthalmus japonicus*	+	+	+	+
短身大眼蟹 *Macrophthalmus dilatatus*	–	–	+	+
艾氏活额寄居蟹 *Diogenes edwardsii*	–	+	–	–

注：+表示该物种在相应年份有分布；–表示该物种在相应年份无分布

（二）大型底栖动物密度时空分布特征

潮间带大型底栖动物密度分布有明显的年际变化（图 5-17）。2013 年双台子河口大型底栖动物平均密度达到最高值，为 9362ind/m^2；2015 年次之，为 4070ind/m^2；2014 年较低，为 1750ind/m^2；2016 年最低，仅为 718ind/m^2。其中，软体动物也表现出类似的年际变化规律，在 2013 年最高，达 9297ind/m^2，2016 年最低，仅为 690ind/m^2；环节动物的分布密度则表现出逐年下降的特点，即在 2013 年最高，

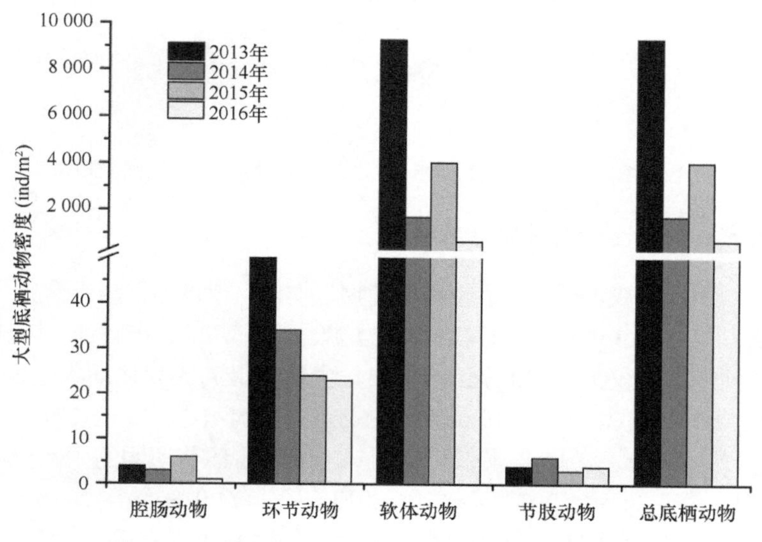

图 5-17 双台子河口大型底栖动物分布密度年际变化

达 58ind/m^2，2014 年次之（34ind/m^2），2015 年较低（24ind/m^2），2016 年最低，为 23ind/m^2；腔肠动物与节肢动物的分布密度年际变化均不明显，变化范围分别为 1～6ind/m^2 和 3～6ind/m^2。

在空间分布方面，大型底栖动物密度也有较大差异：年均密度最高值出现在靠近河口区域的断面 A，高达 10 318ind/m^2，其次为断面 B，为 8012ind/m^2，最低值出现在远离河口区域的断面 G，仅为 720ind/m^2。断面 D 及 F 的年均丰度为 3755ind/m^2、2634ind/m^2，断面 C 及 E 的年均丰度较为接近，分别为 1391ind/m^2、1783ind/m^2（图 5-18）。分析发现，大型底栖动物的分布密度峰值主要出现在断面 A 和 B，这主要是由于在该区域分布有密度极大的软体动物（图 5-19），特别是光滑篮蛤。

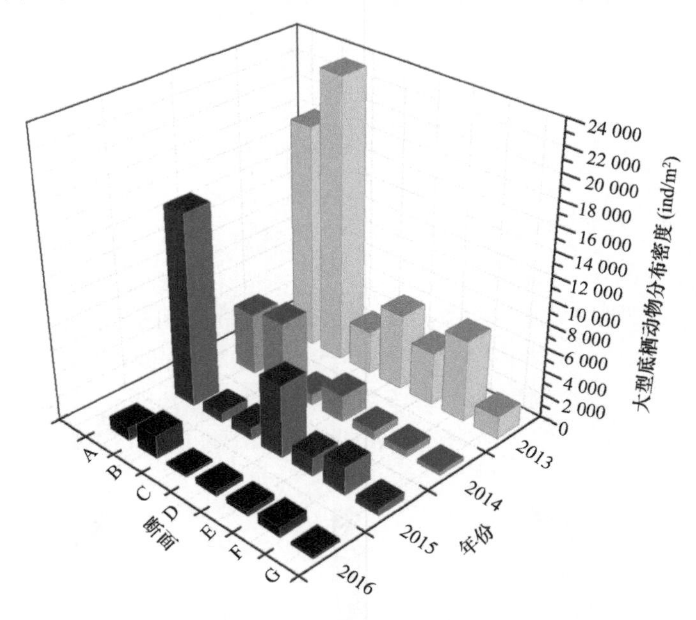

图 5-18 双台子河口大型底栖动物分布密度时空变化特征

（三）大型底栖动物生物量时空分布特征

2013～2016 年，双台子河口大型底栖动物生物量呈现逐年下降的趋势（图 5-20），2013 年最高，为 649.3g/m^2，2014 年次之，为 278.0g/m^2，2015 年较低，为 217.4g/m^2，2016 年达到最低，仅为 162.8g/m^2。其中，生物量最高的软体动物也表现出类似的年际变化规律，在 2013 年最高，达 643.5g/m^2，2014 年次之，为 271.5g/m^2，2015 年较低，为 211.8g/m^2，2016 年最低，仅为 160.5g/m^2。环节动物的生物量则在 2014 年达到峰值，为 3.2g/m^2，2013 年次之，2015 年下降至 1.8g/m^2，2016 年则降至最低，为 1.3g/m^2。腔肠动物与节肢动物的生物量年际变化则表现出相似的特点，即均在 2015 年达到最高，分别为 1.8g/m^2 和 3.1g/m^2，2014 年次之，分别为 1.5g/m^2

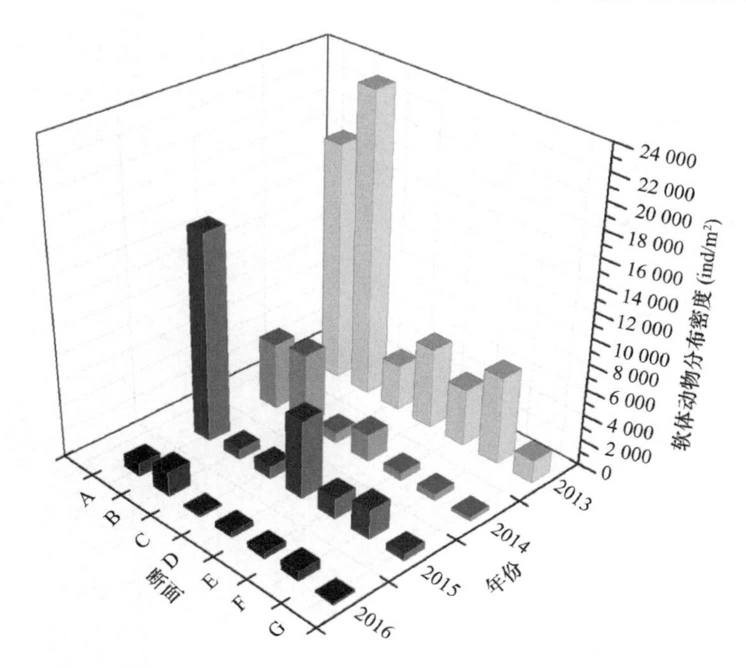

图 5-19 双台子河口软体动物分布密度时空变化特征

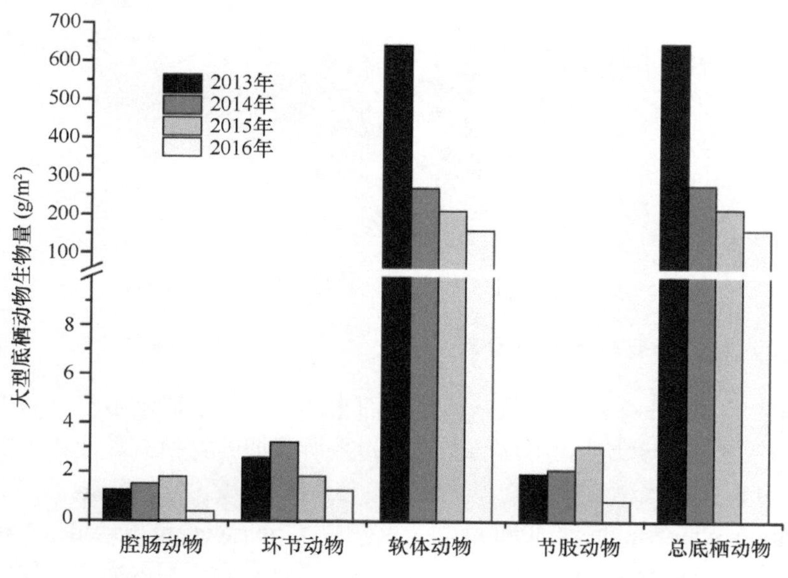

图 5-20 双台子河口大型底栖动物生物量年际变化特征

和 2.1g/m^2，2013 年较低，分别为 1.3g/m^2 和 1.9g/m^2，且均在 2016 年最低，仅分别为 0.4g/m^2 和 0.9g/m^2。

在空间分布方面，双台子河口潮间带远离河口区域的断面 D，年均生物量最高，达 616g/m^2；其次为断面 E（468g/m^2），再次为断面 F（428g/m^2）；断面 A 的平均生物量较低，为 228g/m^2；断面 B、C 和 G 三者的生物量均较低，且较为接近，分别为 180g/m^2、167g/m^2 和 175g/m^2（图 5-21）。大型底栖动物高生物量与高密度的分布区域有所差异，远离双台子河入海口的滩涂区域（盘山东部滩涂）生物量较高，最高值达 1492.9g/m^2，这主要是由于该海域采集到的四角蛤蜊数量众多、个体也较大。

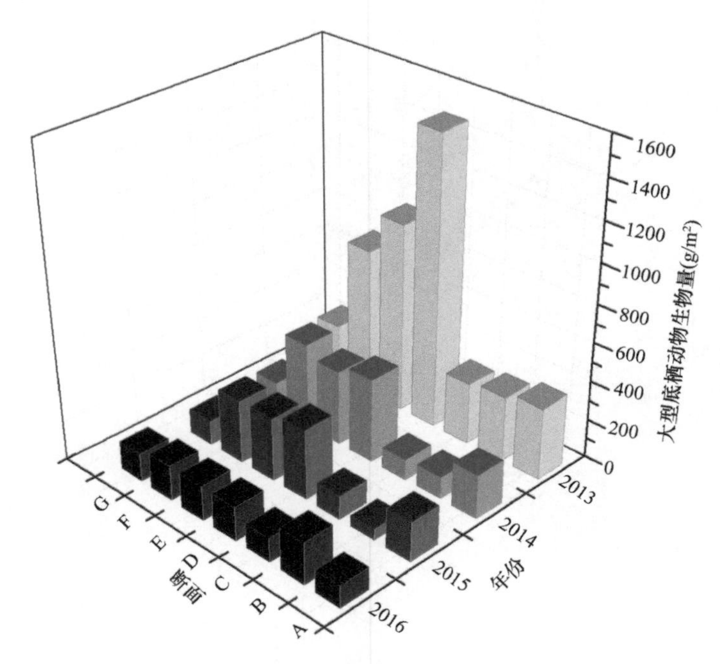

图 5-21　双台子河口大型底栖动物生物量时空变化特征

（四）大型底栖动物物种多样性分析

分析生物群落的多样性一般从两个方面来考虑：一是群落中物种的丰富性；二是群落中物种的异质性。不同的多样性指数所强调的物种丰富性和异质性的程度不同。分析大型底栖动物生物多样性时，通常采用以下 3 个指数：香农-维纳指数（Shannon-Wiener index）、Pielou 均匀度指数（Pielou evenness index）和物种丰富度指数（species richness index）。总体来看，靠近双台子河入海口（盘山东部滩涂，即断面 A 和 B）的大型底栖动物多样性、均匀度及丰富度均呈现明显的上升趋势，年际差异明显；远离入海口（盘山西部滩涂）的大型底栖动物多样性、均匀度及丰富度年际变化较大，并未呈现上升趋势（表 5-7）。

表 5-7 双台子河口大型底栖动物群落的多样性年际变化

年份	香农-维纳指数（H'）							
	断面 A	断面 B	断面 C	断面 D	断面 E	断面 F	断面 G	均值
2013	0.505	0.373	1.296	0.733	0.833	0.836	1.213	0.827
2014	0.871	1.120	1.426	1.230	1.119	1.136	1.470	1.196
2015	0.720	1.218	1.259	1.177	0.865	0.840	1.071	1.021
2016	1.650	1.433	1.250	1.460	0.918	1.058	1.243	1.287
年份	Pielou 均匀度指数（J'）							
	断面 A	断面 B	断面 C	断面 D	断面 E	断面 F	断面 G	均值
2013	0.214	0.143	0.542	0.348	0.418	0.405	0.527	0.371
2014	0.396	0.472	0.682	0.483	0.488	0.546	0.600	0.524
2015	0.333	0.594	0.592	0.614	0.503	0.498	0.569	0.529
2016	0.669	0.624	0.617	0.648	0.489	0.515	0.675	0.605
年份	物种丰富度指数（D）							
	断面 A	断面 B	断面 C	断面 D	断面 E	断面 F	断面 G	均值
2013	0.481	0.451	0.790	0.538	0.510	0.547	0.648	0.566
2014	0.575	0.725	0.816	0.752	0.595	0.613	0.866	0.706
2015	0.514	0.686	0.706	0.549	0.413	0.499	0.570	0.563
2016	0.913	0.797	0.718	0.868	0.511	0.604	0.635	0.721

由上述分析可以看出，大规模、连续文蛤增殖放流后，双台子河口滩涂生态系统的大型底栖动物的群落结构组成基本保持稳定，主要由环节动物、节肢动物和软体动物组成，其中主要的代表种类也未发生变化，依然是光滑篮蛤、四角蛤蜊、文蛤、托氏蜎螺和泥螺。大型底栖动物的种类数量变化也并不明显，变化范围为 29～39 种。大型底栖动物的香农-维纳指数在 2013～2016 年的变化范围为 0.827～1.287，其中 2013 年最低，2016 年最高，但与 2014 年和 2015 年差异不明显。大型底栖动物的 Pielou 均匀度指数在 2013 年最低，2014 年与 2015 年较为接近，分别为 0.524 和 0.529，2016 年最高（0.605）。大型底栖动物的物种丰富度指数在 2013 年和 2015 年较为接近，分别为 0.566 和 0.563，2014 年和 2016 年分别为 0.706 和 0.721。上述分析结果说明，文蛤的大规模增殖放流并未对示范区的生物群落产生明显的影响。2016 年以后针对该区域生物多样性影响的跟踪监测仍在持续，更长周期（如 10 年）的生物多样性影响的评估将在未来进行分析和总结。

遗憾的是，我们缺少文蛤增殖放流前（2012 年前）该区域物种多样性的数据，因此，上述比较分析的前提是文蛤增殖放流后的 2013 年，该区域的物种多样性尚未被半年前（2012 年 8 月）的增殖放流活动所影响。实际上，我们只能认为这一前提是一个大概率事件。但是本研究的主要启示在于，针对某一目标物种的增殖放流效果评估对生物多样性影响的评估非常重要，必不可缺。

四、其他重要经济贝类资源

（一）四角蛤蜊

四角蛤蜊隶属于软体动物门双壳纲，是一种常见的滩涂贝类（图 5-22），在我国沿海分布广、产量大，以辽宁、山东为最多（闫喜武等，2011），并在河口及海湾生态系统物质循环中发挥着重要的作用（Zhang et al.，2013；Hiwatari et al.，2002）。调查结果显示，四角蛤蜊主要集中分布在双台子河口盘山东部滩涂，且集中分布在滩涂的中潮带区域。由年际变化结果可知，四角蛤蜊分布密度年际变化较为明显（图 5-23），2013 年最高，为 80ind/m^2，2014 年和 2015 年分别下降至 33ind/m^2 和 37ind/m^2，2016 年上升至 65ind/m^2。四角蛤蜊生物量年际变化也较为明显（图 5-24），2013 年最高，为 402.2g/m^2，2014 年下降至 270.0g/m^2，2015 年和 2016 年均下降至 127.7g/m^2。由于四角蛤蜊为双台子河口当地重要经济贝类，

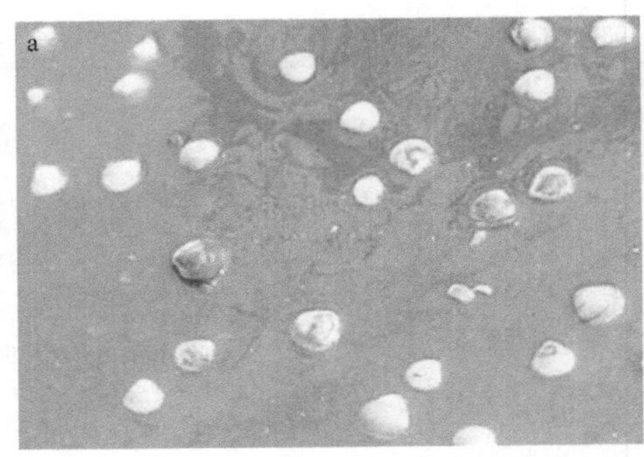

图 5-22　四角蛤蜊（a）及其采捕（b）（张安国拍摄）

每年渔民大量采捕，但苗种资源均依靠自然繁殖。从调查结果来看，由于受到人为干扰影响，四角蛤蜊作为该区域的优势种，其分布密度虽然非常高，但年际变化幅度较大（图 5-23）。

（二）光滑篮蛤

光滑篮蛤不仅是水产养殖中一种重要的虾蟹食用饵料（冷宇等，2013；赵静

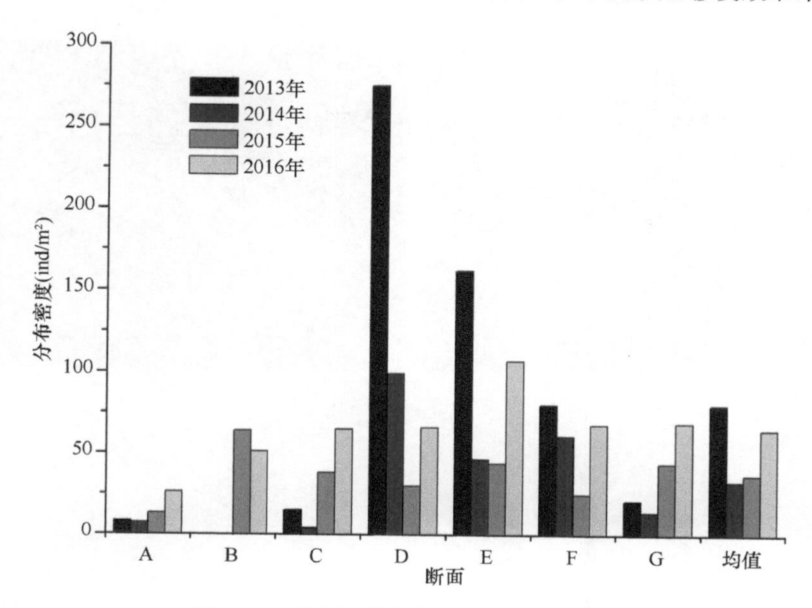

图 5-23　四角蛤蜊分布密度时空变化特征

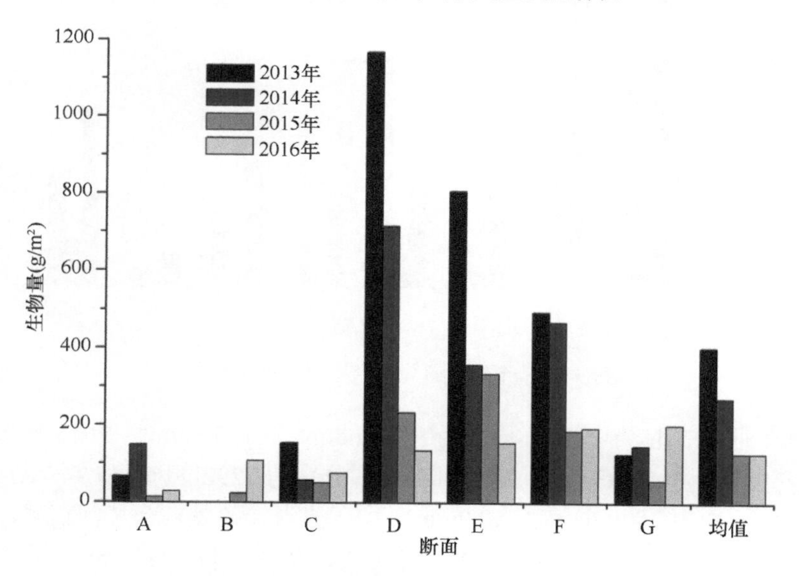

图 5-24　四角蛤蜊生物量时空变化特征

等，2012；魏利平，1984），而且也是红腹滨鹬（*Calidris canutus*）等候鸟在渤海湾迁徙途中的主要食物（杨洪燕，2012；Yang et al.，2011）（图 5-25）。光滑篮蛤主要分布在双台子河口盘山海域的东部滩涂（断面 A、B），且集中分布在滩涂的中潮带区域。光滑篮蛤的分布密度和生物量均呈现明显的年际变化（图 5-26，

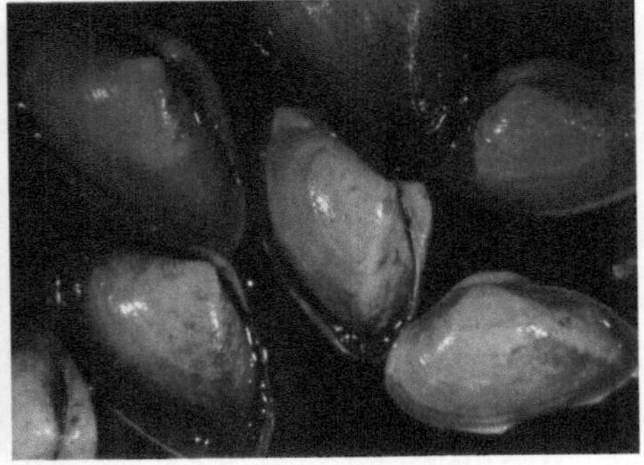

图 5-25　光滑篮蛤（杨晓龙拍摄）

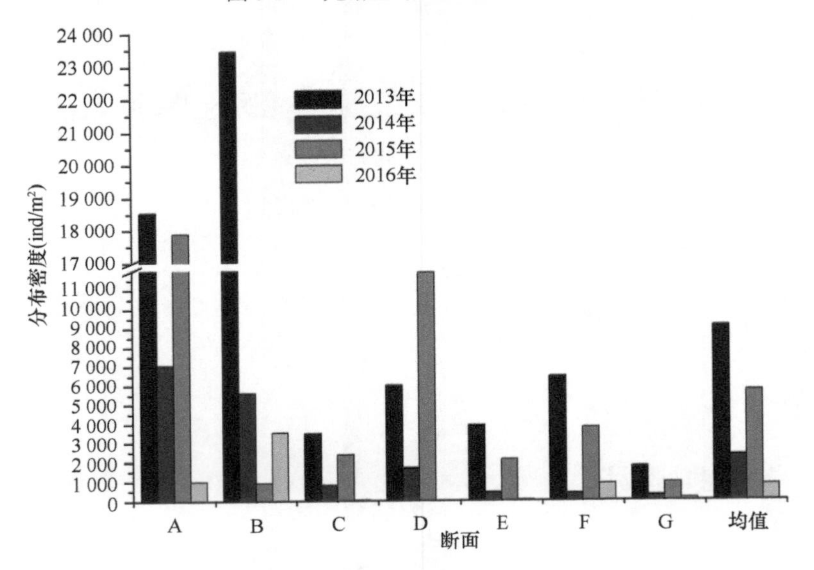

图 5-26　光滑篮蛤分布密度时空变化特征

图 5-27），即在 2013 年最高，分别为 9063ind/m^2 和 165.5g/m^2；2015 年较高，分别为 5675ind/m^2 和 156.3g/m^2；2014 年较低，分别为 2292ind/m^2 和 74.7g/m^2；2016 年最低，仅分别为 780ind/m^2 和 50.9g/m^2。由于光滑篮蛤是双台子河口滩涂的优势经济贝类，同时也是中国对虾等池塘养殖虾类的优质饵料，每年 5～9 月当地渔民大量采捕，但其苗种资源完全依靠自然繁殖。从调查结果来看，由于受到采捕的干扰，光滑篮蛤的分布密度虽然非常高，但年际变化幅度较大（图 5-26），因此双台子河口大型底栖动物的分布密度也出现明显的年际变化。另外，双台子河口滩涂高密度的光滑篮蛤可能是“渔业效应”的结果，并且丰富的资源作为重要的食物饵料来源得到合理的开发和利用。

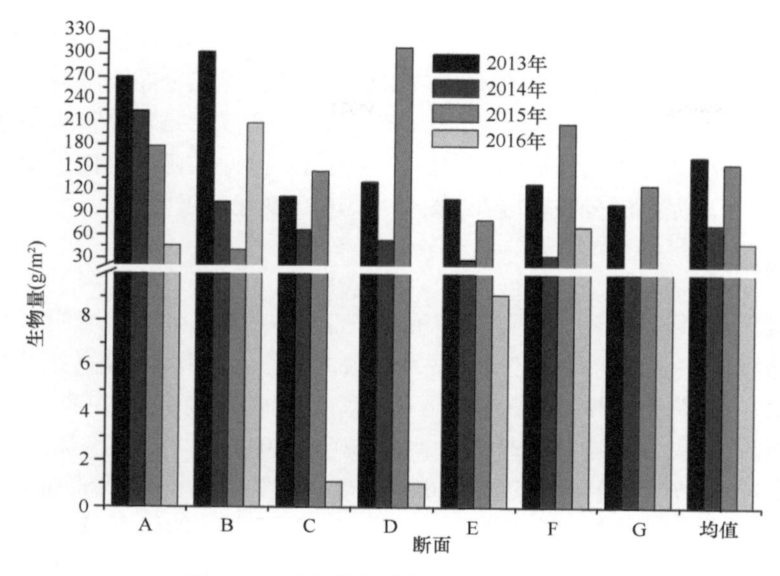

图 5-27　光滑篮蛤生物量时空变化特征

（三）泥螺

泥螺隶属于软体动物门腹足纲泥螺属，是一种经济价值较高的大型滩涂贝类（图 5-28）。泥螺属广温、广盐性种类，为太平洋西岸海水及咸淡水特产的贝类（蔡如星，1991），广泛分布于我国南北沿海滩涂（顾晓英等，1997）。调查发现，在双台子河口泥螺主要分布在盘山海域的中部和西部滩涂，并且集中分布在滩涂的中潮带区域，这与其在黄河口潮间带区域的分布特征一致（吴文广等，2013）。双台子河口滩涂泥螺分布密度年际变化明显，2013 年分布密度为 22ind/m^2，2014 年和 2015 年出现逐年下降的趋势，分别为 20ind/m^2 和 15ind/m^2，但在 2016 年则上升至 23ind/m^2。生物量年际变化也较为明显，2013 年最高，为

图 5-28　泥螺（a）其采捕（b）（张安国拍摄）

26.8g/m^2，2014 年和 2015 年也出现逐年下降的趋势，分别为 14.2g/m^2 和 12.5g/m^2，2016 年则上升至 22.3g/m^2。2013 年与 2016 年相比，虽然分布密度较为接近，但生物量差异较大，主要可能是由于 2013 年泥螺个体较大。每年 5 月末当地渔民大量采捕泥螺，将其加工处理后运往宁波等地销售。因此，可能是由于受到人为采捕活动的干扰，泥螺的分布密度在 2014～2016 年变化幅度较大。

（四）托氏蜎螺

托氏蜎螺（图 5-29），在辽宁营口沿海一带俗称“玻璃牛”。由于托氏蜎螺个体小、市场经济价值低等原因，当地渔民和相关渔业部门尚未对其进行采捕和管理，造成托氏蜎螺资源的浪费。调查结果显示，双台子河口滩涂托氏蜎螺的分布密度年际变化明显，呈现逐年增加的趋势，且在 2015～2016 年增长速度加大，由 2013 年的 19ind/m^2 上升到 2016 年的 219ind/m^2。与分布密度相比，托氏蜎螺的生物量年际变化较为平稳，仅在 2014 年下降至 14.6g/m^2，2013 年、2015 年及 2016 年的生物量分别为 28.9g/m^2、32.7g/m^2 和 36.4g/m^2。由上述分析可知，双台子河口潮间带滩涂的托氏蜎螺资源量已经相当可观。另外，虽然托氏蜎螺肉可食用，但是因个体小和数量多，其主要被作为食螺鱼类和对虾养殖的天然饵料（赵云龙等，2011），同时托氏蜎螺还和其他经济贝类竞争饵料资源（陈远等，2012）。因此，应对托氏蜎螺资源进行合理利用，渔民可采用拖网捕捞，既不影响其他经济贝类的生长，又能大量捕获托氏蜎螺，为其他经济贝类（如泥螺）提供更加充足的生存空间和饵料资源。

图 5-29　托氏蜎螺（杨晓龙拍摄）

主要参考文献

蔡如星. 1991. 浙江动物志 软体动物. 杭州: 浙江科学技术出版社: 116-117.
陈大鹏, 沈怀舜, 丁亚平. 2004. 文蛤、青蛤和四角蛤蜊的随机扩增多态性 DNA(RAPD)的比较分析. 海洋通报, 23(6): 84-87.
陈远, 姜靖宇, 李石磊, 等. 2012. 盘锦蛤蜊岗、小河滩涂文蛤及其相关资源调查报告. 河北渔业, (1): 46-49.
冯建彬, 李家乐, 王美珍, 等. 2005. 我国四海区不同群体文蛤形态差异与判别分析. 浙江海洋学院学报(自然科学版), 24(4): 318-323.
顾晓英, 尤仲杰, 王一农, 等. 1997. 泥螺 *Bullacta exarata* 生长生物学的初步研究. 浙江水产学院学报, 16(1): 6-11.
赫崇波, 陈洪大. 1997. 滩涂养殖文蛤生长和生态习性的初步研究. 水产科学, 16(5): 17-20.
赫崇波, 丛林林, 葛陇利, 等. 2008. 文蛤养殖群体和野生群体遗传多样性的 AFLP 分析. 中国水产科学, 15(2): 215-221.
冷宇, 刘一霆, 刘霜, 等. 2013. 黄河三角洲南部潮间带大型底栖动物群落结构及多样性. 生态学杂志, 32(11): 3054-3062.
李宏俊, 张晶晶, 袁秀堂, 等. 2016. 利用线粒体 COI 和微卫星标记分析文蛤 7 个地理群体的遗传变异. 生态学报, 36(2): 499-507.
李太武, 张安国, 苏秀榕, 等. 2006. 不同花纹文蛤(*Meretrix meretrix*)的 ITS2 分析. 海洋与湖沼, 37(2): 132-137.
林志华, 董迎辉, 李宁, 等. 2008. 基于形态参数和 fAFLP 标记的文蛤(*Meretrix meretrix*)不同地理群体遗传变异分析. 海洋与湖沼, 39(3): 245-251.
林志华, 黄晓婷, 董迎辉, 等. 2009. 广西文蛤(*Meretrix*)的 fAFLP 及 ITS 分析. 海洋与湖沼, 40(1): 33-41.
沈怀舜, 朱建一, 丁亚平, 等. 2003. 我国沿海三个文蛤地理群的 RAPD 分析. 海洋学报(中文版), 25(5): 97-102.
魏利平. 1984. 光滑河蓝蛤的生活习性及人工育苗的初步试验. 海洋科学, (6): 32-35.
吴文广, 冷宇, 张继红, 等. 2013. 黄河口泥螺种群夏季分布特征及其与底质环境的关系. 渔业科学进展, 34(3): 38-45.
薛明, 杜晓东, 黄荣莲, 等. 2006. 文蛤三个野生种群的生化遗传变异. 海洋通报, 25(1): 38-43.
闫喜武, 王琰, 郭文学, 等. 2011. 四角蛤蜊形态性状对重量性状的影响效果分析. 水产学报, 35(10): 1513-1517.
阎冰, 邓岳文, 杜晓东, 等. 2002. 广西地区文蛤的遗传多样性研究. 海洋科学, 26(5): 5-8.
杨洪燕. 2012. 红腹滨鹬(*Calidris canutus*)春季迁徙中停期间对渤海湾背部潮间带的利用. 北京师范大学博士学位论文.
张安国. 2015. 双台子河口文蛤资源恢复及其与环境的相互作用. 宁波大学博士学位论文.
赵静, 刘涵, 原振政, 等. 2012. 日本蟳对 3 种贝类的摄食选择及摄食节律的研究. 大连海洋大学学报, 27(3): 226-230.
赵云龙, 赵文, 闫喜武, 等. 2011. 渤海辽东湾高家滩沿海滩涂贝类资源调查. 大连海洋大学学报, 26(5): 471-474.
中国科学院海洋研究所，刘瑞玉. 2008. 中国海洋生物名录. 北京: 科学出版社.
Barrett R D, Schluter D. 2008. Adaptation from standing genetic variation. Trends in Ecology & Evolution, 23(1): 38-44.
Beaumont A, Boudry P, Hoare K. 2010. Biotechnology and genetics in fisheries and aquaculture. Singapore: Wiley-Blackwell.
Clement M, Posada D C K A, Crandall K A. 2000. TCS: a computer program to estimate gene

genealogies. Molecular Ecology, 9(10): 1657-1659.

Hiwatari T, Kohata K, Iijima A. 2002. Nitrogen budget of the bivalve *Mactra veneriformis*, and its significance in benthic-pelagic systems in the Sanbanse area of Tokyo Bay. Estuarine Coastal and Shelf Science, 55: 299-308.

Vrijenhoek R. 1994. DNA primers for amplification of mitochondrial cytochrome c oxidase subunit I from diverse metazoan invertebrates. Molecular Marine Biology and Biotechnology, 3(5): 294-299.

Yamakawa A Y, Imai H. 2012. Hybridization between *Meretrix lusoria* and the alien congeneric species *M. petechialis* in Japan as demonstrated using DNA markers. Aquatic Invasions, 7(3): 327-336.

Yang H Y, Chen B, Barter M, et al. 2011. Impacts of tidal land reclamation in Bohai Bay, China: ongoing losses of critical Yellow Sea waterbird staging and wintering sites. Bird Conservation International, 21: 241-259.

Zhang A G, Yuan X T, Hou W J, et al. 2013. Carbon, nitrogen, and phosphorus budgets of the surfclam *Mactra veneriformis* (Reeve) based on a field study in the Shuangtaizi Estuary, Bohai Sea of China. Journal of Shellfish Research, 32(2): 275-284.

Zhang A G, Yuan X T, Yang X L, et al. 2016. Temporal and spatial distributions of intertidal macrobenthos in the sand flats of the Shuangtaizi Estuary, Bohai Sea in China. Acta Ecologica Sinica, 36(3): 172-179.

第六章　双台子河口埋栖性贝类的主要生理生态过程及其环境生态效应

双台子河口滩涂面积广阔，孕育了众多的埋栖性贝类，如文蛤和四角蛤蜊等，不仅具有较高的经济价值，还具有重要的生态学作用。这些滤食性贝类通过滤水、摄食、生物沉积及排泄等生理生态活动，对河口及近海海域的浮游植物和浮游动物群落产生影响，进而影响其生态动力学过程。滤食性贝类的生物沉积速率、耗氧率、排氨率和排磷率等生理生态学参数通常随着海水环境的季节变换而变化。这些参数既能反映双壳贝类的生理特征，又能反映双壳贝类对环境的响应。所以对贝类生理生态学的深入研究可以从生态系统层面更加准确地评估贝类资源修复的环境生态效应。

我们采用生物沉积法和呼吸瓶法，于双台子河口现场研究了优势埋栖性贝类——文蛤和四角蛤蜊的主要生理生态学参数，并在此基础上构建了两种贝类对生源要素 C、N、P 的收支模式，分析了其在河口水体—底栖系统中的耦合作用，评估了其环境生态效应。另外，鉴于双台子河口土著贝类——文蛤面临着外来生物——美洲帘蛤（*Mercenaria mercenaria*）的入侵风险，我们比较研究了二者在同样环境条件下的生理生态学参数，结果暗示美洲帘蛤具有更强的适应性和环境生态效应，文蛤一旦受美洲帘蛤的生态位竞争，其种群面临的风险较大，在未来的资源修复实践中应加以注意。

第一节　滤食性贝类的主要生理生态过程及其环境生态效应

一、滤食性贝类的生物沉积作用及其对环境的影响

滤食性贝类具有很强的滤水能力，能从水体中过滤大量的悬浮颗粒有机物（如微生物、浮游植物、中型浮游动物等）（Mazzola and Sarà，2001；Davenport et al.，2000）。这些贝类对过滤到体内的颗粒有机物进行消化和吸收，最后排出真粪；而部分过滤的颗粒物会通过进水管排出，称为假粪（Haven and Morales-Alamo，1972）。真粪和假粪总称为生物沉积物，这种物质沉降到底部的过程被称为生物沉积（Haven and Morales-Alamo，1966）。

测定滤食性贝类生物沉积速率的方法主要有三种：①从海区中取若干实验贝

类放入已过滤的海水中，经短时间（如 1h）后取出实验贝类，收集真粪和假粪等生物沉积物（Nakamura et al.，1988）；②将实验贝类放入未过滤的海水中，并保持海水的不断更新，经过一段时间（如 24h）后，收集其生物沉积物（真粪和假粪）；③在海区用贝类沉积物捕集器现场测定（袁星等，2017；刘鹏等，2014；张安国等，2014；Zhang et al.，2013，2016；袁秀堂等，2011；Yuan et al.，2010；Lauringson et al.，2007；Mitchell，2006；Zhou et al.，2006a，2006b；Cranford et al.，2005）。第一种方法最为简单，但贝类的生物沉积等受许多因素的影响，尤其是过滤的海水不能反映海区饵料的实际情况，而且贝类的生物沉积还存在昼夜节律性，从而造成实验结果误差较大。第二种方法虽比第一种更可靠，但仍不能真实反映水流、饵料变化等海区实际情况。第三种方法虽然操作烦琐，实验时间较长，但由于在海区现场测定，结果最为可靠。然而由于捕集器在海区中放置时间过长，生物沉积物有被矿化的可能，因此，实验时沉积物捕集器放置时间一般以一周左右较为合适（Zhou et al.，2006a，2006b）。

在滤食性贝类占优势的海区或增养殖区，生物沉积作用非常明显。烟台四十里湾养殖海区所有贝类每年累计产生 5.92×10^4t 干重的生物沉积物（Zhou et al.，2006a）；青岛胶州湾底播增殖菲律宾蛤仔每年排放 4.38×10^6t 干重的生物沉积物（周兴，2006）；大连长山岛海域虾夷扇贝每年排放大约 1.42×10^6t 干重的生物沉积物（Yuan et al.，2010）；双台子河口四角蛤蜊每年排放大约 7.33×10^5t 干重的生物沉积物（Zhang et al.，2013）。大量生物沉积物的聚集，逐渐改变海底沉积物的物理化学特征，同时可以改变底栖生物群落结构（周毅等，2003），因为沉积物中的有机质可能是微生物生长的底物，继而为沉积食性底栖动物提供食物来源。对于水交换充足而不缺氧的海区，无贻贝海底的生物多样性以及沉积食性动物的生物量通常低于有贻贝的海底（Grant et al.，1995）。而当水交换受到限制时，贝类产生的大量沉积物将堆积于海底，消耗大量溶解氧，进而造成大型底栖生物数量减少（Kaspar et al.，1985）。

滤食性贝类的生物沉积不但向海底输送营养物质，而且对水层-沉积物界面的溶解氧和营养盐通量产生重要的影响（Hatcher，1994）。生物沉积过程增加了沉积物有机质含量，增强了海底微生物活动，导致底质需氧量增加，从而可能产生缺氧或无氧环境（Tenore et al.，1982）。同时生物沉积加速了硫的还原、增加了反硝化作用，增强了氮、磷等无机营养盐从沉积物向水体的释放（Mallet et al.，2006；Nizzoli et al.，2006）。与贝类自身排泄的营养盐相比，沉积物矿化所产生的物质对营养盐再生的贡献较大。在整个生态系统水平上，沉积物矿化与贝类排泄再生的营养盐对维持浮游植物初级生产力起到重要的作用（Souchu et al.，2001）；沉积物通过微生物降解释放大量的营养盐，可以满足浮游植物（李斌等，2013）、底栖海草和海藻（刘鹏等，2014；许战洲等，2007；Peterson et al.，2001a，2001b）

的营养需求。

二、滤食性贝类的呼吸和排泄作用及其对环境的影响

呼吸与排泄是贝类新陈代谢的基本生理活动。贝类通过呼吸作用消耗周围环境的氧，过程中带有新陈代谢能量的散失；而其自身将饵料中的有机质分解利用，最终通过排泄作用将代谢废物排出体外。贝类的呼吸和排泄作用不但反映了其生理活动状态，也反映了环境条件对贝类生理活动的影响。

关于埋栖性贝类呼吸和氮、磷排泄的研究报道比较多，但大多是在实验室内开展的（杨杰青等，2016；焦海峰等，2013，2015），而在海区现场条件下的研究较少。实验室研究不能很好地模拟海区实际的物理环境特征，如饵料组成和浓度等，并且其模拟条件与海区现场环境尚有一定差距（Magni et al.，2000）。另外，由于埋栖性贝类生活于泥沙底质中，在不加底质情况下的排泄率也未必真实。研究表明，将埋栖性贝类放置到埋栖物中于海区现场进行代谢实验，尽量避免实验过程中埋栖性贝类的胁迫反应，实验结果在理论上更真实（袁秀堂等，2011）。因此，越来越多的学者开始重视在加入底质条件下进行埋栖性贝类呼吸率和排泄率的现场研究（张安国等，2014；Zhang et al.，2013，2016；王晓宇等，2011；袁秀堂等，2011）。

双壳贝类的呼吸和排泄作用对浮游植物生长具有重要意义，特别是对再循环无机形态的 N（NH_4^+-N）和 P（PO_4^{3-}-P）的排泄。N 和 P 是维持海洋初级生产力的重要营养盐来源（Cockcroft，1990）。在烟台四十里湾贝类养殖区，贝类夏季每天排泄 4.54t 总溶解氮（TDN），其中 NH_4^+-N 达到 3.36t，同时排泄 0.57t 总溶解磷（TDP），其中包括 0.42t 无机磷（IP）和 0.15t 有机磷（OP）。排泄再循环的 N 和 P 分别能满足浮游植物所需 N、P 的 44%和 40%，其中 NH_4^+-N 和 PO_4^{3-}-P 分别能满足浮游植物所需 N、P 的为 33%和 29%（Zhou et al.，2006；周毅等，2002）。大连长山群岛海域筏式养殖虾夷扇贝每年向水体释放 1.5×10^3t 的 NH_4^+-N、1.07×10^3t 的 PO_4^{3-}-P（Yuan et al.，2010）；青岛胶州湾底播增殖菲律宾蛤仔每年排泄出 3137t 的 NH_4^+-N 和 902t 的 PO_4^{3-}-P，因排泄而再循环的 N（NH_4^+-N）和 P（PO_4^{3-}-P）分别能满足浮游植物生长所需 N、P 的 34%和 70%（王晓宇等，2011；周兴，2006）；辽东湾双台子河口四角蛤蜊每年排放 209.04t 的 NH_4^+-N、43.93t 的 PO_4^{3-}-P（Zhang et al.，2013）。可见，双壳贝类通过排泄作用可能会对河口及近海生态系统物质和营养循环产生重要的影响。

三、滤食性贝类的生源要素收支及其环境生态效应

在河口与海湾，滤食性贝类是C、N、P生源要素循环的重要生物媒介之一，无疑在生态系统的物质循环中扮演着重要角色。目前，关于双壳贝类对生源要素收支的研究见于日本东京湾四角蛤蜊的N收支（Hiwatari et al.，2002）；荷兰Oosterschelde河口海域紫贻贝（*Mytilus edulis*）的C、N、P收支（Jansen et al.，2012；Smaal et al.，1997）；我国浙江乐清湾和三门湾太平洋牡蛎（*Crassostrea gigas*）、僧帽牡蛎（*Ostrea cucullata*）、泥蚶（*Tegillarca granosa*）、缢蛏（*Sinonovacula constricta*）的C收支（柴雪良等，2006），山东烟台四十里湾栉孔扇贝（*Chlamys farreri*）（周毅等，2002）和荣成桑沟湾栉孔扇贝、太平洋牡蛎及虾夷扇贝（*Patinopecten yessoensis*）的C、N、P收支（牛亚丽，2014），辽宁庄河海域菲律宾蛤仔（*Ruditapes philippinarum*）的C、N、P收支（张升利等，2015），长江口缢蛏、光滑篮蛤（*Potamocorbula laevis*）的C、N收支（吴昊泽，2014），双台子河口四角蛤蜊和文蛤的C、N、P收支（张安国等，2018；Zhang et al.，2013），以及基于实验室内条件下文蛤的C收支（范建勋，2010）等。

总之，滤食性双壳贝类是海湾和河口生态系统的重要组分，通过滤水、摄食、生物沉积及排泄等生理生态活动，在生态系统的能量流动和物质循环中扮演重要角色。

第二节　文蛤和四角蛤蜊的主要生理生态过程及其环境生态效应

双台子河口滩涂面积达6.7万hm^2，是我国北方滩涂埋栖性贝类的主要栖息地之一。文蛤和四角蛤蜊是双台子河口的重要经济贝类和主要优势埋栖性贝类，现场研究其生物沉积及呼吸和排泄作用，分析这些生理生态过程的环境生态效应，对于评价滩涂埋栖性贝类在河口生态系统物质循环中的作用具有重要意义。Zhang等（2013）和张安国等（2014）于双台子河口文蛤、四角蛤蜊生长及繁殖的主要场所——盘山海域（图6-1）利用生物沉积物捕集器（图6-2）与封闭式代谢瓶法（封闭式代谢瓶如图6-3所示）现场研究了文蛤和四角蛤蜊的生物沉积速率、耗氧率、排氨率和排磷率等主要生理生态过程的季节变化，为评估其环境生态效应提供了基础数据。

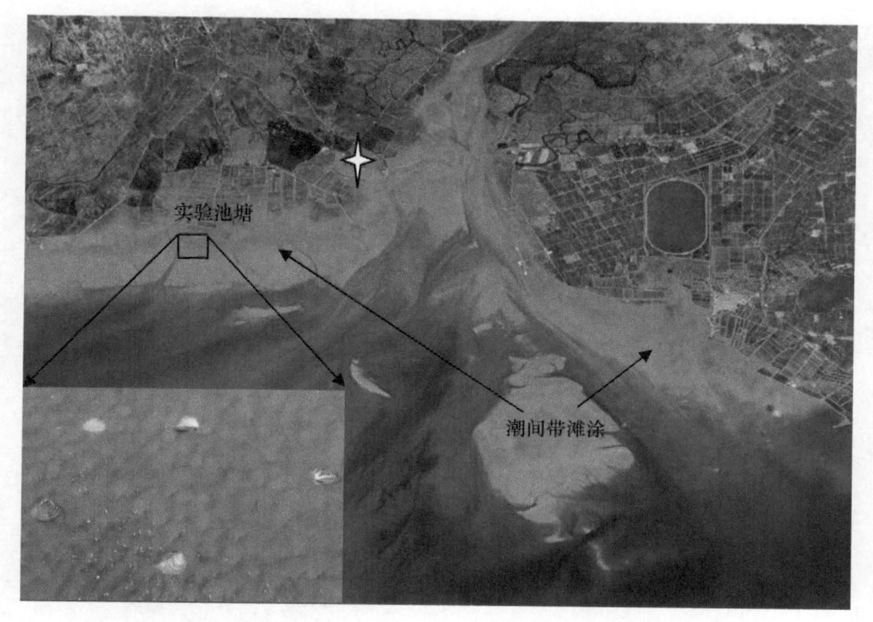

图 6-1　埋栖性贝类生物沉积速率及呼吸率和排泄率的现场实验地点

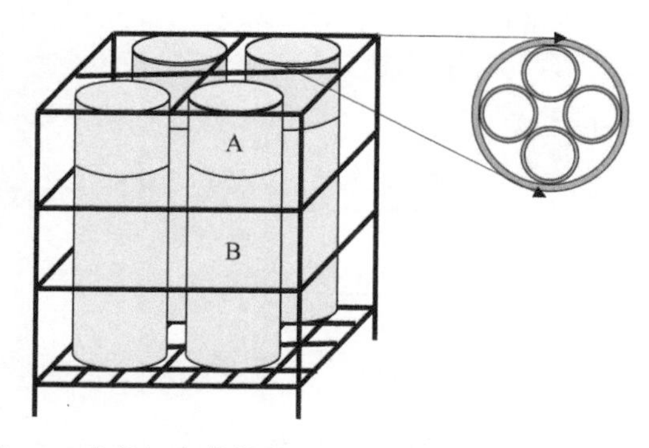

图 6-2　生物沉积物捕集器示意图（张安国等，2014）

该生物沉积物捕集器由内径为 19cm 的 PVC 圆柱筒制成，分为 A、B 两部分，高度分别为 30cm 和 40cm；A 部分内部均匀分散地垂直装有 4 个 PVC 圆管（深 5cm，底部密封），圆管顶部距 A 外壁顶部 5cm。使用时，首先将 A 与 B 连在一起，在圆管内放满细砂（细砂提前用淡水淘洗，烘干后经 60 目筛网滤掉更细的颗粒后经 450℃灼烧 6h、再冲洗和烘干）

实验地点选择滩涂高潮线附近的一个面积 6hm^2、水深 1.5～2.0m 的池塘。该池塘通过潮水沟渠与河口海域相通，并根据当地潮汐规律定时纳入新鲜的海水，保证了池塘中海水水质条件与自然海区水质条件基本一致。

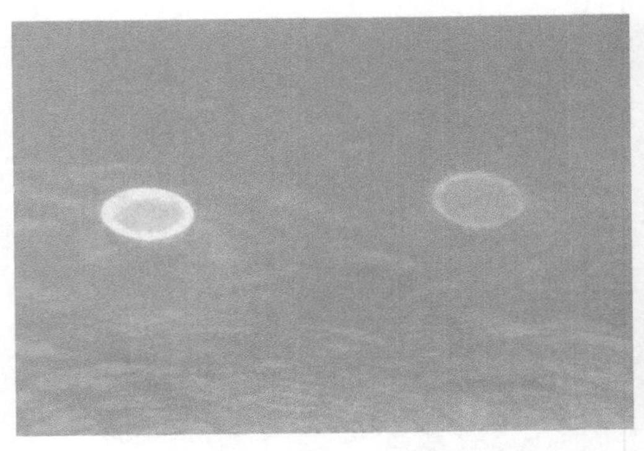

图 6-3　文蛤和四角蛤蜊呼吸代谢实验的封闭式代谢瓶（张安国拍摄）

一、实验池塘环境条件

实验池塘海水温度季节变化明显（表 6-1），春季水温为 12.0℃，夏季达到最高值（28.2℃），随后逐渐降低，秋季降至 16.8℃，冬季降至–0.2℃。海水盐度变化范围为 19～23；海水中叶绿素 a（Chl a）含量在冬季最低，夏季达到最高，变化范围为 5.0～20.0μg/L；海水中总悬浮物（TPM）含量和颗粒有机质（POM）含量均较高，分别为 31.9～55.6mg/L、8.6～15.0mg/L；总悬浮物中颗粒有机碳（POC）和颗粒有机氮（PON）含量均在夏季达到最高，变化范围分别为 0.93～3.13mg/L、0.24～0.66mg/L；颗粒有机磷（POP）含量变化较大，为 29.6～203.0μg/L。

表 6-1　实验池塘环境因子及海水颗粒物的季节变化（张安国等，2014）

季节	温度（℃）	盐度	Chl a 含量（μg/L）	TPM 含量（mg/L）	POM 含量（mg/L）	POC 含量（mg/L）	PON 含量（mg/L）	POP 含量（μg/L）
春	12.0	20	12.4	55.5	12.4	0.93	0.57	203.0
夏	28.2	20	20.0	55.6	15.0	3.13	0.66	73.0
秋	16.8	19	5.4	31.9	8.6	1.32	0.31	29.6
冬	–0.2	23	5.0	44.1	10.2	1.04	0.24	118.7

二、生物沉积速率的季节变化

（一）文蛤

实验用文蛤为 2 龄和 3 龄个体，具体规格见表 6-2。为消除文蛤的规格差异对生理生态学参数的影响，将所得数据进行标准化处理（Zhou et al.，2006）：

$$Y_s = (W_s / W_e)^b \times Y_e$$

式中，Y_s为标准化后个体的生物沉积速率；W_s为标准化后个体的软体干重（2 龄文蛤为 0.58g，3 龄文蛤为 1.45g）；W_e为实验用文蛤的软体干重；Y_e为现场实验获得的文蛤单位个体生物沉积速率、耗氧率、排氨率和排磷率；b 为文蛤的生物沉积速率、耗氧率、排氨率和排磷率与软体干重回归方程 $R_x=a\times W_e^b$ 的幂值。应用 SPSS 13.0 软件包对实验数据进行单因素方差分析（one-way ANOVA），并结合 Duncan 法进行多重比较，并以 P=0.05 作为差异显著的标准。

表 6-2　实验用文蛤规格

规格	壳高（mm）	湿重（g）	软体干重（g）
2 龄	36.36±0.23	23.41± 0.47	0.58±0.02
3 龄	46.60±0.70	45.85±1.80	1.45±0.11

2 龄及 3 龄文蛤的个体生物沉积速率呈现出明显的季节变化，即夏季最高[0.296g/（ind·d）、0.599g/（ind·d）]，春季次之[0.275g/（ind·d）、0.456g/（ind·d）]，秋季再次[0.146g/（ind·d）、0.313g/（ind·d）]，冬季最低[0.022g/（ind·d）、0.056g/（ind·d）]（图 6-4），这可能是由水温、海水中颗粒物浓度以及实验贝类的龄期等因素造成的。温度是影响贝类生物沉积速率的重要环境因子之一（Yuan et al.，2010；Lauringson et al.，2007；Mitchell，2006）。滤食性贝类处于适宜的温度范围内时，其滤水活动增强，必然导致其生物沉积速率的增加；超出适温范围时，其生物沉积速率会降低。以往的研究表明，文蛤生长的适宜水温为 5.5～32℃，最适水温为 15～27℃（赫崇波和陈洪大，1997；王如才等，1993）。春季和秋季，实验池塘水温分别为 12℃和 16.8℃，文蛤处于比较适宜的环境中，生理代谢处于较高的水平，其摄食率不断升高，生物沉积速率也处于较高值。夏季，海水温度达到一年中的最高值（均值为 28.2℃），文蛤的摄食活动依然旺盛，从而导致其生物沉积速率在夏季达到最大值。这也表明，夏季水温 28.2℃尚未达到文蛤的最高耐受温度。冬季，由于实验池塘水温降至–0.2℃，超出了文蛤的适温范围，低温制约了文蛤的滤水及摄食能力，文蛤活动显著减弱，其生物沉积速率也大大降低。

除温度影响生物沉积速率变化外，贝类个体的不同龄期也会导致生物沉积速率的变化。例如，就单位个体而言，在同一季节，文蛤生物沉积速率表现为 3 龄＞2 龄。另外，文蛤生物沉积速率与海水中颗粒有机质（POM）含量呈显著的正相关关系（r=0.597，P＜0.05），这也证实了贝类生物沉积速率的季节变化与海水中饵料浓度有关。总之，海水中饵料的浓度及实验贝类龄期直接影响文蛤的生物沉积作用，而温度则通过影响海水中浮游植物的生长与繁殖间接制约文蛤的生物沉积作用。

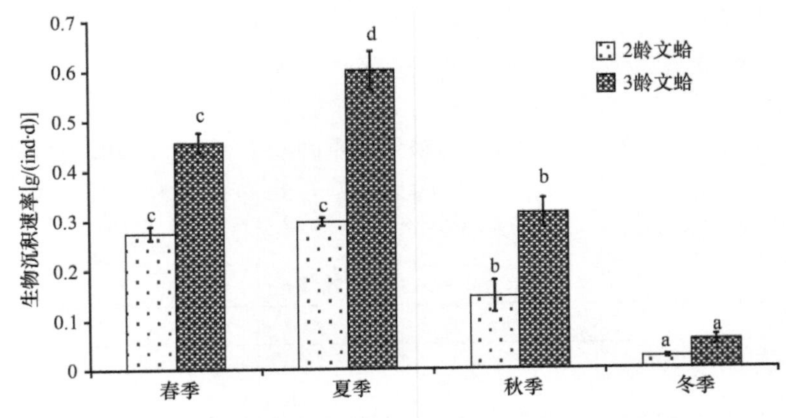

图 6-4　文蛤生物沉积速率的季节变化（张安国等，2014）

同一类型密度柱上不同字母表示差异显著（$P<0.05$）

（二）四角蛤蜊

实验用四角蛤蜊个体的壳高为 28.65mm±0.10mm，单因素方差分析显示不同季节实验用贝类的壳高变化不显著（F=1.27，P=0.29），表明实验结果未受实验用贝类规格的影响。四角蛤蜊的生物沉积速率呈现显著的季节变化（图 6-5）。春季逐渐升高，夏季达到最高［0.309g/（ind·d）或 0.67g/（g·d）］，秋季下降［0.067g/（ind·d）或 0.29g/（g·d）］，冬季达到最低［0.008g/（ind·d）或 0.05g/（g·d）］。四角蛤蜊生物沉积速率的季节变化与温度（r=0.835，$P<0.05$）及 Chl a 浓度（r=0.760，$P<0.05$）呈现显著的相关关系，而与 TPM 含量无显著相关性（r=0.315，$P>0.05$）。

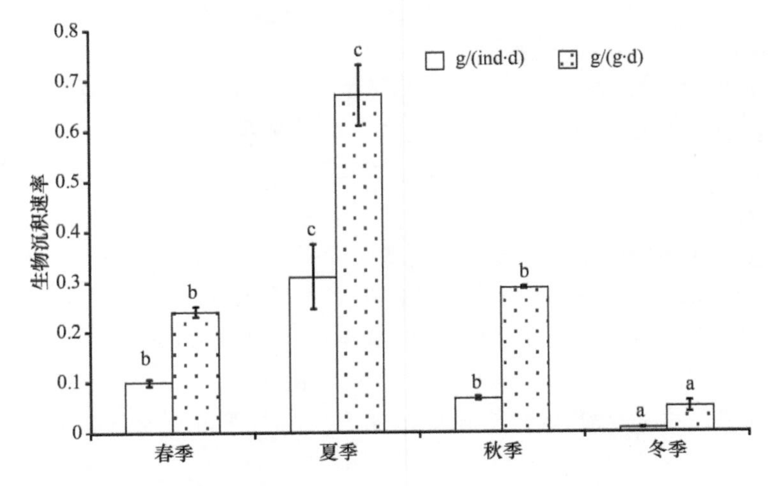

图 6-5　四角蛤蜊生物沉积速率的季节变化（改自 Zhang et al.，2013）

同一类型密度柱上不同字母表示差异显著（$P<0.05$）

三、呼吸率和排泄率的季节变化

呼吸和排泄是贝类新陈代谢的基本生理活动，它们既反映了贝类的生理状态，也反映了环境条件对贝类生理活动的影响。

（一）文蛤

2 龄与 3 龄文蛤的耗氧率均在夏季达到最高，冬季最低（图 6-6）。2 龄、3 龄文蛤的耗氧率分别为 0.45～16.64mg/（ind·d）[年均 7.50mg/（ind·d）]、1.03～30.51mg/（ind·d）[年均 14.99mg/（ind·d）]。在同一季节，文蛤的单位个体耗氧率总体表现为 2 龄＜3 龄。2 龄与 3 龄文蛤个体在夏季的耗氧率均显著高于其他三个季节（$P<0.05$）；冬季的耗氧率均显著低于春季及秋季（$P<0.05$）；春季和秋季间的耗氧率均差异不显著（$P>0.05$）。

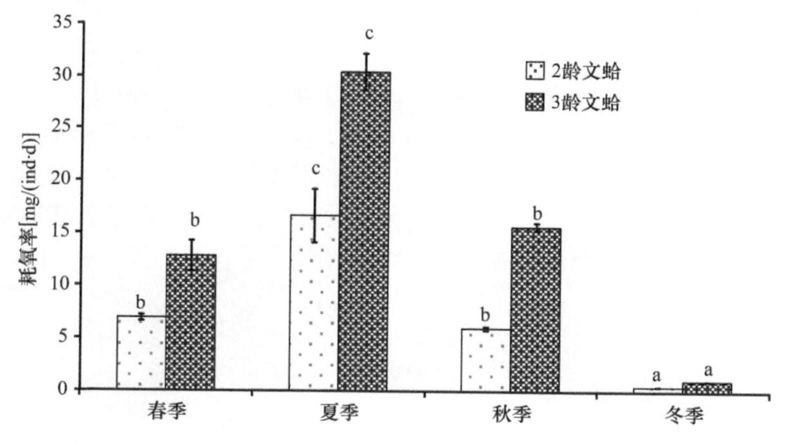

图 6-6　文蛤耗氧率的季节变化（张安国等，2014）
同一类型密度柱上不同字母表示差异显著（$P<0.05$）

排氨率和排磷率是反映贝类新陈代谢水平的重要指标。关于埋栖性双壳贝类排氨率及排磷率的现场研究的报道较少。在双台子河口，2 龄与 3 龄文蛤的排氨率均在夏季达到最高，冬季最低（图 6-7）。2 龄、3 龄文蛤的排氨率分别为 0.001～0.14mg/（ind·d）[年均 0.047mg/（ind·d）]、0.002～0.28mg/（ind·d）[年均 0.099mg/（ind·d）]。在同一季节，文蛤的单位个体排氨率表现为 2 龄＜3 龄。2 龄文蛤个体在春季和秋季间的排氨率差异不显著（$P>0.05$），3 龄文蛤个体在不同季节之间的排氨率均表现为显著的差异（$P<0.05$）。两个龄期文蛤个体在夏季的排氨率均显著高于其他三个季节（$P<0.05$），冬季的排氨率均显著低于春季和秋季（$P<0.05$）。

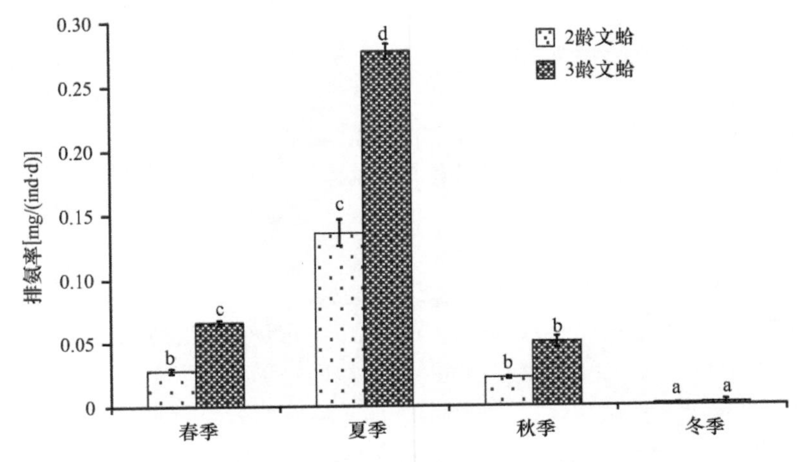

图 6-7 文蛤排氨率的季节变化（张安国等，2014）
同一类型密度柱上不同字母表示差异显著（$P<0.05$）

2 龄与 3 龄文蛤的排磷率均在夏季最高，春季次之，秋季再次，冬季最低（图 6-8）。2 龄、3 龄文蛤的排磷率分别为 0.002～0.069mg/（ind·d）[年均 0.029mg/（ind·d）]、0.003～0.16mg/（ind·d）[年均 0.066mg/（ind·d）]。在同一季节，就单位个体排磷率而言，文蛤的排磷率表现为 2 龄<3 龄。2 龄与 3 龄文蛤的排磷率在秋季和冬季均差异不显著（$P>0.05$），但均显著低于其他两个季节（$P<0.05$）。两个规格文蛤的个体排磷率在夏季均显著高于春季（$P<0.05$）。

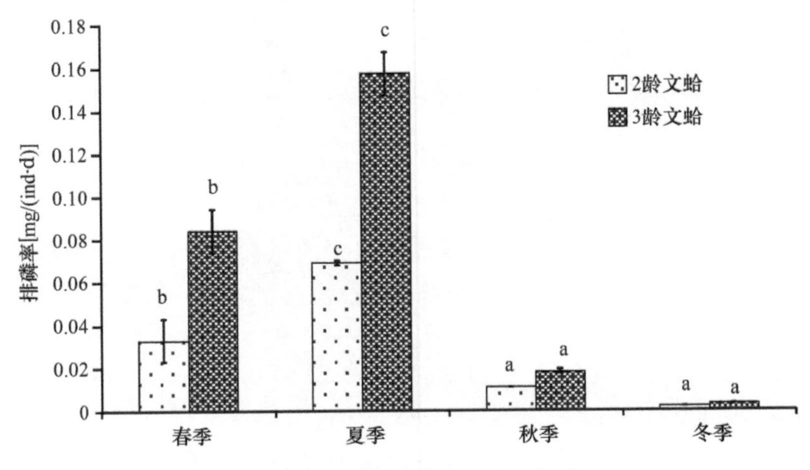

图 6-8 文蛤排磷率的季节变化（张安国等，2014）
同一类型密度柱上不同字母表示差异显著（$P<0.05$）

文蛤耗氧率和排泄率呈现出明显的季节变化趋势，这或许是由于文蛤的生长具有季节节律性，4～10 月是其主要生长期，此时海区水温逐渐升高，夏季达到最高，海水中 TPM 和 Chl a 含量也达到最高值，文蛤的食物可获得性增大，其生长速率和生理代谢速率加快。在同一季节，就单位个体而言，文蛤的耗氧率、排氨率及排磷率均表现为 2 龄<3 龄。与文蛤相似，菲律宾蛤仔（袁秀堂等，2011）、硬壳蛤（文海翔等，2004）等埋栖性双壳贝类也表现出类似的规律。这可能是由于不同龄期贝类的生理代谢速率有所差异，且随着年龄增长而增加，从而表现出 3 龄个体的耗氧率和排泄率大于 2 龄个体。

（二）四角蛤蜊

四角蛤蜊的耗氧率呈现显著的季节变化（图 6-9），在夏季时达到最高，为 30.65mg/（ind·d）或 92.34mg/（g·d）；其次为秋季，为 4.91mg/（ind·d）或 23.4mg/（g·d）；冬季达到最低，为 0.54mg/（ind·d）或 3.11mg/（g·d）。四角蛤蜊耗氧率的季节变化与温度（r=0.857，P<0.05）及 Chl a 含量（r=0.791，P<0.05）呈现显著的相关关系。

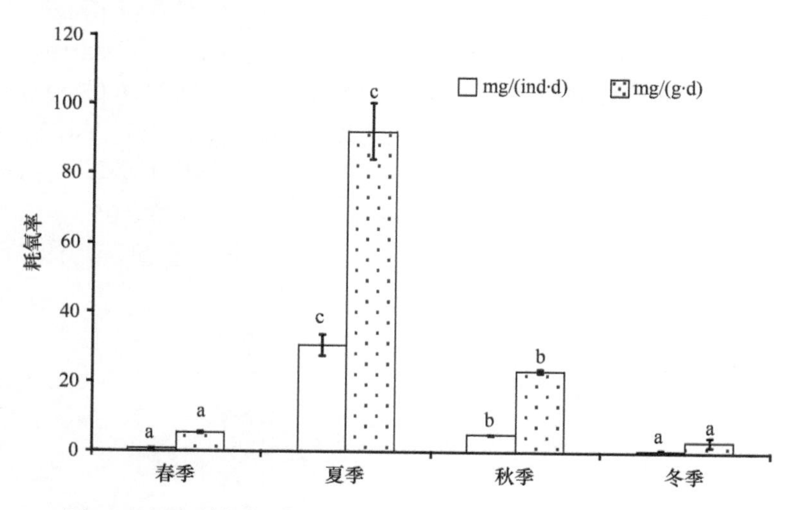

图 6-9 四角蛤蜊耗氧率的季节变化（改自 Zhang et al.，2013）
同一类型密度柱上不同字母表示差异显著（P<0.05）

四角蛤蜊的排氨率呈现显著的季节变化（图 6-10），春季最高，为 0.086mg/（ind·d）或 0.21mg/（g·d），在冬季时达到最低，为 0.003mg/（ind·d）或 0.01mg/（g·d）。四角蛤蜊排氨率与温度（r=0.128，P>0.05）、Chl a 含量（r= –0.221，P>0.05）和 TPM 含量（r= –0.277，P>0.05）等环境因子无显著的相关关系。

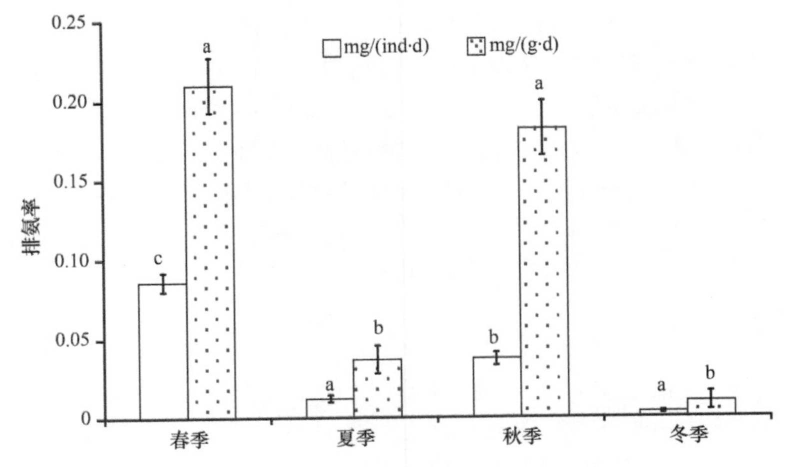

图 6-10　四角蛤蜊排氨率的季节变化（改自 Zhang et al.，2013）
同一类型密度柱上不同字母表示差异显著（$P<0.05$）

四角蛤蜊的单位个体排磷率在春季和秋季时较高，分别为 0.01mg/（ind·d）和 0.011mg/（ind·d）；夏季和冬季时较低，分别为 0.007mg/（ind·d）和 0.001mg/（ind·d）。四角蛤蜊的单位干重排磷率在夏季和秋季时较高，分别为 0.03mg/（g·d）和 0.05mg/（g·d）；春季和冬季时较低，分别为 0.023mg/（g·d）和 0.007mg/（g·d）。方差分析表明，其单位个体和单位干重排磷率季节间差异均不显著（图 6-11）。四角蛤蜊单位个体排磷率的季节变化与温度（r=0.314，$P>0.05$）、Chl a 含量（r=–0.060，$P>0.05$）和 TPM 含量（r=–0.316，$P>0.05$）等无显著的相关关系。

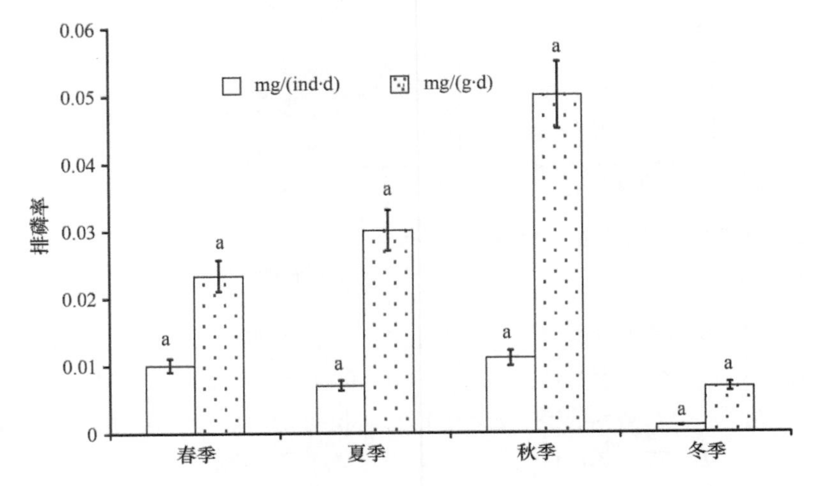

图 6-11　四角蛤蜊排磷率的季节变化（改自 Zhang et al.，2013）
同一类型密度柱上不同字母表示差异显著（$P<0.05$）

四、生物沉积与呼吸和排泄作用及其环境生态效应

（一）文蛤

经过多次文蛤增殖放流后，2016 年双台子河口文蛤的分布密度达到 2.3ind/m^2，双台子河口文蛤生物沉积速率、耗氧率、排氨率和排磷率的年均值分别为 0.27g/（ind·d）、11.24mg/（ind·d）、0.07mg/（ind·d）、0.05mg/（ind·d）（张安国等，2014）。基于以上数据，可估算出在 1hm^2 的范围内，文蛤每年向双台子河口海域排放大约 2267.78kg 生物沉积物、0.59kg NH_4^+-N、0.42t PO_4^{3-}-P，并且消耗 94.41kg O_2。

（二）四角蛤蜊

2013 年双台子河口四角蛤蜊的分布密度为 80ind/m^2（Zhang et al.，2016）。四角蛤蜊生物沉积速率的年均值为 0.121g/（ind·d），耗氧率、排氨率和排磷率的年均值分别为 9.2mg/（ind·d）、0.0345mg/（ind·d）和 0.007 25mg/（ind·d）（Zhang et al.，2013）。依据上述生理生态学参数，可以估算出在双台子河口 1hm^2 分布的四角蛤蜊每年向海域排放大约 35.35t 生物沉积物、10.08kg NH_4^+-N、2.12kg PO_4^{3-}-P，并消耗 2.69t O_2。

总之，文蛤和四角蛤蜊通过生物沉积作用增加悬浮颗粒物从水柱到底层环境的通量；通过 N、P 排泄作用加速营养盐的循环，从而影响水层中的理化环境。因此，作为双台子河口的重要和优势种类，文蛤和四角蛤蜊的生物沉积与呼吸和排泄作用对河口生态系统及环境产生重要的影响。

五、文蛤和四角蛤蜊在河口生态系统生源要素循环中的作用

为从生源要素角度分析评价滩涂埋栖性贝类在河口生态系统的物质循环中所扮演的角色，也为经济贝类的碳通量以及碳交易提供基础数据，Zhang 等（2013）和张安国等（2018）利用现场测定的生理生态学参数分别估算了四角蛤蜊和文蛤的特定生长余力（SFG），并构建了现场条件下 C、N、P 收支模型。

（一）C、N、P 收支模型的构建方法

1. 真粪与假粪比例的估算

当海水中颗粒物浓度足够高时可引起贝类产生假粪。因此，为准确判断河口海域文蛤个体是否产生假粪，以及产生的真粪与假粪的比例，本研究参照滤食性

贝类真粪与假粪的测定方法（Smaal et al.，1997）现场测定了 2 龄和 3 龄文蛤个体真粪与假粪的比例。方法如下：将单个文蛤放入盛有实验池塘海水的塑料烧杯（体积为 2L）中，并将塑料烧杯放置于实验池塘中，池塘海水不没过烧杯，以保持实验温度与池塘海水温度（16℃）一致。实验共设 13 个平行，其中 10 个烧杯放置文蛤，另 3 个不放文蛤作为对照，实验重复 3 次。经观察发现，文蛤的假粪一般呈颗粒团状，出现在进水管一端，真粪呈线状，在出水管一端。24h 后分别收集文蛤的真粪和假粪，将粪便（真粪和假粪）分别虹吸过滤至事先于 450℃下灼烧 6h 并称量的 GF/F 滤膜（直径 47mm）上，–20℃冷冻保存待测。将实验样品带回实验室后将滤膜在 65℃条件下烘干至恒重，用精密电子天平（精确到 0.1mg）分别准确称量文蛤产生的真粪和假粪。文蛤的真粪和假粪比例实验表明，在温度为 16℃、TPM 含量为 48.5mg/L 的条件下，2 龄和 3 龄文蛤个体产生的真粪所占比例分别为 86%和 100%。

参照 Hiwatari 等（2002）的报道，四角蛤蜊真粪和假粪比例为 1∶1，本研究采用这一数据。

2. 滤水率、摄食率的估算

根据生物沉积法的原理（IFR=R_b，其中 IFR 为埋栖性贝类对无机物的过滤速率，R_b 为埋栖性贝类的生物沉积速率）进行以下生理生态学参数的测定。

滤水率（CR）为

$$\mathrm{CR} = \mathrm{IFR} / \mathrm{PIM} = R_b / \mathrm{PIM}$$

式中，PIM 为埋栖性贝类所过滤海水中的颗粒无机物含量；R_b 的测定方法及结果均引自张安国等（2014）。

总滤食速率（FR）为

$$\mathrm{FR} = \mathrm{CR} \times \mathrm{TPM} = R_b \times \mathrm{TPM} / \mathrm{PIM}$$

式中，TPM 为埋栖性贝类所过滤海水中的颗粒物含量。

当海水中的颗粒物含量足够高以引起贝类产生假粪时，埋栖性贝类的摄食率（IR）为

$$\mathrm{IR} = \mathrm{FR} - \mathrm{RR}$$

式中，RR 为埋栖性贝类对所过滤的食物拒绝摄食的速率，即埋栖性贝类假粪的排出速率。因此，当颗粒物含量很低并不足以引起贝类产生假粪时，摄食率为 IR=FR。

当埋栖性贝类产生假粪时，埋栖性贝类假粪的排出速率为

$$\mathrm{RR} = [W_{pfe} / (W_{fe} + W_{pfe})]\, R_b$$

摄食率为

$$\mathrm{IR} = \mathrm{FR} - [W_{pfe} / (W_{fe} + W_{pfe})]\, R_b$$

式中，W_{fe} 为埋栖性贝类产生的真粪质量，单位为 g；W_{pfe} 为埋栖性贝类产生的假粪质量，单位为 g。

埋栖性贝类对颗粒有机物 C、N、P 的摄食率（R_I）计算公式如下

$$R_{IC} = [W_{fe} / (W_{fe} + W_{pfe})]R_b \times POC / (TPM–POM)$$
$$R_{IN} = [W_{fe} / (W_{fe} + W_{pfe})]R_b \times PON / (TPM–POM)$$
$$R_{IP} = [W_{fe} / (W_{fe} + W_{pfe})]R_b \times POP / (TPM–POM)$$

式中，TPM 为实验海域水体的悬浮颗粒物含量，单位为 mg/L；POM 为颗粒有机质含量，单位为 mg/L；POC 为颗粒有机碳含量，单位为 mg/L；PON 为颗粒有机氮含量，单位为 mg/L；POP 为颗粒有机磷含量，单位为 μg/L。

3. C、N、P 生物沉积速率的估算

埋栖性贝类对颗粒有机物 C、N、P 的生物沉积速率（R_{fe}）计算公式为

$$R_{fe} = [W_{fe} / (W_{fe} + W_{pfe})](D_t X_t - D_c X_c) / (T \cdot N)$$

式中，D_t 为埋栖性贝类捕集器中沉积物的质量，单位为 g；D_c 为对照组捕集器中沉积物的质量，单位为 g；X_t 为捕集器所收集沉积物的 C、N、P 的百分含量；X_c 为对照组捕集器所收集沉积物中 C、N、P 的百分含量；T 为时间，单位为 d；N 为实验用埋栖性贝类个数。

4. C、N、P 排泄率的估算

耗氧率（R_o）、排氨率和排磷率的测定方法及结果均引自张安国等（2014）。根据平均呼吸熵值（0.85）将耗氧率转换为碳排泄率，即碳排泄率（R_{EC}）为

$$R_{EC} = 0.85 \times (12/32) \times R_o$$

类似地，将排氨率和排磷率分别转化为氮排泄率（R_N）和磷排泄率（R_P）。

5. C、N、P 收支模型

将上述相关参数转换成文蛤 C、N、P 元素收支模型：

$$I_C = F_C + R_C + P_C$$
$$I_N = F_N + U_N + P_N$$
$$I_P = F_P + U_P + P_P$$

式中，I_C 为埋栖性贝类摄取的有机碳量；F_C 为埋栖性贝类通过粪便排出的碳量；R_C 为埋栖性贝类呼吸代谢消耗的碳量；P_C 为埋栖性贝类用于生长的碳量；I_N 为埋栖性贝类摄取的有机氮量；F_N 为埋栖性贝类通过粪便排出的氮量；U_N 为埋栖性贝类排泄消耗的氮量；P_N 为埋栖性贝类用于生长的氮量；I_P 为埋栖性贝类摄取的有机磷量；F_P 为埋栖性贝类通过粪便排出的磷量；U_P 为埋栖性贝类排泄消耗的磷量；P_P 为埋栖性贝类用于生长的磷量。

6. C、N、P 的 SFG 及生长效率的估算

在测定埋栖性贝类对 C、N、P 的摄食、排粪、排泄和吸收的基础上对这 3 种

元素的生长余力（SFG）和总生长效率及净生长效率进行计算。

埋栖性贝类对 C、N、P 的生长余力分别为

$$SFG_C = R_{IC} - R_{feC} - R_{EC}$$
$$SFG_N = R_{IN} - R_{feN} - R_{EN}$$
$$SFG_P = R_{IP} - R_{feP} - R_{EP}$$

式中，R_{feC}、R_{feN}、R_{feP} 分别为埋栖性贝类对 C、N、P 的排粪率，单位为 mg/（ind·d）；R_{EC}、R_{EN}、R_{EP} 分别为埋栖性贝类对 C、N、P 的排泄率，单位为 mg/（ind·d）。

参照柴雪良等（2006）和张升利等（2015）的方法分别计算埋栖性贝类对 C、N、P 生源要素的总生长效率（K_1）和净生长效率（K_2）。

（二）文蛤和四角蛤蜊 C、N、P 收支参数的季节变化

1. 文蛤

文蛤对 C、N、P 三种生源要素的摄食率表现为 $R_{IC}>R_{IN}>R_{IP}$。相关分析结果显示，文蛤对海水中 C 的摄食率（R_{IC}）与海水温度及 POC 含量呈极显著的正相关关系，而与 TPM 含量无显著相关性（r=0.325，$P>0.05$）。文蛤对 N 元素的摄食率（R_{IN}）与海水温度及 PON 含量呈极显著的相关关系（r=0.742，$P<0.01$；r=0.799，$P<0.01$），与 TPM 含量呈显著的相关关系（r=0.533，$P<0.05$）。文蛤对 P 的摄食率（R_{IP}）与海水中 TPM 含量及 POP 含量均呈极显著的相关关系（r=0.618，$P<0.01$；r=0.709，$P<0.01$），而与海水温度无显著相关性（r=0.155，$P>0.05$）。

文蛤对海水中 C、N、P 生源要素的排粪率及排泄率（除 P 排粪率外）均呈现明显的季节性变化（表 6-3）。文蛤对 C（除夏季外）、N、P 的排泄率均低于文蛤对 C、N、P 的排粪率。相关性分析结果显示，文蛤的 R_{EC} 和 R_{feC} 均与海水温度呈极显著的相关关系（r=0.842，$P<0.01$；r=0.643，$P<0.01$），与 TPM 含量均无显著相关关系（r=0.404，$P>0.05$；r=0.234，$P>0.05$），R_{EC} 与 POC 也具有显著的相关关系（r=0.643，$P<0.05$），而 R_{feC} 与 POC 含量无显著相关关系（r=0.406，$P>0.05$）。文蛤的 R_{EN} 与海水温度、TPM 含量及 PON 含量均呈显著的相关关系（r=0.798，$P<0.01$；r=0.506，$P<0.05$；r=0.732，$P<0.01$），R_{feN} 则仅与海水温度有极显著的相关关系（r=0.674，$P<0.01$），而与 TPM 含量和 PON 含量均无显著相关关系（r=–0.109，$P>0.05$；r=0.351，$P>0.05$）。文蛤的 R_{EP} 与海水温度和 TPM 含量呈极显著的相关关系（r=0.722，$P<0.01$；r=0.592，$P<0.01$），与 POP 含量无显著相关关系（r=0.011，$P>0.05$），R_{feP} 则与海水温度、TPM 含量和 POP 含量均无显著相关关系（r=0.232，$P>0.05$；r=0.312，$P>0.05$；r=0.199，$P>0.05$）。

2. 四角蛤蜊

与文蛤类似，四角蛤蜊对 C、N、P 三种元素的摄食率均表现为 $R_{IC}>R_{IN}>$

R_{IP}。四角蛤蜊对海水中 C、N、P 生源要素的排粪率及排泄率（除 P 排泄率外）呈现明显的季节性变化。四角蛤蜊对 C（除夏秋季外）、N、P 的排泄率均低于其对 C、N、P 的排粪率。

双台子河口文蛤和四角蛤蜊的滤水率与摄食率呈明显的季节性变化（$P<0.05$）（表 6-3，表 6-4）。两种贝类的滤水率及摄食率均在夏季达到最高值。温度是影响贝类滤水率和摄食率最主要的环境因子之一，在适宜的温度范围内，其滤水率和摄食率随温度升高而增加，超出适宜温度范围时反而下降（Guzmán-Agüero et al.，2013；栗志民等，2011）。文蛤和四角蛤蜊生长的适宜水温分别为 5.5～32℃和 0～31℃，最适水温分别为 15～27℃和 23～28℃（赫崇波和陈洪大，1997）。春季、夏季及秋季时，双台子河口海水温度分别为 12℃、28℃和 17℃，表明，文蛤和四角蛤蜊均处于比较适宜的生活环境中，水温的升高使得海水黏滞性变小，而且水中生物饵料量也更加丰富，促使其摄食生理活动处于较高水平，从而表现出较高的滤水率、摄食率，并在夏季达到最高值。冬季时，由于海水温度降至最低值，且水温超出了两者的适温范围，因此文蛤和四角蛤蜊的滤水、摄食能力减弱。

（三）文蛤和四角蛤蜊的 C、N、P 生长余力

贝类的生长余力（SFG）能作为其体内能量供需机制来反映环境因子和生理活动对其生长的瞬间影响，而且周年实验结果也证明了生长余力和实际测量的生长状况十分吻合（Smaal et al.，1997）。研究发现，作为双台子河口的重要经济埋栖性贝类，文蛤的 SFG_C、SFG_N、SFG_P 均呈现明显的季节变化特征（图 6-12），其变化范围分别为–1.34～13.03mg/（ind·d）、0.07～4.40mg/（ind·d）、0.06～1.20mg/（ind·d）（张安国，2015）。四角蛤蜊是双台子河口的优势埋栖性贝类，其 SFG_N、SFG_P 均呈现明显的季节变化特征，而 SFG_C 季节间变化不显著（表 6-5）。

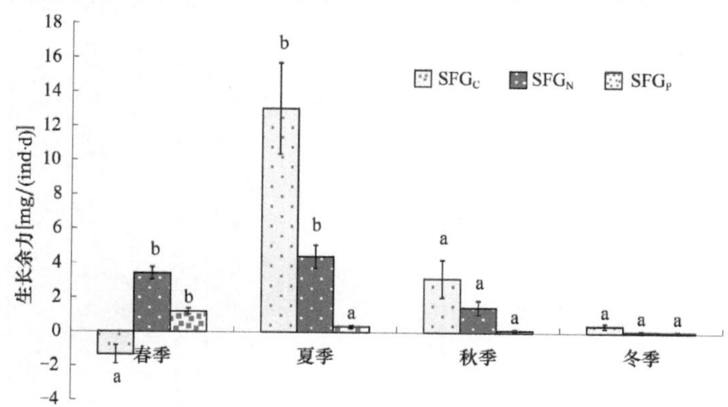

图 6-12　文蛤 C、N、P 生长余力的季节变化（张安国等，2018）

SFG_C：文蛤对 C 的生长余力；SFG_N：文蛤对 N 的生长余力；SFG_P：文蛤对 P 的生长余力。同一类型密度柱上不同字母表示差异显著（$P<0.05$）

表 6-3　文蛤滤水率、摄食率及 C、N、P 收支参数的季节变化（张安国等，2018）

季节	滤水率 [L/（ind·d）]	摄食率 [mg/（ind·d）]	C 摄食率 [mg/（ind·d）]	C 排粪率 [mg/（ind·d）]	C 排泄率 [mg/（ind·d）]	N 摄食率 [mg/（ind·d）]	N 排粪率 [mg/（ind·d）]	N 排泄率 [mg/（ind·d）]	P 摄食率 [mg/（ind·d）]	P 排粪率 [mg/（ind·d）]	P 排泄率 [mg/（ind·d）]
春	7.06 ±0.81 b	392.08±45.23 bc	6.96±0.78 ab	4.98±0.89 b	3.33±0.46 b	4.01±0.46 bc	0.56±0.14 ab	0.05±0.01 a	1.45±0.24 c	0.19±0.14 a	0.06±0.01 b
夏	8.76±1.29 b	487.00±71.47 c	26.34±4.75 c	6.24±1.37 b	7.52±0.99 c	5.77±0.85 c	1.16±0.23 c	0.21±0.03 b	0.58±0.09 b	0.16±0.05 a	0.11±0.02 c
秋	7.87±1.45 b	250.75±46.16 b	11.51±2.26 b	4.92±0.81 b	3.45±0.89 b	2.47±0.45 b	0.98±0.18 bc	0.04±0.01 a	0.22±0.05 ab	0.08±0.03 a	0.02±0.01 ab
冬	0.89±0.25 a	39.32±10.78 a	1.04±0.32 a	0.36±0.12 a	0.27±0.06 a	0.21±0.06 a	0.14±0.02 a	0.001±0.00 a	0.11±0.03 a	0.05±0.01 a	0.001±0.00 a

注：同一参数不含有相同字母表示季节间差异显著（$P<0.05$）

表 6-4　四角蛤蜊滤水率、摄食率及 C、N、P 收支参数的季节变化（Zhang et al.，2013）

季节	滤水率 [L/（ind·d）]	摄食率 [mg/（ind·d）]	C 摄食率 [mg/（ind·d）]	C 排粪率 [mg/（ind·d）]	C 排泄率 [mg/（ind·d）]	N 摄食率 [mg/（ind·d）]	N 排粪率 [mg/（ind·d）]	N 排泄率 [mg/（ind·d）]	P 摄食率 [mg/（ind·d）]	P 排粪率 [mg/（ind·d）]	P 排泄率 [mg/（ind·d）]
春	1.80 ±0.04 a	99.77±2.13 a	1.67±0.04 a	1.15±0.15 a	0.70±0.03 a	1.09±0.07 a	0.12±0.06 a	0.09±0.01 c	0.39±0.03 b	0.03±0.01 a	0.01±0.00 a
夏	6.08±1.27 b	338.27±70.41 b	19.02±3.96 b	2.97±0.71 b	9.77±0.94 c	4.0±0.83 b	0.46±0.11 b	0.01±0.003 a	0.44±0.09 b	0.15±0.02 b	0.01±0.00 a
秋	0.21±0.04 a	72.84±4.45 a	3.01±0.18 a	0.83±0.29 a	1.57±0.03 b	0.72±0.04 a	0.21±0.06 ab	0.04±0.01 b	0.07±0.005 a	0.051±0.006 a	0.01±0.00 a
冬	2.29±0.14 a	9.13±1.66 a	0.31±0.04 a	0.21±0.07 a	0.17±0.07 a	0.05±0.01 a	0.03±0.01 a	0.003±0.00 a	0.03±0.003 a	0.01±0.00 a	0.001±0.00 a

注：同一参数不含有相同字母表示季节间差异显著（$P<0.05$）

表 6-5　四角蛤蜊 C、N、P 生长余力的季节变化（改自 Zhang et al.，2013）

季节	SFG_C［mg/（ind·d）］	SFG_N［mg/（ind·d）］	SFG_P［mg/（ind·d）］
夏	6.28±3.25 a	3.54±0.73 b	0.29±0.08 b
秋	0.60±0.11 a	0.46±0.01 a	0.02±0 a
冬	–0.07±0 a	0.02±0.003 a	0.02±0 a
春	–0.18±0.19 a	0.88±0.02 a	0.35±0.04 b

四角蛤蜊的 SFG_C、SFG_N、SFG_P 变化范围分别为–0.18～6.28mg/（ind·d）、0.02～3.54mg/（ind·d）和 0.02～0.35mg/（ind·d）（Zhang et al.，2013）。烟台四十里湾 1 龄栉孔扇贝的 SFG_C、SFG_N、SFG_P 变化范围分别为–0.94～10.63mg/(ind·d)、–0.33～1.58mg/（ind·d）和–0.08～0.30mg/（ind·d），并且 SFG_C、SFG_N、SFG_P 均出现季节性负值现象（周毅等，2002，2003）。通过上述比较可知，不同贝类间的生长余力有所差异，这可能是实验用贝类种类不同以及实验海区环境条件不同所造成的。

生长余力反映了贝类获取和利用能量物质的一种平衡，其受贝类的个体大小、繁殖时期、水温及饵料条件等因素的影响（Guzmán-Agüero et al.，2013；Helson and Gardner，2007；周毅等，2002，2003；董波等，2000）。周毅等（2002，2003）发现，烟台四十里湾栉孔扇贝在夏季时的 SFG_C 出现负值主要与低饵料浓度有关。董波等（2003）发现，菲律宾蛤仔的生长余力随饵料浓度的增加而显著增加。双台子河口文蛤和四角蛤蜊的 SFG_C 也与该海域水体中的 POC 含量呈显著的正相关关系。这说明饵料浓度是影响该河口贝类生长的重要因子之一。研究发现，文蛤和四角蛤蜊的 SFG_C 在春季时为负值，这种现象主要与该季节海水中 POC 含量较低有关。如前所述，在春季时，文蛤和四角蛤蜊处于比较适宜的生活环境，但海水中 POC 含量较低，导致两种贝类对有机碳的摄食率较低，而此时呼吸率却随着温度升高而迅速增加，即要消耗较大部分的 C 来维持自身的代谢，进而导致 SFG_C 在春季时出现负值。文蛤和四角蛤蜊的 SFG_C 和 SFG_N 均与海水温度有显著的相关关系。在温度适宜的季节（如春季），海区中饵料浓度可能是影响二者生长的主要因子；在饵料充足季节（如夏季），温度的变化会对两种贝类的生长产生较大的影响。总之，在河口，文蛤和四角蛤蜊的生长主要受到温度及饵料浓度的共同影响。

（四）文蛤和四角蛤蜊的 C、N、P 生长效率

研究表明，生长效率也是描述贝类生长的常用指标之一，但由于测定条件的差别，变化较大。双壳贝类的总生长效率（K_1）大多为 2%～54%，净生长效率（K_2）多为 3%～86%（柴雪良等，2006；周毅等，2002，2003；Smaal et al.，1997）。文蛤和四角蛤蜊的 K_1 和 K_2 也基本处于上述范围（图 6-13，表 6-6）。文蛤和四角蛤蜊对 C 的生长效率（K_{C1}、K_{C2}）在春季时出现负值，也是由于该季节海水中 POC 含

量较低，因此其对C的摄食率较低，但呼吸代谢加快，耗氧率升高，其摄取的有机碳绝大部分通过自身的呼吸作用被消耗掉，从而导致用于生长的C出现负值。冬季时双台子河口海域海水温度降至最低，文蛤和四角蛤蜊生理代谢活动缓慢，其对C的摄食速率也较低，但C呼吸消耗速率和粪便排出速率均降至全年最低，因此，摄取的C仍有部分用于自身的生长。

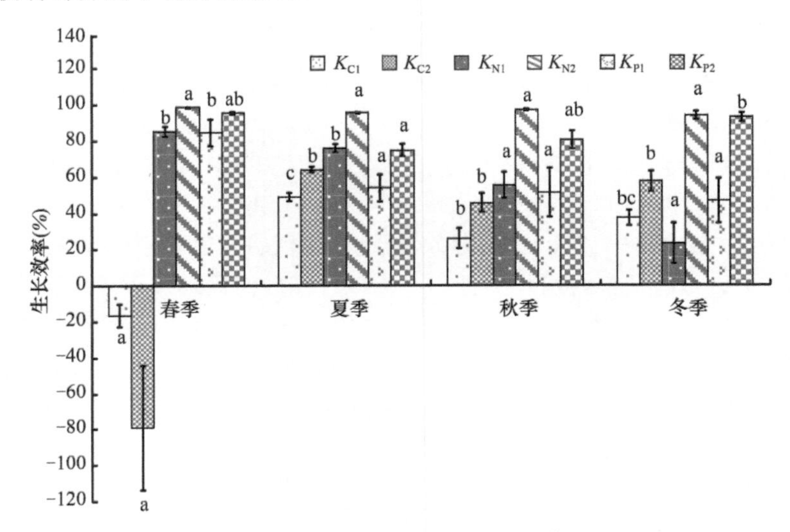

图 6-13 文蛤C、N、P总生长效率及净生长效率的季节变化（张安国等，2018）

K_{C1}：文蛤对C的总生长效率；K_{C2}：文蛤对C的净生长效率；K_{N1}：文蛤对N的总生长效率；K_{N2}：文蛤对N的净生长效率；K_{P1}：文蛤对P的总生长效率；K_{P2}：文蛤对P的净生长效率。同一类型密度柱上不含有相同字母表示差异显著（$P<0.05$）

表 6-6 四角蛤蜊C、N、P总生长效率及净生长效率的季节变化（改自 Zhang et al.，2013）

季节	K_{C1}	K_{C2}	K_{N1}	K_{N2}	K_{P1}	K_{P2}
春	（−11.22）±11.18 a	（−7.48）±1.86 b	81.43±4.31 c	91.1±0.17 b	89.2±3.18 c	97.2±0.25 b
夏	28.32±11.59 b	33.60±13.90 c	88.39±0.36 c	99.6±0.08 b	63.38±5.22 b	97.3±0.69 b
秋	20.37±4.76 b	27.60±3.52 c	64.9±5.73 b	92.1±0.2 b	7.90±0.00 a	3.4±55.2 a
冬	（−24.21）±2.57 a	（−76.3）±6.30 a	29.76±4.23 a	80.9±5.9 a	60.76±6.04 b	96.1±3.8 b

注：同一列不同字母表示差异显著（$P<0.05$）

贝类的净生长效率高，表明其摄取的物质中仅有少部分用于维持代谢，而大部分用于自身的生长和繁殖（Smaal et al.，1997）。文蛤和四角蛤蜊对C的净生长效率（K_{C2}）年均值最低，而对N、P的净生长效率（K_{N2}、K_{P2}）年均值很高，即文蛤和四角蛤蜊对C、N、P等生源要素的净生长效率基本表现为$K_{N2}>K_{P2}>K_{C2}$。这与贻贝（Jansen et al.，2012；Smaal et al.，1997）、栉孔扇贝（周毅等，2003）等双壳贝类基本一致，说明文蛤等贝类更趋向于对N、P的富集，即与C相比，摄取的 N、P 大部分用于其自身生长和繁殖。

（五）文蛤和四角蛤蜊的 C、N、P 分配

文蛤和四角蛤蜊的 C、N、P 收支主要用于两个方面，一方面，满足自身基础代谢和生长的需要及繁殖代谢能量的消耗；另一方面，通过生物沉积物（真粪和假粪）及代谢废物的形式排入河口海域中。

1. 文蛤

文蛤在春季及秋季的 C 收支顺序依次为粪便碳＞呼吸碳＞生长碳，在夏季 C 收支顺序为生长碳＞呼吸碳＞粪便碳，冬季为生长碳＞粪便碳＞呼吸碳（图 6-14）。

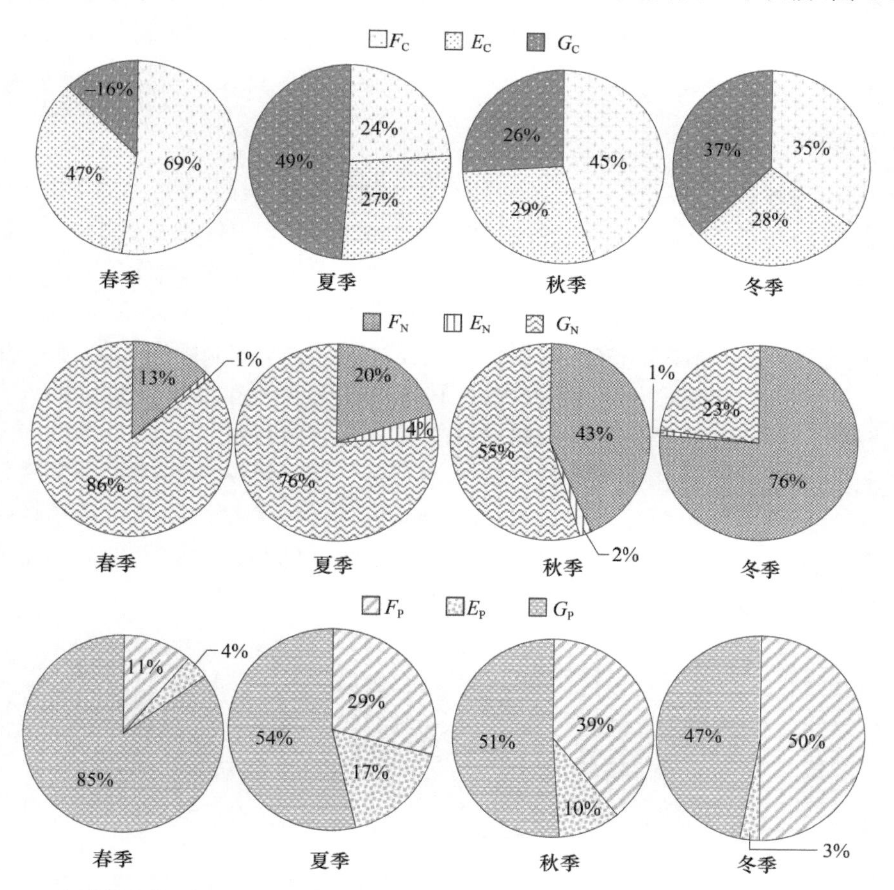

图 6-14　文蛤摄取的 C、N、P 在各生理生态过程中配给比例的季节变化（张安国等，2018）

F_C、E_C、G_C 分别为粪便碳、呼吸碳、生长碳；F_N、E_N、G_N 分别为粪便氮、排泄氮、生长氮；F_P、E_P、G_P 分别为粪便磷、排泄磷、生长磷

呼吸碳及粪便碳的配给比例均在春季达到最大值，生长碳则在夏季最高，在春季最低，且为负值。除冬季外，文蛤摄取 N 用于生理过程的各组分比例为生长氮＞粪便氮＞排泄氮，其中文蛤用于生长的 N 所占比例最高，并在春季及夏季较高，在春季达到最大值，并且两季节间差异不显著；秋季和冬季时较低，在冬季时达到最小值，且秋冬季两者间差异不显著。通过粪便形式排出的 N 占摄食氮的比例较高，并且季节间差异显著，在冬季达到最大值，在春季达到最小值。用于排泄消耗的 N 占摄食氮的比例较低，在夏季达到最高，秋季次之，春季和冬季最低。文蛤摄食的 P 用于生理过程的各组分比例在各季节（除冬季外）中依次为生长磷＞粪便磷＞排泄磷，其中生长磷所占比例超过 50%，在春季达到最大值，冬季最低，但与夏季及秋季间差异不显著，文蛤通过粪便排出的磷所占比例在冬季最高，在春季最低，用于排泄消耗的 P 所占摄食磷的比例在夏季最高，冬季最低，且季节间变化显著。

2. 四角蛤蜊

四角蛤蜊 C 收支顺序依次为呼吸碳＞粪便碳＞生长碳，四角蛤蜊用于呼吸的 C 的比例超过 50%，表明呼吸碳是四角蛤蜊 C 收支中的主要部分。与 C 收支不同，四角蛤蜊的 N 收支中有 29%的部分用于生物沉积，而氨氮排泄仅占 5%，66%用于生长（图 6-15）。四角蛤蜊 P 收支中各组分依次为生长磷＞粪便磷＞排泄磷。四角蛤蜊将 39%的摄食磷用于生物沉积，6%用于排泄，55%用于生长（图 6-15）。四角蛤蜊用于排泄的 P 所占比例在一年四季中变化不大，相关性分析显示，排泄磷与 POP 含量及温度无显著的相关性。四角蛤蜊用于生物沉积的 P 所占比例在秋季最高，在春季最低。相关性分析表明，粪便磷所占比例与水温无显著相关性，但与 POP 含量呈负相关关系。因此，四角蛤蜊粪便磷所占的比例主要受水体中 POP 含量的影响。四角蛤蜊将大部分的摄食磷用于生长（55%）。

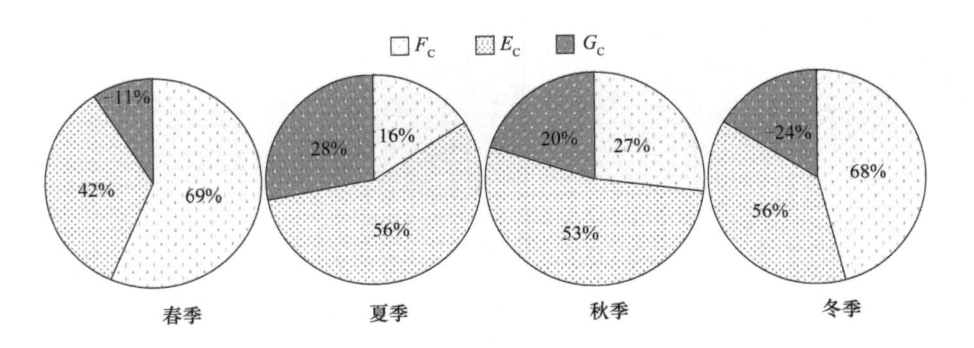

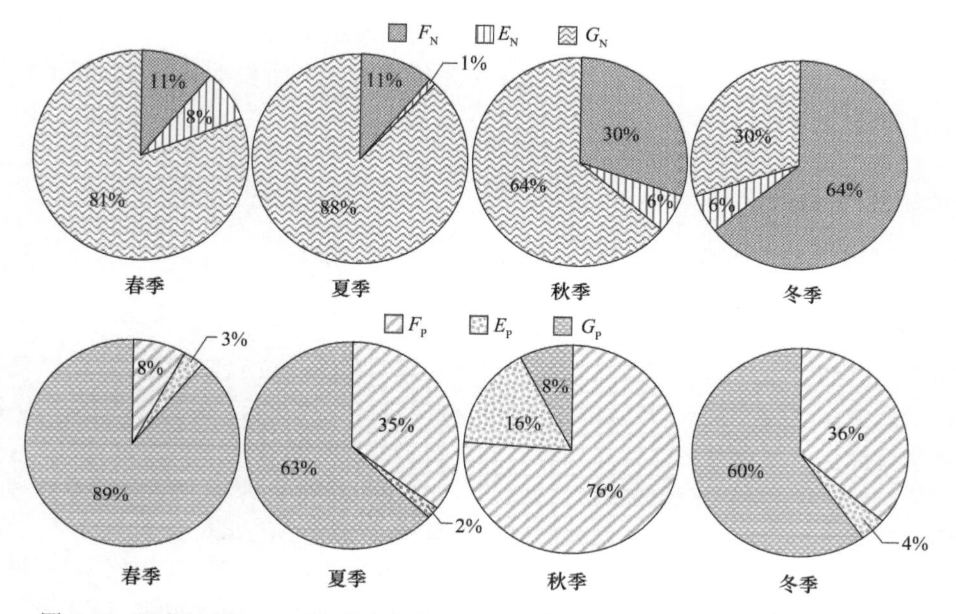

图 6-15　四角蛤蜊 C、N、P 收支中各组分的季节变化（改自 Zhang et al.，2013）

F_C、E_C、G_C 分别为粪便碳、呼吸碳、生长碳；F_N、E_N、G_N 分别为粪便氮、排泄氮、生长氮；F_P、E_P、G_P 分别为粪便磷、排泄磷、生长磷

文蛤和四角蛤蜊 C、N、P 收支状况（图 6-16）表明，与贻贝（Jansen et al.，2012；Smaal et al.，1997）、栉孔扇贝（周毅等，2003）等双壳贝类类似，文蛤和四角蛤蜊更趋向于对 N、P 的富集。即文蛤通过大量的滤水、摄食，能够利用较多 N、P 等生源要素用于自身生长和繁殖，有效地将初级生产力转化为更高的营养级别。

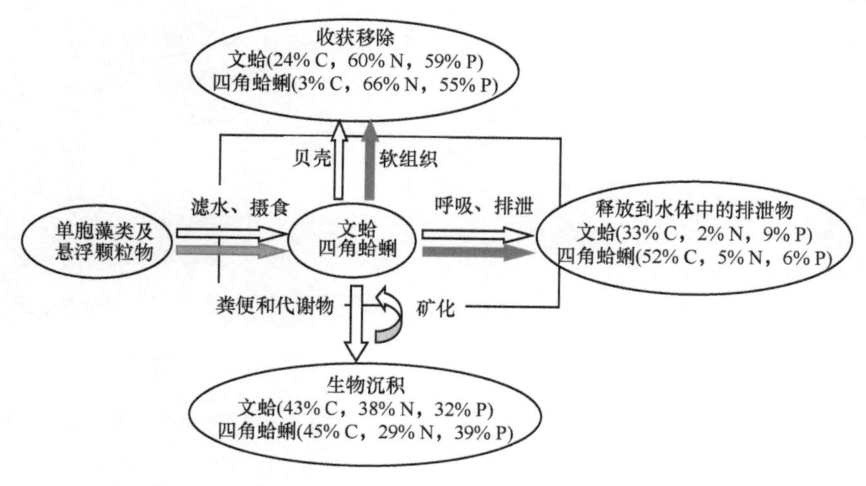

图 6-16　文蛤和四角蛤蜊 C、N、P 收支中各组分的季节变化

总之，文蛤和四角蛤蜊资源作为双台子河口海域生态系统 C、N、P 循环中的重要组成部分，其在河口及近岸海域生态系统 C、N、P 等生源要素循环中的作用不容忽视。

第三节 养殖引入种——美洲帘蛤对文蛤的潜在生态竞争风险

美洲帘蛤［*Mercenaria mercenaria*（Linnaeus，1758）］又称硬壳蛤、北方帘蛤或小圆蛤，原产地主要分布在美国佛罗里达州 Cawrence 湾、墨西哥湾、加利福尼亚 Hamboldt 湾及英格兰海域（Hiwatari et al.，2006；Harte，2001）。中国科学院海洋研究所张福绥等于 1997 年从美国引进该种，以期能够在我国推广（张涛等，2003）。美洲帘蛤与我国土著种类——文蛤在形态特征及生态习性方面有许多类似之处：两者都属于帘蛤科（张素萍等，2012；Harte，2001），并有坚硬的贝壳等相似的形态特征（图 6-17），同时两者处于相近的纬度区域，主要栖息在河口潮间带及潮下带海域（张素萍等，2012；Grizzle et al.，2001）。此外，美洲帘蛤与文蛤都属于埋栖性滤食性贝类，能够滤食浮游植物及有机碎屑（张安国等，2014；王国栋等，2008；柴雪良等，2005）。两者形态特征及生态习性的共性表明，美洲帘蛤具有和文蛤相似的生态位，可能在摄食习性及生存空间等方面与文蛤产生竞争。同时，当地渔政部门及渔民也一直担忧美洲帘蛤会对文蛤造成潜在的竞争影响。

图 6-17 美洲帘蛤（a）和文蛤（b）的外部形态特征（张安国拍摄）

本节主要通过相同环境条件下美洲帘蛤和文蛤的生物沉积、呼吸和排泄等主要生理生态学参数的比较，初步分析美洲帘蛤对文蛤的潜在生态竞争风险。

一、美洲帘蛤与文蛤生物沉积速率的比较

生物沉积速率是滤食性贝类新陈代谢活动的重要指标之一。在夏季及冬季，美洲帘蛤的生物沉积速率均高于文蛤，而在温度适宜的春季及秋季，美洲帘蛤则低于文蛤（图 6-18）。此外文蛤春夏两季间差异不显著，其他同一物种在各季节间差异显著（Zhang et al.，2016）。据此，可以推测美洲帘蛤对生存环境有较强的耐受幅，即具有更宽的生态幅。因此，养殖的美洲帘蛤可能会通过成体逃逸或幼虫扩散等方式扩散到河口自然海域中，且最终很容易建立野生种群。

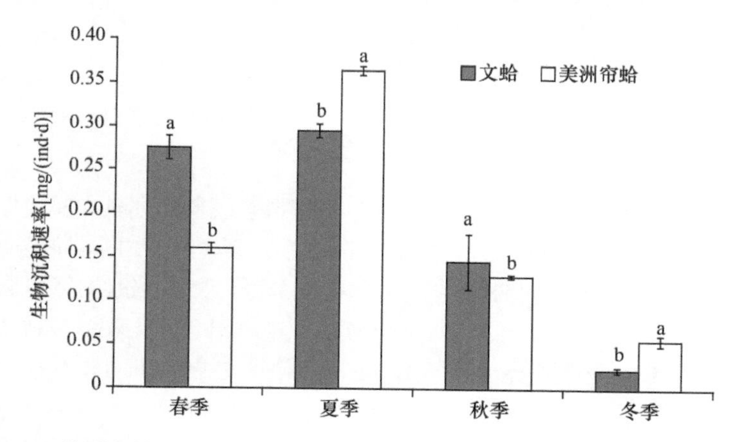

图 6-18　美洲帘蛤与文蛤生物沉积速率的季节变化（改自 Zhang et al.，2016）
同一季节不同字母表示两物种间差异显著（$P<0.05$）

二、美洲帘蛤与文蛤呼吸率和排泄率的比较

呼吸和排泄是贝类新陈代谢的基本生理活动之一，不仅能反映贝类的生理状况，同时也能反映环境条件对贝类生理活动的作用。在夏季、秋季及冬季，美洲帘蛤与文蛤两者间的耗氧率并无显著差异，而在春季则差异显著（图 6-19），并且文蛤耗氧率是美洲帘蛤的 2.74 倍。在标准代谢下，美洲帘蛤与文蛤的耗氧率最高时的温度要比其他自然分布在低潮线滩涂的底栖双壳贝类如西施舌（Coelomactra antiquata）（孟学平等，2005）最适温度的上限偏高，这也证明了美洲帘蛤及文蛤适合生存在河口低潮带及潮下带区域（Chung et al.，2007；Zhuang and Wang，2004；Grizzle et al.，2001）。

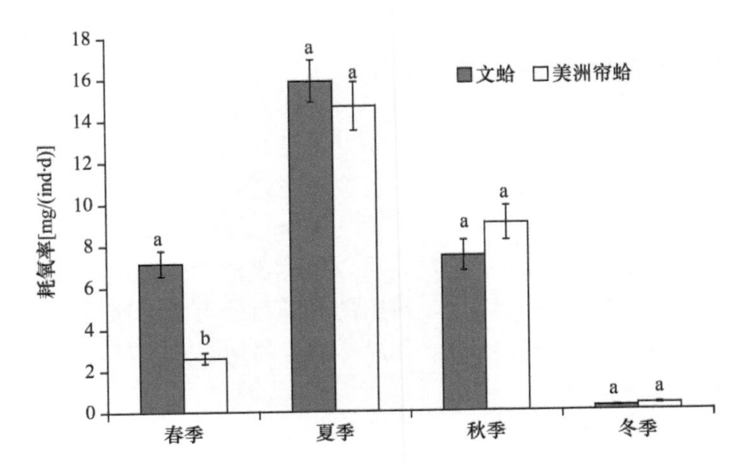

图 6-19 美洲帘蛤与文蛤耗氧率的季节变化（改自 Zhang et al.，2016）

同一季节不同字母表示两物种间差异显著（$P<0.05$）

美洲帘蛤和文蛤与其他海水双壳贝类一样都属于排氨动物，其代谢终产物主要为氨。美洲帘蛤和文蛤两者间的排氨率在春季、夏季及秋季差异显著，而在冬季差异不显著（图 6-20）。同时春季、夏季及秋季时，文蛤排泄的氨氮含量分别是美洲帘蛤的 6.8 倍、3.4 倍及 1.9 倍。美洲帘蛤与文蛤间的排磷率在秋季和冬季差异不显著，在春季及夏季差异显著（图 6-21），并且文蛤排泄的磷酸盐分别是美洲帘蛤的 12.1 倍和 14.6 倍。美洲帘蛤与文蛤排氨量及排磷量的显著差异表明，高排氨率和排磷率是文蛤排泄活动的重要特征。

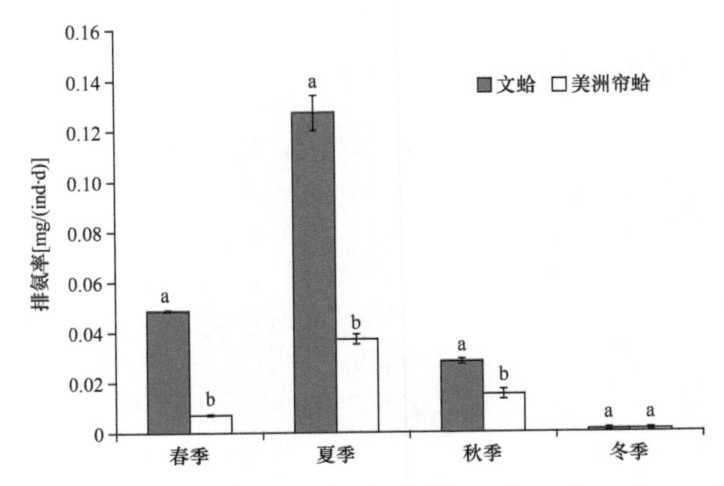

图 6-20 美洲帘蛤与文蛤排氨率的季节变化（改自 Zhang et al.，2016）

同一季节不同字母表示两物种间差异显著（$P<0.05$）

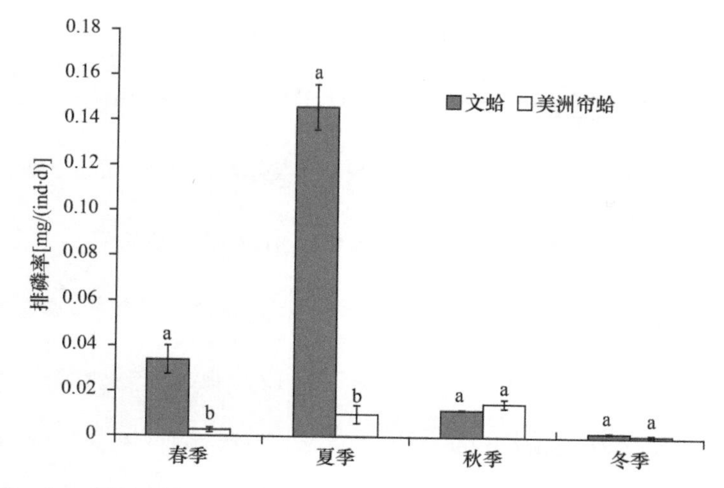

图 6-21　美洲帘蛤与文蛤排磷率的季节变化（改自 Zhang et al.，2016）

同一季节不同字母表示两物种间差异显著（$P<0.05$）

三、美洲帘蛤对文蛤潜在的生态竞争风险

研究表明，与文蛤（张安国等，2014）及菲律宾蛤仔（*Ruditapes philippinarum*）（袁秀堂等，2011；Han et al.，2001）等滤食性贝类一样，美洲帘蛤也具有较强的滤食能力和相似的饵料偏好（王国栋等，2008；柴雪良等，2005）。因此，在同一生存环境条件下，美洲帘蛤将与文蛤直接竞争生物饵料。目前，我国北方美洲帘蛤池塘养殖规模逐渐扩大，由于各种自然和人为因素，在养殖过程中不可避免地会出现成体逃逸和幼体扩散的现象，或许会导致小部分美洲帘蛤个体在养殖池塘的外部海域建立其野生种群。这些野生种群将通过竞争和捕食对与其生态位相似的文蛤等当地重要经济贝类产生严重的威胁，即争夺生存空间和饵料，进而改变入侵的生境，影响其他土著种类的生存，甚至导致土著种类资源量的减少。因此，美洲帘蛤作为引入种对文蛤等土著生物资源的生态竞争应引起足够的重视。

主要参考文献

柴雪良, 方军, 林志华, 等. 2005. 温度对美国硬壳蛤滤食率、耗氧率和排氨率的影响. 海洋科学, 29(8): 33-36.

柴雪良, 张炯明, 方军, 等. 2006. 乐清湾、三门湾主要滤食性养殖贝类碳收支的研究. 上海水产大学学报, 15(1): 52-58.

董波, 李军, 王海燕, 等. 2003. 不同温度与饵料浓度下菲律宾蛤仔的能量收支. 中国水产科学, 10(5): 398-403.

董波, 薛钦昭, 李军. 2000. 环境因子对菲律宾蛤仔摄食生理生态的影响. 海洋与湖沼, 31(6): 636-642.

范建勋. 2010. 文蛤能量代谢的研究. 宁波大学硕士学位论文.
赫崇波, 陈洪大. 1997. 滩涂养殖文蛤生长和生态习性的初步研究. 水产科学, 16(5): 17-20.
焦海峰, 项翔, 尤仲杰, 等. 2013. 泥蚶、缢蛏和僧帽牡蛎呼吸与排泄的周年变化. 海洋学报, 35(6): 147-153.
焦海峰, 严巧娜, 郑丹, 等. 2015. 温度和盐度对埋栖性双壳类泥蚶(*Tegillarca granosa*)呼吸、排泄的影响. 海洋与湖沼, 46(6): 1333-1338.
李斌, 白艳艳, 邢红艳, 等. 2013. 四十里湾营养状况与浮游植物生态特征. 生态学报, 33(1): 260-266.
栗志民, 刘志刚, 邓海东. 2011. 温度和盐度对企鹅珍珠贝清滤率、滤食率、吸收率的影响. 水产学报, 35(1): 96-103.
刘鹏, 周毅, 王峰, 等. 2014. 浅水区(潮间带)滤食性贝类生物沉积的现场测定. 海洋与湖沼, 45(2): 253-258.
吕昊泽. 2014. 缢蛏、光滑河蓝蛤和河蚬对盐度的适应性及碳、氮收支研究. 上海海洋大学硕士学位论文.
孟学平, 董志国, 程汉良. 2005. 西施舌的耗氧率与排氨率研究. 应用生态学报, 16(12): 2435-2438.
牛亚丽. 2014. 桑沟湾滤食性贝类碳、氮、磷、硅元素收支的季节变化研究. 浙江海洋学院硕士学位论文.
王国栋, 张丽莉, 常亚青. 2008. 饵料种类、温度和规格对硬壳蛤的同化率的影响. 水产科学, 27(10): 527-529.
王如才, 王昭萍, 张建中. 1993. 海水贝类养殖学. 青岛: 青岛海洋大学出版社: 322-324.
王晓宇, 周毅, 杨红生. 2011. 胶州湾菲律宾蛤仔(*Ruditapes philippinarum*)呼吸排泄作用的现场研究. 海洋与湖沼, 42(5): 722-727.
文海翔, 张涛, 杨红生, 等. 2004. 温度对硬壳蛤 *Mercenaria mercenaria* (Linnaeus, 1758)呼吸排泄的影响. 海洋与湖沼, 35(6): 549-554.
许战洲, 黄良民, 黄小平, 等. 2007. 海草生物量和初级生产力研究进展. 生态学报, 27(6): 2594-2602.
杨杰青, 蒋玫, 李磊, 等. 2016. pH、盐度对文蛤呼吸与排泄的影响. 海洋渔业, 38(4): 406-413.
袁星, 林彦彦, 黄建荣, 等. 2017. 海马齿生态浮床中泥蚶的生物沉积与呼吸排泄研究. 水生态学杂志, 38(3): 89-96.
袁秀堂, 张升利, 刘述锡, 等. 2011. 庄河海域菲律宾蛤仔底播增殖区自身污染. 应用生态学报, 22(3): 785-792.
张安国. 2015. 双台子河口文蛤资源恢复及其与环境的相互作用. 宁波大学博士学位论文.
张安国, 王丽丽, 袁蕾, 等. 2018. 双台子河口文蛤碳、氮、磷收支的季节变化. 中国环境科学, 38(2): 700-709.
张安国, 袁秀堂, 侯文久, 等. 2014. 文蛤的生物沉积和呼吸排泄过程及其在双台子河口水层-底栖系统中的耦合作用. 生态学报, 34(22): 6573-6582.
张升利, 张安国, 袁秀堂, 等. 2015. 底播增殖菲律宾蛤仔碳、氮、磷收支. 应用生态学报, 26(4): 1244-1252.
张素萍, 王鸿霞, 徐凤山. 2012. 中国近海文蛤属(双壳纲, 帘蛤科)的系统分类学研究. 动物分类学报, 37(3): 473-479.

张涛, 杨红生, 刘保忠, 等. 2003. 环境因子对硬壳蛤 *Mercenaria mercenaria* 稚贝成活率和生长率的影响. 海洋与湖沼, 34(2): 142-149.

周兴. 2006. 菲律宾蛤仔(*Ruditapes philippinarum*)对胶州湾生态环境影响的现场研究. 中国科学院大学硕士学位论文.

周毅, 杨红生, 何义朝, 等. 2002. 四十里湾几种双壳贝类及污损动物的氮、磷排泄及其生态效应. 海洋与湖沼, 33(4): 424-431.

周毅, 杨红生, 张福绥. 2003. 海水双壳贝类的 N、P 排泄及其生态效应. 中国水产科学, 10(2): 165-168.

周毅, 杨红生, 张涛, 等. 2002. 四十里湾栉孔扇贝的生长余力和 C、N、P 元素收支. 中国水产科学, 9(2): 161-166.

Carmichael R H, Shriver A C, Valiela I. 2004. Changes in shell and soft tissue growth, tissue composition, and survival of quahogs, *Mercenaria mercenaria*, and softshell clams, *Mya arenaria*, in response to eutrophic-driven changes in food supply and habitat. Journal of Experimental Marine Biology and Ecology, 313: 75-104.

Chung K W, Fulton M H, Scott G I. 2007. Use of the juvenile clam, *Mercenaria mercenaria*, as a sensitive indicator of aqueous and sediment toxicity. Ecotoxicology and Environmental Safety, 67: 333-340.

Cockcroft A. 1990. Nitrogen excretion by the surf zone bivalves *Donax serra* and *D. sordidus*. Marine Ecology Progress Series, 60(1-2): 57-65.

Cranford P J, Armsworthy S L, Mikkelsen O A, et al. 2005. Food acquisition responses of the suspension-feeding bivalve *Placopecten magellanicus* to the flocculation and settlement of a phytoplankton bloom. Journal of Experimental Marine Biology and Ecology, 326(2): 128-143.

Dame R, Dankers N, Prins T, et al. 1991. The influence of mussel beds on nutrients in the western Wadden Sea and eastern Scheldt Estuaries. Estuaries, 14: 130-138.

Davenport J, Smith R J J W, Packer M. 2000. Mussels *Mytilus edulis*: significant consumers and destroyers of mesozooplankton. Marine Ecology Progress Series, 198: 131-137.

Grant J, Hatcher A, Scott D B, et al. 1995. A multidisciplinary approach to evaluating impacts of shellfish aquaculture on benthic communities. Estuaries, 63: 269-275.

Grizzle R E, Bricelj V M, Shumway S E. 2001. Physiological Ecology of *Mercenaria mercenaria*. *In*: Kraeuter J N, Castagna M. Biology of the Hard Clam. Amsterdam: Elsevier: 305-382.

Guzmán-Agüero J E, Nieves-Soto M, Hurtado M A, et al. 2013. Feeding physiology and scope for growth of the oyster *Crassostrea corteziensis* (Hertlein, 1951) acclimated to different conditions of temperature and salinity. Aquaculture International, 21: 283-297.

Han J, Zhang Z N, Yu Z S, et al. 2001. Differences in the benthic-pelagic particle flux (biodeposition and sediment erosion) at intertidal sites with and without clam (*Ruditapes philippinarum*) cultivation in Eastern China. Journal of Experimental Marine Biology and Ecology, 261(2): 245-261.

Harte M E. 2001. Systematics and taxonomy. *In*: Kraeuter J N, Castagna M. Biology of the Hard Clam. Amsterdam: Elsevier: 3-51.

Hatcher A. 1994. Nitrogen and phosphorus turnover in some benthic marine invertebrates: implication for the use of C：N ratios to assess food quality. Marine Biology, 121: 161-166.

Haven D S, Morales-Alamo R. 1966. Aspects of biodeposition by oysters and other invertebrate filter feeders. Limnology & Oceanography, 11: 487-498.

Haven D S, Morales-Alamo R. 1972. Biodeposition as a factor in sedimentation of fine suspended

solids in estuaries. Geological Society of American, Memoir, 133: 121-130.
Helson J G, Gardner J P A. 2007. Variation in scope for growth: a test of food limitation among intertidal mussels. Hydrobiologia, 586: 373-392.
Hiwatari T, Kohata K, Iijima A. 2002. Nitrogen budget of the bivalve *Mactra veneriformis*, and its significance in benthic-pelagic systems in the Sanbanse area of Tokyo Bay. Estuarine, Coastal and Shelf Science, 55: 299-308.
Hiwatari T, Shinotsuka Y, Kohata K, et al. 2006. Exotic hard clam in Tokyo Bay identified as *Mercenaria mercenaria* by genetic analysis. Fisheries Science, 72: 578-584.
Jansen H M, Strand Q, Verdegem M, et al. 2012. Accumulation, release and turnover of nutrients (C-N-P-Si) by the blue mussel *Mytilus edulis* under oligotrophic conditions. Journal of Experimental Marine Biology and Ecology, 416-417: 185-195.
Jordan T E, Valiela I. 1982. A nitrogen budget of the ribbed mussel, *Geukensia demissa*, and its significance in nitrogen flow in a New England salt marsh. Limnology and Oceanography, 27: 75-90.
Kasper H F, Gillespie P A, Boyer I C, et al. 1985. Effects of mussel aquaculture on the nitrogen cycle and benthic communities in Kenepuru Sound, Marlborough Sounds, New Zealand. Marine Biology, 85: 127-136.
Kirby M X, Miller H M. 2005. Response of a benthic suspension feeder (*Crassostrea virginica* Gmelin) to three centuries of anthropogenic eutrophication in Chesapeake Bay. Estuarine, Coastal and Shelf Science, 62: 679-689.
Lauringson V, Mälton E, Kotta J, et al. 2007. Environmental factors influencing the biodeposition of the suspension feeding bivalve *Dreissena polymorpha* (Pallas): comparison of brackish and freshwater populations. Estuarine Coastal and Shelf Science, 75(4): 459-467.
Magni P, Montani S, Takada C, et al. 2000. Temporal scaling and relevance of bivalve nutrient excretion on a tidal flat of the Seto Inland Sea, Japan. Marine Ecological Progress Series, 198: 139-155.
Mallet A L, Carver C E, Landry T. 2006. Impact of suspended and off-bottom Eastern oyster culture on the benthic environment in eastern Canada. Aquaculture, 255(1-4): 362-373.
Mazzola A, Sarà G. 2001. The effect of fish farming organic waste on food availability for bivalve molluscs (Gaeta Gulf, Central Tyrrhenian, MED): stable carbon isotopic analysis. Aquaculture, 192(2-4): 361-379.
Mitchell I M. 2006. In situ biodeposition rates of pacific oysters (*Crassostrea gigas*) on a marine farm in Southern Tasmania (Australia). Aquaculture, 257(1-4): 194-203.
Nakamura M, Yamamuro M, Ishikawa M, et al. 1988. Role of the bivalve *Corbicula japonica* in the nitrogen cycle in a mesohaline lagoon. Marine Biology, 99: 369-374.
Nizzoli D, Welsh D T, Fano E A, et al. 2006. Impact of clam and mussel farming on benthic metabolism and nitrogen cycling, with emphasis on nitrate reduction pathways. Marine Ecological Progress Series, 315: 151-165.
Peterson B J, Heck K L. 2001a. An experimental test of the mechanism by which suspension feeding bivalves elevate seagrass productivity. Marine Ecology Progress Series, 218: 115-125.
Peterson B J, Heck K L. 2001b. Positive interactions between suspension-feeding bivalves and seagrass - a facultative mutualism. Marine Ecology Progress Series, 213: 143-155.
Smaal A C, Vonck A P M A. 1997. Seasonal variation in C, N and P budgets and tissue composition of the mussel *Mytilus edulis*. Marine Ecology Progress Series, 153: 167-179.
Souchu P, Vaquer A, Collos Y, et al. 2001. Influence of shellfish farming activities on the biogeochemical composition of the water column in Thau lagoon. Marine Ecology Progress

Series, 218: 141-152.

Tamaki A, Nakaoka A, Maekawa H, et al. 2008. Spatial partitioning between species of the phytoplankton-feeding guild on an estuarine intertidal sand flat and its implication on habitat carrying capacity. Estuarine, Coastal and Shelf Science, 78: 727-738.

Tenore K R, Boyer L F, Cal R M, et al. 1982. Coastal upwelling in the Rias Bajas, NW Spain: contrasting the benthic regimes of the Rias de Arosa and de Muros. Journal of Marine Research, 40: 701-772.

Yokoyama H, Tamaki A, Koyama K, et al. 2005. Isotopic evidence for phytoplankton as a major food source for macrobenthos on an intertidal sand flat in Ariake Sound, Japan. Marine Ecology Progress Series, 304: 101-116.

Yuan X T, Zhang M J, Liang Y B, et al. 2010. Self-pollutant loading from a suspension aquaculture system of Japanese scallop (*Patinopecten yessoensis*) in the Changhai Sea area Northern Yellow Sea of China. Aquaculture, 304(1-4): 79-87.

Zhang A G, Yuan X T, Hou W J, et al. 2013. Carbon, nitrogen, and phosphorus budgets of the surfclam *Mactra veneriformis* (Reeve) based on a field study in the Shuangtaizi Estuary, Bohai Sea of China. Journal of Shellfish Research, 32(2): 275-284.

Zhang A G, Yuan X T, Hou W J, et al. 2016. Biodeposition, respiration, and excretion rates of an introduced clam *Mercenaria mercenaria* in culture ponds with implications for potential competition with the native clam *Meretrix meretrix* in Shuangtaizi Estuary (Bohai Sea, China). Chinese Journal of Oceanology and Limnology, 34(3): 467-476.

Zhou Y, Yang H S, Zhang T, et al. 2006a. Influence of filtering and biodeposition by the cultured scallop *Chlamys farreri* on benthic-pelagic coupling in a eutrophic bay in China. Marine Ecology Progress Series, 317: 127-141.

Zhou Y, Yang H S, Zhang T, et al. 2006b. Density-dependent effects on seston dynamics and rates of filtering and biodeposition of the suspension-cultured scallop *Chlamys farreri* in a eutrophic bay (Northern China): an experimental study in semi-in situ flow-through systems. Journal of Marine System, 59(1-2): 143-158.

Zhuang S H, Wang Z Q. 2004. Influence of size, habitat and food concentration on the feeding ecology of the bivalve, *Meretrix meretrix* Linnaeus. Aquaculture, 241(1-4): 689-699.

DB21

辽　宁　省　地　方　标　准

DB21/T 2046—2012

文蛤增殖放流技术规程

2012-12-31发布　　2013-01-01实施

辽宁省质量技术监督局　发布

前　言

本标准是按GB/T 1.1—2009《标准化工作导则 第1部分：标准的结构和编写》给出的规则起草的。

本标准由国家海洋环境监测中心提出。

本标准由大连市质量技术监督局归口。

本标准主要起草单位：国家海洋环境监测中心、盘山县海洋与渔业局。

本标准主要起草人：袁秀堂、张安国、陈卫新、赵凯、樊景凤、巴福阳、张作振。

文蛤增殖放流技术规程

1 范围

本标准规定了文蛤［*Meretrix meretrix* (Linnaeus)］增殖放流的术语和定义、放流海域环境条件、苗种要求、检验检疫及苗种包装、计数与运输、放流方法、资源保护与跟踪监测等技术要点。

本标准适用于辽宁省沿海海域文蛤人工增殖放流。

2 规范性引用文件

下列文件对于本文件的应用是必不可少的。凡是注日期的引用文件，仅注日期的版本适用于本文件。凡是不注日期的引用文件，其最新版本（包括所有的修改单）适用于本文件。

GB 11607　渔业水质标准

GB/T 12763.4　海洋调查规范 第 4 部分：海水化学要素调查

GB 17378.3　海洋监测规范 第 3 部分：样品采集、贮存与运输

GB/T 18407.4　农产品安全质量 无公害水产品产地环境要求

GB/T 22213—2008　水产养殖术语

SC/T 7014　水生动物检疫实验技术规范

DB21/T 1348—2004　无公害食品 文蛤养殖技术规范

3 术语和定义

GB/T 22213 和 DB21/T 1348 界定的以及下列术语和定义适用于本文件。为了便于使用，以下重复列出了 GB/T 22213 和 DB21/T 1348 中的一些术语和定义。

3.1　增殖放流 Enhancement and releasing

增殖放流就是用人工方式向公共天然水域放流水生生物苗种或亲体以增殖其渔业资源的活动。

3.2　原种 Stock

取自模式种采集水域或取自其他天然水域的野生水生动植物种以及用于选育的原始亲体。

[选自 GB/T 22213—2008《水产养殖术语》]。

3.3　品种 Breed

经人工选育成的遗传性状稳定，具有不同于原种或同种内其他群体的优良经济性状的水生动植物。

[选自 GB/T 22213—2008《水产养殖术语》]。

3.4　杂交种 Hybrid

将不同种或亚种的水产动植物进行杂交获得的后代。

[选自 GB/T 22213—2008《水产养殖术语》]。

3.5　壳长 Shell length

贝壳最前端至后缘的最大水平距离。

3.6　规格合格率 Certified size rate

壳长符合规格要求的苗种数量占苗种总数的百分比。

[选自 DB21/T 1348—2004《无公害食品　文蛤养殖技术规范》]。

3.7　伤残空壳率　Disable and hollow shell rate

壳残缺、破碎、畸形和空壳苗种数量占苗种总数的百分比。

[选自 DB21/T 1348—2004《无公害食品　文蛤养殖技术规范》]。

4　放流海域环境条件

4.1　放流海区选择

放流海区需具备以下条件：

——以河口区域水质肥沃、饵料生物丰富的海区为宜；

——历史上有文蛤资源，附近无工农业污染；

——滩涂广阔平坦，潮流畅通平缓。

4.2　水质条件

水温 0～30℃，盐度 15～33，其他水质指标应符合 GB 11607 的要求。

4.3 底质环境

以粒度 0.2～0.7mm 细砂质底质为宜，其他指标应符合 GB/T 18407.4 的要求。

4.4 历史资料收集和补充调查

增殖放流前，应收集拟增殖放流海域文蛤资源与海区状况、水质及底质环境状况的历史资料，并进行针对性补充调查，确定该海域是否适宜文蛤增殖放流；并根据文蛤资源状况确定放流量。

5 苗种要求

5.1 苗种来源

5.1.1 自然苗种

采捕于自然海区，产地环境应符合 GB/T 18407.4 的要求。

5.1.2 人工培育苗种

繁育增殖放流苗种所用亲贝应为野生原种，禁止使用人工选育的品种及杂交种。培育种苗应符合 DB21/T 1348 的要求。苗种供应单位应持有《水产苗种生产许可证》，具有充足的育苗水体和中间培育池塘；苗种培育场距放流海域较近、便于苗种运输和放流为宜。

5.2 苗种质量

5.2.1 苗种规格

放流苗种规格以壳长计，壳长 12mm 以上健康苗种视为合格。

5.2.2 感官质量

苗种规格整齐，壳面干净光滑。苗种在海水中斧足掘砂动作明显，对外界刺激反应灵敏，受惊后贝壳能快速紧密闭合。

5.2.3 可数指标

放流苗种规格合格率应不低于 95%；伤残空壳率应不高于 4%。

5.2.4 疫病检疫

不携带传染性细菌；无寄生虫疾病。

6 检验检疫方法与规则

6.1 检验方法

6.1.1 水质检验

水质检验按 GB 11607 的规定执行。

6.1.2 苗种检验

以一个放流批次作为一个检验组批，出池前或运输前按批进行检验。随机取样 3 次，每次不少于 200 粒，用游标卡尺（精度 0.02mm）测量壳长，统计规格合格率，取三次算术平均值；从样品中随机取 200～500 粒苗种，查计畸形、壳破碎及空壳苗种数，统计伤残空壳率。

6.1.3 疫病检验

疫病检验按照 SC/T 7014 的方法进行。

6.2 检验规则

6.2.1 水质

水质监测样品的采取、贮存、运输和预处理，按 GB 12763.4 和 GB 17378.3 的有关规定执行。任一项水质指标不合格，则判定该水质不合格。

6.2.2 苗种质量

放流前，应按照本标准 5.2 的要求和 6.1.2 的方法对苗种质量进行检验。以一个增殖放流批次作为一个检验检疫组批，任一检验检疫指标不达要求，则判定该批苗种不合格。

6.3 复检规则

若对判定结果有异议，可重新随机抽样复检，并以复检结果为准。

7 苗种计数

采用重量法。先将文蛤苗种混合均匀，用天平称取 500g 计数，根据文蛤苗总重，推算出文蛤苗数量，连续取样 3 次，取其算术平均值。

8 苗种包装

根据文蛤苗种规格大小，宜采用筛孔尺寸为 0.83～1.70mm 筛绢袋装苗种，每袋包装重量应不大于 5kg。用砂滤海水淋湿文蛤苗，置于开口的塑料桶、泡沫箱等硬质容器中，谨防苗种放置容器积水。

9 苗种运输

9.1 运输工具

陆上运输宜采用冷藏车、货车；海上运输宜采用小型渔船、运输船等。

9.2 运输方法

宜在 5～25℃气温条件下运输，途中保持文蛤苗种湿润，运输时间不宜超过 12h；运输途中避免日晒、雨淋、挤压、风吹。

10 人工放流方法

10.1 放流时间和适宜水温

为提高放流苗种成活率，推荐两个季节放流文蛤苗种：春季放流宜选择 4～5 月，秋季宜选择 9～10 月。放流海区水温以 15～20℃为宜，种苗培育水温与放流海区水温相差 2℃以内。

10.2 放流天气

增殖放流时应选择风力 5 级及以下，水域浪高 1.0m 以下的天气。如放流海区风浪过大或两日以内有 5 级以上大风天气，应暂停放流。

10.3 苗种放流规格

放流苗种规格应为壳长 12mm 以上健康文蛤苗种；鼓励有苗种中间培育条件的增殖放流单位投放壳长 20mm 以上的 1 周龄苗种。

10.4 放流方法

文蛤苗种适宜放流于中、低潮区，应在落潮前投放到放流区为宜。将文蛤苗种用船运至增殖放流水域，稳定船速（3～4 节），然后在顺风一侧贴近海面分散投放水中。放流船只宜来回行驶平行航线，两相邻平行航线之间不超过 200m。应测量并记录投苗区水深、表层和底层水温、pH 和盐度等主要环境参数，并根据当地当日气象预报情况记录天气、风向和风力，填写增殖放流记录表。

11 资源保护与跟踪监测

11.1 资源保护

放流后，应接受当地渔政管理机构监督管理。放流海区及周围 1000m 范围内，两年内不宜用底拖网等损害性渔具作业。收获规格壳长不小于 50mm，收获时应避开文蛤繁殖期（7～8 月）。

11.2 跟踪监测

由增殖放流实施单位按 GB 12763.4 和 GB 17378.3 的方法，定期监测放流苗种的生长及分布情况，以检查放流效果和指导后续的增殖放流。鼓励有条件的增殖放流实施单位评估放流文蛤的种群遗传结构和数量、放流海区的生物多样性及群落演替。

后　记

“秋来蟹肥稻香，风吹芦低花黄。登高忙眺望，红滩静泊新港。心荡，心荡，醉卧无垠海疆。”2010 年暮秋，海洋公益性行业科研专项经费项目重点项目“典型海湾生境与重要经济生物资源修复技术集成及示范”（200805069）项目首席杨红生研究员在参观辽东湾示范基地时乘兴写下了这首《如梦令 辽东湾》，寄托了他对辽东湾北部海域生物资源和旅游美景的赞叹，以及他对辽东湾子任务的厚望。

2008 年，在资助本研究的海洋公益性行业科研专项经费项目重点项目启动之际，我们面对辽东湾子任务的重任，动力和压力并存！得益于国家海洋局海洋公益性行业科研专项“典型海湾受损生境修复生态工程和效果评价技术集成与示范”（201305043）的滚动资助，本研究持续了 10 年。这么长时间的资助，在当下经费申请耗时耗力的背景下，非常难能可贵，使得我们能够长期跟踪研究和系统总结，也催生了本书。

本书存在一些缺憾和不足之处。首先，辽东湾北部海域这个区域，我们给予了定义和范围。但是本书除了前三章，我们主要聚焦于辽东湾北部海域的双台子河口的研究。与我国其他典型海湾相比，广义上和狭义上的辽东湾包含的范围均太大，这或许也是《中国海湾志》并未将辽东湾作为一个海湾对待，且未入志的主要原因。而 10m 等深线以浅的辽东湾北部海域，是我国纬度最高的海域，水动力条件弱、环境问题突出、生境多样、生物资源丰富，其独特性符合作为一个典型研究区域聚焦生境修复和重要经济生物资源修复的主要科学问题、技术问题和管理机制进行研究的原则。此外，从区域海洋生态学的角度看，本书的结构和内容不够系统，也请读者谅解。主要原因是我们重点总结了国家海洋环境监测中心团队的研究成果，大连海洋大学团队的两本专著另行出版，所以建议关注辽东湾北部海域生境和资源修复研究的读者，参阅该项目资助的其他相关专著。

在本书付梓之际，首先，感谢项目首席杨红生老师和项目秘书长张涛老师的鼓励与支持；感谢共同承担辽东湾子任务的大连海洋大学的刘长发教授和周一兵教授的合作与帮助；感谢参与本项目研究的人员的辛勤工作，除了本书的编写人员，还有国家海洋环境监测中心的马新东博士、林勇博士、王立军副研究员，我的硕士生孟雷明，以及辽宁医学院的侯文久博士和其他学生。其次，感谢项目实施过程中给予巨大帮助的盘山县河蟹技术研究所的陈卫新所长、盘山县文蛤原种场的赵凯场长和巴福阳场长、盘锦市海洋与渔业局的李晋处长、盘锦光合蟹业有限公司的李晓东董事长、盘山县海洋与渔业局的张作振副局长和唐士桥副局长。最后，还要感谢项目实施过程中给予指导和把关的专家：辽宁师范大学的侯林教授、大连市水产技术推广总站的李勃研究员、辽宁省海洋水产科学研究院的陈远研究员及盘锦市海洋与渔业科学研究所的白国福研究员和张义勇研究员等。

辽东湾子任务的实施过程中，得到盘锦市海洋与渔业局、盘山县海洋与渔业局、盘山县文蛤原种场、盘山县贝类增殖管理站的密切合作和大力协助，共同实施了生态工程示范区的构建和维护，在此也一并感谢！

同时也感谢科学出版社的编辑。无论是专著出版事宜的沟通，还是因加入新调查的数据和反复修改而延迟交稿，她们均表现出了理解和耐心。另外，她们在后期书稿编辑中表现出的业务水准，也使本书得以尽早出版。

袁秀堂

2018 年孟春初稿于大连凌水湾畔

2020 年盛夏修改于烟台凤凰山下